"十三五"应用型人才培养规划教材

Java基础进阶案例教程

◎ 胡楠 马志财 主编

清华大学出版社
北京

内 容 简 介

本书用面向对象的思想介绍了如何运用 Java 语言基础进行 Java 程序的设计。全书共分 9 章，包括 Java 入门、Java 语言基本语法、Java 面向对象编程、异常处理、Java Applet 程序、图形化用户界面编程、线程机制、输入输出流和 Java 数据库技术。其中前两章使用记事本编辑 Java 程序和在 DOS 界面下使用命令行进行编辑和运行程序，这样有利于初学者熟悉和掌握 Java 的基本语法和程序格式；后面的章节使用 Eclipse 作为 Java 程序开发环境，围绕“学生信息管理系统”项目的分析和开发过程逐渐展开。本书注重培养读者使用面向对象的思维方法分析问题与解决问题的能力，注重使用 Eclipse 提高学习知识与开发程序的效率。全书内容循序渐进，结构合理，每节案例都具有代表性，每章最后的综合案例是对本章知识的梳理和总结，充分运用“项目驱动式”进行知识讲解。

本书既适合作为应用型大学、高职高专院校计算机及相关专业的教材，又可作为 Java 职业培训教材，也适合作为 Java 爱好者的自学书籍或参考资料。

图书在版编目(CIP)数据

Java 基础进阶案例教程/胡楠，马志财主编. —北京：清华大学出版社，2017 (2019.12重印)
(“十三五”应用型人才培养规划教材)
ISBN 978-7-302-47146-2

Ⅰ. ①J…　Ⅱ. ①胡…　②马…　Ⅲ. ①JAVA 语言－程序设计－高等学校－教材　Ⅳ. ①TP312.8

中国版本图书馆 CIP 数据核字(2017)第 116780 号

责任编辑：王剑乔
封面设计：刘　键
责任校对：袁　芳
责任印制：刘海龙

出版发行：清华大学出版社
网　　址：http://www.tup.com.cn，http://www.wqbook.com
地　　址：北京清华大学学研大厦 A 座　　**邮　　编**：100084
社 总 机：010-62770175　　**邮　　购**：010-62786544
投稿与读者服务：010-62776969，c-service@tup.tsinghua.edu.cn
质量反馈：010-62772015，zhiliang@tup.tsinghua.edu.cn
课件下载：http://www.tup.com.cn，010-62770175-4278
印 装 者：北京国马印刷厂
经　　销：全国新华书店
开　　本：185mm×260mm　　**印　　张**：19.5　　**字　　数**：449 千字
版　　次：2017 年 6 月第 1 版　　**印　　次**：2019 年 12 月第 2 次印刷
定　　价：46.00 元

产品编号：069496-01

FOREWORD

伴随我国经济结构的调整，科技兴国战略的进一步实施，科学、工业、国防和教育行业需要大批高素质的计算机专门人才。

我国高等教育事业取得了举世瞩目的成就，但也面临不少深层次的矛盾和困难，主要体现在：高等教育规模居世界之首，但“大而不强”的问题比较突出；以质量求生存、求发展的意识有所强化，但对提高质量投入的资源与精力依旧不足、教学的中心地位仍欠重视；教育体制机制改革虽在持续推进，但仍不能适应经济发展新常态、释放创新活力的需求；教育国际化水平不断提高，但我国高等教育的国际话语权和竞争力依旧不强。

随着我国高等教育水平不断提高，与发达国家高等教育的差距日益缩小，由此，自身创新的任务愈发凸显和繁重。以新发展理念引领高等教育新发展、以创新的思维发展教育事业，着力深化教育理念、培养模式、教学内容方法手段的改革，着力培养具有社会责任感、创新精神和实践能力的人才。作为一名普通的高校教师，除了提升自身能力和素质，就是对教材的更新和创新，因为要培养一流的计算机人才必须要有一流的名师指导和精品的教材辅助。

本书既注重基础知识的讲解，同时更注重知识灵活运用和创新思维的培养。本书的特色有以下 4 点。

1. 一线教师倾力加盟

一线教师倾力加盟参与编写教程内容和教学案例的设计；所有案例都通过上机调试，能够正确运行；依托案例来讲解和分析 Java 语言的基础知识，注重工程技术能力的培养。

2. 案例采用进阶设计

每个案例分成 3～8 阶段来分解和设计，一部分案例采用逐步完善并进一步优化方法，最终形成一个完整的程序；另一部分案例采用划分为多个类并逐个类分析和讲解的方法。总之，从简到繁、从易到难，使学生在学习编程的过程有缓冲的空间，不会感到太大的压力。

3. 针对性强

案例的选题贴近学生平时的兴趣点，注重提升学生的“创新和创业”能力的培养。

4. 教辅材料齐全

本书有配套的教案、课件和案例等。

参加本书编写工作的有：第一主编辽宁科技学院讲师胡楠(编写第3章、第5～9章),第二主编辽宁科技学院讲师马志财(编写第1章、第2章和第4章)。全书由主编胡楠统稿,后又根据出版社的意见进行了必要的修改和定稿。

限于编者的水平,书中难免出现疏漏之处,恳请广大师生和读者提出宝贵意见和建议,以便再版修订时改正。

编 者

2017年2月

目录

CONTENTS

第 1 章

Java入门

任务目标

(1) 了解Java语言的发展史。

(2) 掌握JDK的安装、环境变量的设置及常用命令的使用；掌握Java集成开发环境Eclipse的使用。

(3) 掌握Java Application与Java Applet程序结构、编译、运行的过程。

1.1 Java语言概述

Java语言是一种可以撰写跨平台应用软件的面向对象的程序设计语言。Java技术具有卓越的通用性、高效性、平台移植性和安全性。

1.1.1 Java语言发展史

1991年，美国Sun公司的某个研究小组为了能够在消费类电子产品上开发应用程序，积极寻找合适的编程语言。消费电子产品种类繁多，包括电冰箱、电视机顶盒、微波炉等，即使是同一类消费电子产品所采用的处理芯片和操作系统也不相同，也存在着跨平台的问题。研究小组考虑是否可以采用当时最流行的C++语言来编写消费电子产品的应用程序，但是研究表明，对于消费电子产品而言C++语言过于复杂和庞大，安全性也并不令人满意。于是，Bill Joy领导的研究小组就着手设计和开发出一种语言，称之为Oak语言(橡树语言)。该语言简化了C++语言，保留了C++语言的大部分语法规则，去掉了头文件、预处理、指针、运算符重载、多继承等功能。

但是Oak语言在商业上并未获得成功。时至1995年，互联网在世界上蓬勃发展，Sun公司发现Oak语言所具有的跨平台、面向对象、安全性高等特点非常符合互联网的需要，于是改进了该语言的设计，并把Oak更名为Java后，Sun公司于1995年5月23日正式对外发布。Java是印度尼西亚一个以盛产咖啡而闻名的小岛，而程序员们往往喜欢喝咖啡，因此起名为Java语言。看来，目前Java这杯咖啡已经飘香在世界各地。

1.1.2 Java的特点

Java语言是一种适用于网络编程的语言，它的基本结构与C++极为相似，但却简单得多。它集成了其他一些语言的特点和优势，又避开了它们的不足之处。它的主要特点如下。

1. 简单性

Java与C++相比，不再支持运算符重载、多重继承等易混淆和较少使用的特性，而增加了内存空间自动垃圾收集的功能，复杂特性的省略和实用功能的增加使得开发变得简单而可靠。另外，Java的系统非常小，Java应用软件能在相当小的系统之上独立工作。

2. 平台独立性

这是Java最吸引人的地方。由于它采用先编译成中间码(字节码)，然后装载与校验，再解释成不同的机器码来执行，即"Java虚拟机"的思想，"屏蔽"了具体的"平台环境"特性要求，使得只要能支持Java虚拟机，就可运行各种Java程序。

3. 面向对象的技术

面向对象的技术是近年来软件开发中用得最为普遍的程序设计方法，具有继承性、封装性、多态性等众多特点，Java在保留这些优点的基础上，又具有动态联编的特性，更能发挥出面向对象的优势。

4. 多线程

多线程机制使应用程序能并行执行，Java有一套成熟的同步原语，保证了对共享数据的正确操作。通过使用多线程，程序设计者可以分别用不同的线程完成特定的行为，而不需要采用全局的事件循环机制，这样就很容易实现网络上实时的交互行为。

5. 动态性

Java的设计使它适合于一个不断发展的环境，在类库中可以自由地加入新的方法和实例变量而不会影响用户程序的执行，并且Java通过接口来支持多重继承，使之比严格的类继承具有更灵活的方式和扩展性。

6. 安全性

Java有建立在公共密钥技术基础上的确认技术，指示器语义的改变将使应用程序不能再去访问以前的数据结构或是私有数据，大多数病毒也就无法破坏数据。因而，用Java可以构造出无病毒、安全的系统。

1.1.3 Java平台体系结构

完整的Java体系结构实际上包含4个组件，即Java编程语言、Java class文件、Java虚拟机(JVM)、Java API(应用程序接口)。当编写并运行一个Java程序时，首先用Java编程语言编写代码，然后将代码编译为Java class文件，最后在JVM中执行类文件。JVM与Java API共同构成了Java平台，也称为JRE(Java Runtime Environment，Java运行环境)，该平台可以建立在任意操作系统上。图1-1是Java不同功能模块之间的相互关系，以及它们与应用程序、操作系统之间的关系。

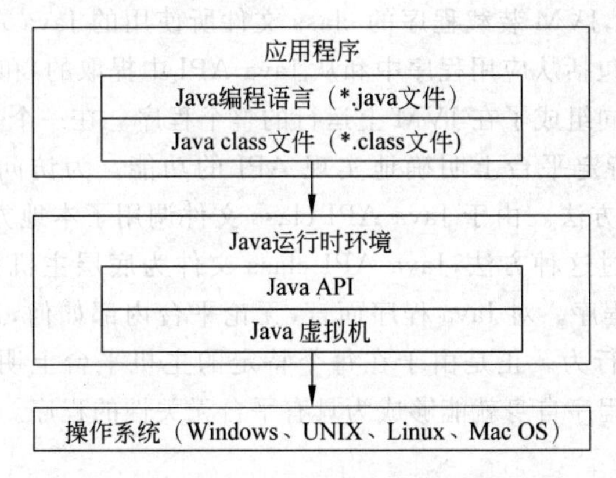

图 1-1 Java 平台体系结构

1. Java 虚拟机

Java 虚拟机(Java Virtual Machine,JVM)是运行所有 Java 程序的抽象计算机，是 Java 语言的运行环境。JVM 可以看作在一台真正的机器上用软件方式实现的一台假想机。实际上,JVM 是一套支持 Java 语言运行的软件系统，拥有自己完善的硬体架构，由 5 个部分组成，即指令集、寄存器集、类文件结构栈、垃圾收集器(Garbage Collector)、方法区域，提供了跨平台能力的基础框架，如图 1-2 所示。这 5 部分是 JVM 的逻辑成分，不依赖任何实现技术或组织方式，但它们的功能必须在真实机器上以某种方式实现。

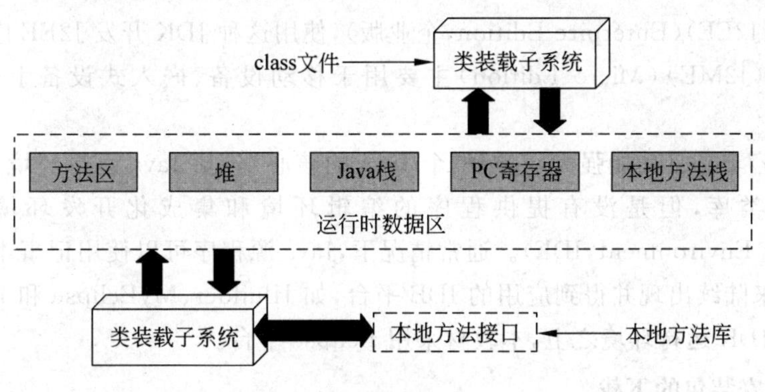

图 1-2 JVM 结构

JVM 的解释器在得到字节码(.class 文件)后，对其进行转换，就可以在多种平台上不加修改地运行。JVM 的跨平台特点源于 Java 源程序(.java 文件)被编译后，形成的字节码文件可以运行在任何含有 JVM 的平台上，无论是 Windows、UNIX、Linux 还是 Mac OS,即 JVM 屏蔽了与具体操作系统平台相关的信息。

JVM 既可以使用软件方式实现，也可以使用硬件方式实现。

2. Java API 应用程序

Java API 是运行库的集合，它为程序员提供了一套访问主机系统资源的标准方法，Java API 通过支持平台无关性和安全性，使得 Java 适应于网络应用。

运行Java程序时,JVM装载程序的class文件所使用的Java API class文件。所有被装载的class文件(包括从应用程序中和从Java API中提取的)和所有已经装载的动态库(包含本地方法)共同组成了在JVM上运行的整个程序。在一个平台能够支持Java程序以前,必须在这个特定平台上明确地实现API的功能。为访问主机上的本地资源,Java API调用了本地方法。由于Java API class文件调用了本地方法,Java程序就不需要再调用它们了。通过这种方法,Java API class文件为底层主机提供了具有平台无关性、标准接口的Java程序。对Java程序而言,无论平台内部如何,Java API都会有同样的表现和可以预测的行为。正是由于在每个特定的主机平台上明确地实现了JVM和Java API,因此,Java程序自身就能够成为具有平台无关性的程序。

1.2 Java运行环境及配置

JRE就是一个为了让Java程序在计算机上运行而搭建的一个环境。

1.2.1 JDK安装包的下载和安装

Java开发工具包(Java Development Kit,JDK)是Sun公司推出的一种Java软件开发工具包(Software Development Kit,SDK),JDK是开发Java程序的一个平台。JDK一般有以下3种版本。

(1) SE(J2SE)(Standard Edition,标准版)是通常采用的一个版本。

(2) EE(J2EE)(Enterpire Edition,企业版),使用这种JDK开发J2EE应用程序。

(3) ME(J2ME)(Micro Edition)主要用于移动设备、嵌入式设备上的Java应用程序。

JDK内容丰富且功能强大,它是整个Java的核心,包括Java运行环境、Java工具和Java基础的类库,但是没有提供程序的编辑环境和集成化开发环境(Integrated Development Environment,IDE)。通常情况下,Java源程序可以使用记事本等编辑工具来编辑。后来陆续出现并得到应用的IDE平台,如JBuilder、MyEclipse和Eclipse等,它们都建立在JDK运行环境之上,本教材采用Eclipse平台。

1. JDK安装包的下载

Sun公司的官方网址为http://www.sun.com,它提供了诸多版本的JDK供用户下载,首先选中Accept License Agreement单选按钮,然后根据计算机的操作系统选择正确的版本下载,如图1-3所示。下面以为jdk-8u71-windows-i586.exe的文件安装为例,介绍JDK的安装方法。

2. JDK的安装

(1) 双击该文件,弹出图1-4所示的安装向导界面,单击"下一步"按钮。

(2) 进入JDK定制安装界面,如图1-5所示。单击"更改"按钮,将目标文件夹的位置由默认值C:\Program Files\Java\jdk1.8.0_71\更改为D:\java\jdk\,这样简短且不易出错,然后单击"下一步"按钮,直到出现图1-6所示的界面时标志着JDK安装成功。

Java SE Development Kit 8u71

You must accept the Oracle Binary Code License Agreement for Java SE to download this software.

Accept License Agreement　Decline License Agreement

Product / File Description	File Size	Download
Linux ARM 32 Hard Float ABI	77.71 MB	jdk-8u71-linux-arm32-vfp-hflt.tar.gz
Linux ARM 64 Hard Float ABI	74.65 MB	jdk-8u71-linux-arm64-vfp-hflt.tar.gz
Linux x86	154.75 MB	jdk-8u71-linux-i586.rpm
Linux x86	174.91 MB	jdk-8u71-linux-i586.tar.gz
Linux x64	152.74 MB	jdk-8u71-linux-x64.rpm
Linux x64	172.9 MB	jdk-8u71-linux-x64.tar.gz
Mac OS X	227.24 MB	jdk-8u71-macosx-x64.dmg
Solaris SPARC 64-bit	139.78 MB	jdk-8u71-solaris-sparcv9.tar.Z
Solaris SPARC 64-bit	99.05 MB	jdk-8u71-solaris-sparcv9.tar.gz
Solaris x64	139.98 MB	jdk-8u71-solaris-x64.tar.Z
Solaris x64	96.19 MB	jdk-8u71-solaris-x64.tar.gz
Windows x86	181.21 MB	jdk-8u71-windows-i586.exe
Windows x64	186.55 MB	jdk-8u71-windows-x64.exe

图 1-3　选择下载 JDK 的版本

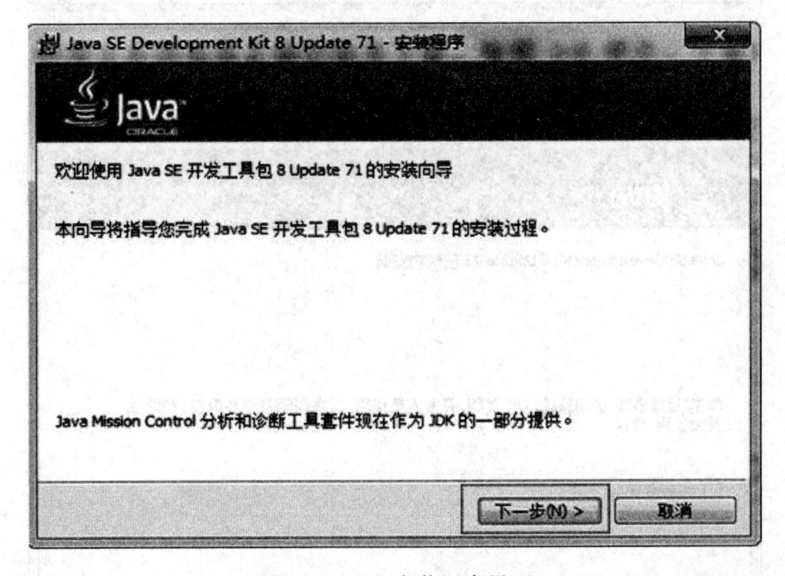

图 1-4　JDK 安装程序界面

3. 安装 JDK 的目录信息

在 D:\java\jdk 目录下会有 bin、db、include、jre、lib 等子目录和部分文件，以下是部分子目录的简要介绍。

(1) bin 子目录：工具和程序，可帮助开发、执行、调试、保存 Java 程序。

(2) include 子目录：包含 C 头文件，支持使用 Java 本机界面、JVMTM 工具界面以及 Java2 平台的其他功能进行本机代码编程的头文件。

(3) jre 子目录：与 Java SE 运行时环境相关，包含 Java 虚拟机、类库及其他文件，可支持执行以 Java 语言编写的程序。

(4) lib 子目录：包含附加库，是开发工具需要的附加类库和支持文件。

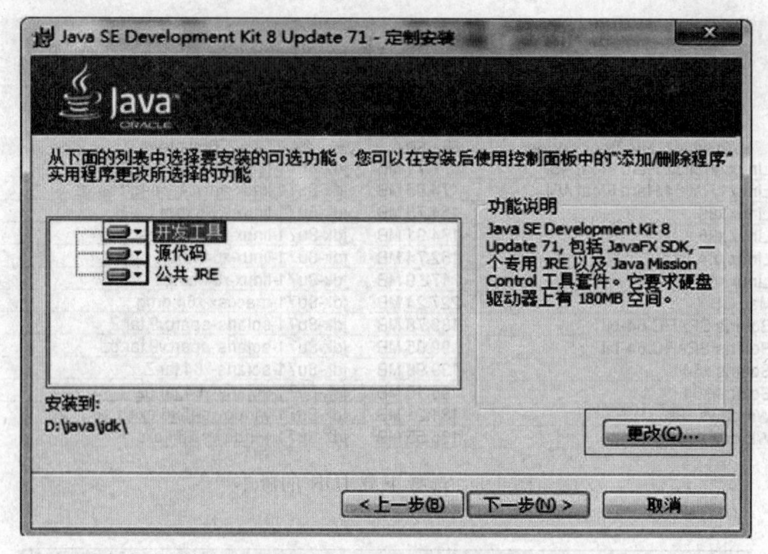

图 1-5 JDK 定制安装界面

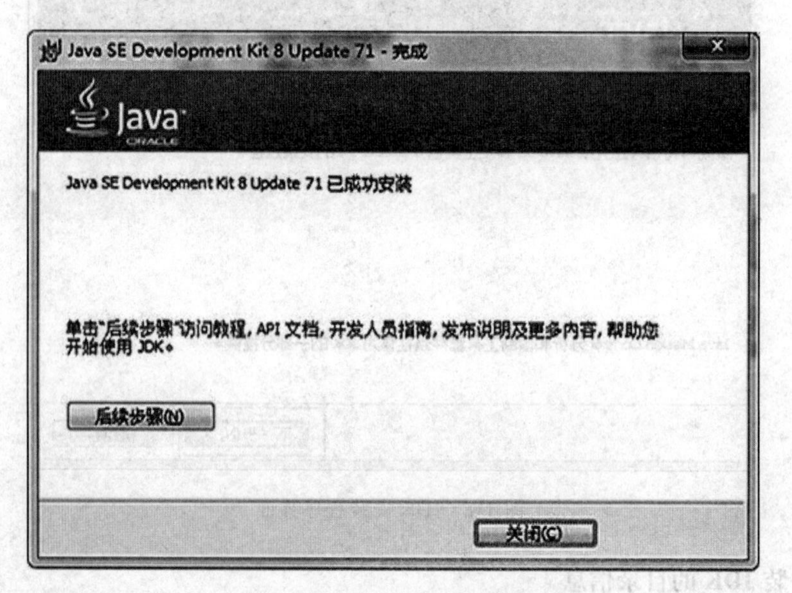

图 1-6 JDK 安装成功界面

4. JDK 常用开发工具

bin 子目录中的常用 Java 开发工具主要有以下几种。

(1) javac：Java 语言的编译器，用于将 Java 源程序转换为字节码。

(2) java：Java 解释器，执行已经转换成字节码的 Java 程序。

(3) appletviewer：Java 小程序 Applet 浏览器，用于运行 Java Applet。

(4) javap：反编译工具，将类文件还原回方法和变量。

(5) javadoc：文档生成器，根据 Java 源代码及其说明语句生成 HTML 文件。

1.2.2 Java 环境配置

JDK 安装成功后要设置环境变量，以便正常使用所安装的开发工具包。Windows 7 系统下待配置 JDK 环境变量分别是 Path、ClassPath 和 HOME_PATH，环境变量设置步骤如下。

(1) 在 Windows 7 系统桌面上，右击“计算机”图标，在弹出的快捷菜单中选择“属性”命令，在弹出的“系统”对话框中，单击“高级系统设置”选项，在弹出的“系统属性”对话框中，单击“环境变量”按钮，如图 1-7 所示，然后进入“环境变量”对话框，如图 1-8 所示。

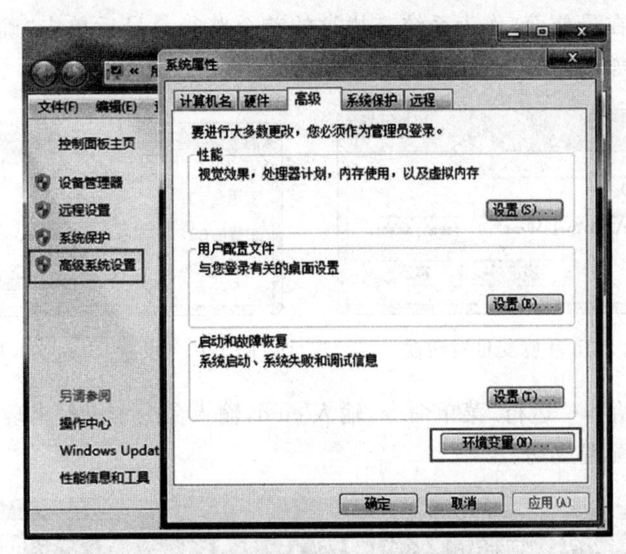

图 1-7 “系统属性”对话框

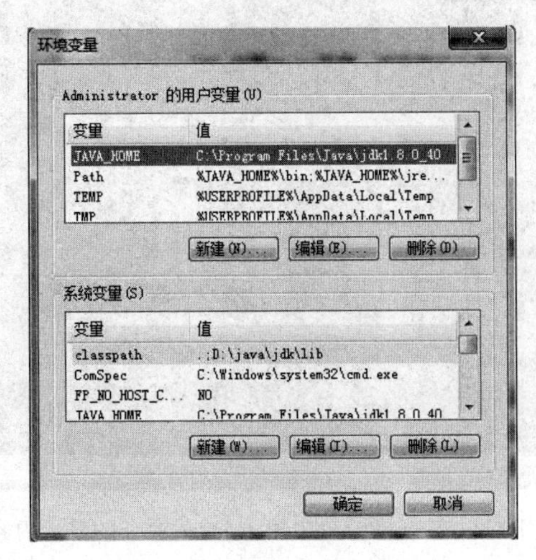

图 1-8 “环境变量”对话框

(2) 设置 Path 变量。该变量的主要作用是指定 Java 开发包中的编译器、解释器等工具所在的目录。如图 1-8 所示的“环境变量”对话框的“系统变量”列表框中找到 Path 变量(如果没有 Path 变量，则新建一个名为 Path 的系统变量)后单击“编辑”按钮，在弹出的

“编辑系统变量”对话框中设置变量的值：现有变量的值保持不变，在尾部追加“;D:\Java\jdk\bin”。注意分号“;”不能少，它是两个路径之间的分隔符，如图 1-9 所示。单击“确定”按钮，Path 变量的设置成功。

(3) 设置 ClassPath 变量。该变量的作用是指定类搜索路径，JVM 就是通过 ClassPath 来寻找类的。需要把 jdk 安装目录下的 lib 子目录中的 dt. jar 和 tools. jar 设置到 ClassPath 中。单击图 1-8 中“系统变量”列表框下面的“新建”按钮，在弹出的“新建系统变量”对话框中，输入变量名 ClassPath，变量值为“. ;D:\Java\jdk\bin”，其中圆点“.”表示当前目录，写在最前面，作为系统查找类的首个路径。最后单击“确定”按钮，两个系统变量设置成功，如图 1-10 所示。

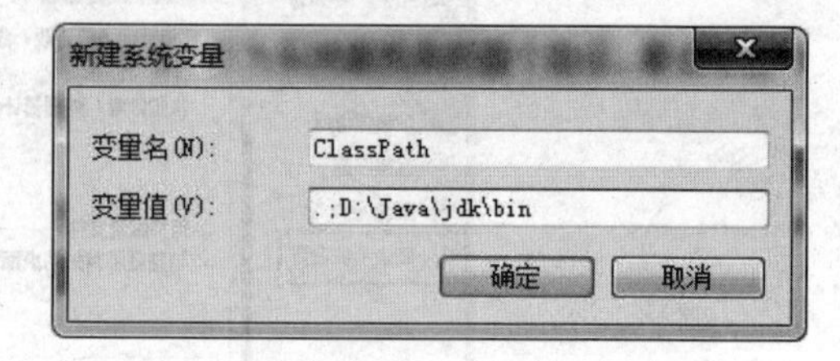

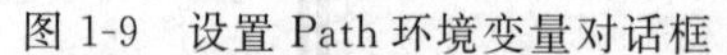

图 1-9 设置 Path 环境变量对话框　　图 1-10 设置 ClassPath 环境变量对话框

(4) 执行“开始”→“运行”菜单命令，输入 cmd，输入命令 javac，出现图 1-11 所示的窗口，说明环境变量配置成功。

图 1-11 在 cmd 窗口中输入 javac 命令的显示内容

1.2.3 Eclipse 的安装和基本使用

Eclipse 是一个开放源代码的、基于 Java 的可扩展集成开发平台。它只是一个框架和一组服务，用于通过插件组件构建开发环境。Eclipse 附带了一个标准的插件集，包括

Java 开发工具 JDK。Eclipse 功能完整,它由 IBM 公司于 2001 年推出。用户可以直接到官方网站 http://www.eclipse.org/downloads/根据自己计算机的操作系统选择正确的 Eclipse 软件包版本下载。在 Windows 系统上要进行 Java 程序开发,除了需要 Eclipse 软件包外,还需要在计算机上安装和配置 JDK。

1. Eclipse 安装

使用 Eclipse 不需要运行安装程序,不需要向 Windows 的注册表写信息,只要将 Eclipse 压缩包解压后放到本地文件夹中即可使用。

(1) 将下载的压缩包解压到本地。选定某个版本的压缩包(如 eclipse-jee-mars-1-win32.zip),将其解压到本地的目录下(D:\eclipse),然后双击此目录中的 eclipse.exe 文件即可启动 Eclipse。打开 Eclipse 的界面,如图 1-12 所示。

图 1-12 启动 Eclipse 的界面

(2) 在 Workspace Launcher 对话框中,选择或新建一个目录用于保存创建的项目,如图 1-13 所示。

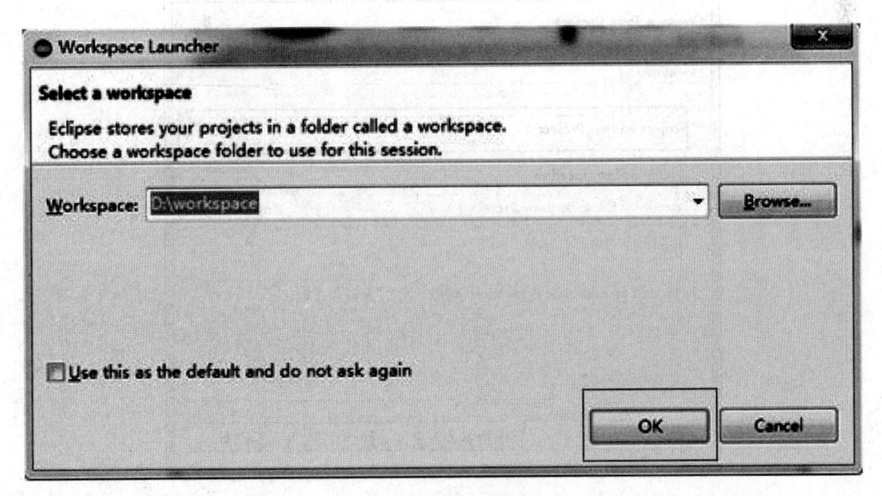

图 1-13 在 Workspace Launcher 对话框中指定项目保存的目录

(3) 在 Workspace Launcher 对话框中设置完毕后,单击 OK 按钮,进入 Eclipse 工作界面,如图 1-14 所示。

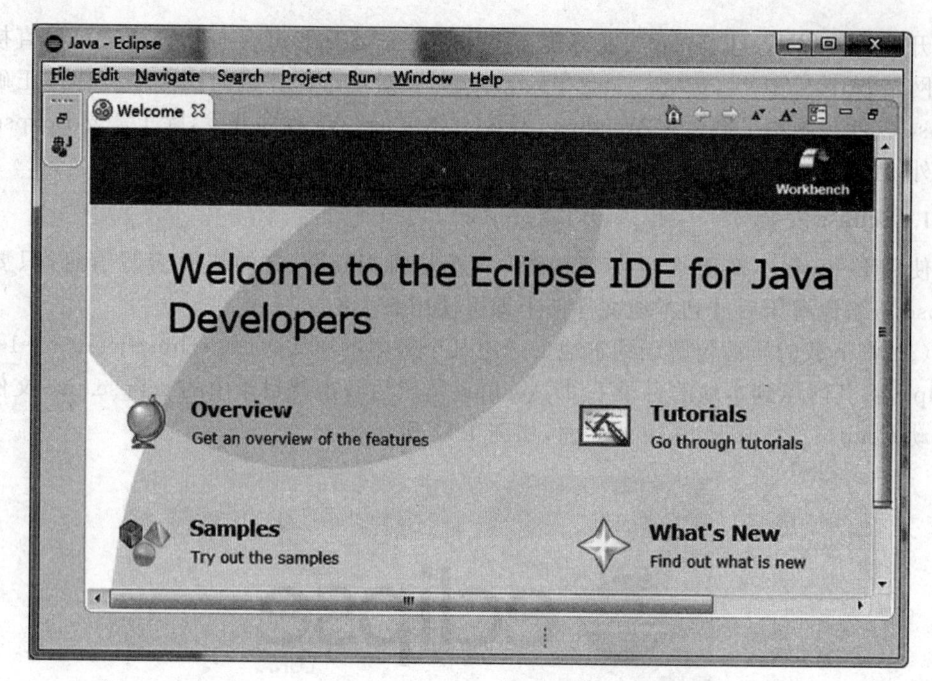

图 1-14 Eclipse 工作界面

2. Eclipse 的使用

(1) 新建 Java 项目。在 Eclipse 主界面菜单栏中依次执行 File→New→Java Project 命令,进入 New Java Project 对话框,输入项目名称 Project_1,如图 1-15 所示,单击 Finish 按钮。

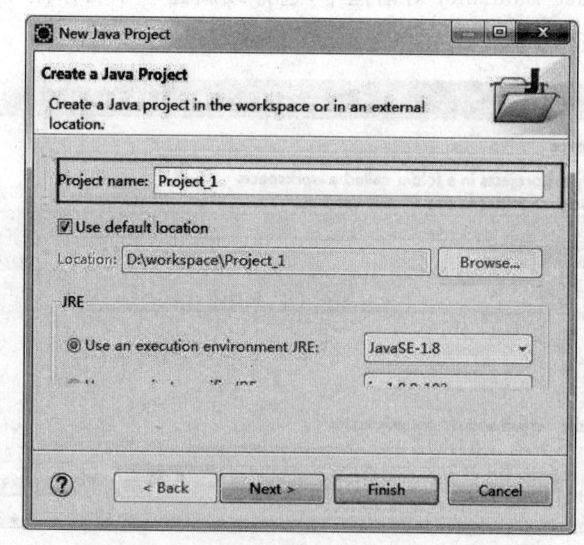

图 1-15 在 Eclipse 环境中新建 Java 项目

(2) 新建 Java 类。在 Eclipse 主界面菜单栏中依次执行 File→New→Class 命令,进入 New Java Class 对话框,先设置包名为 mypackage,然后设置其名称为 Class_1,最后选中 public static void main(String[]args)复选框，单击 Finish 按钮，如图 1-16 所示。

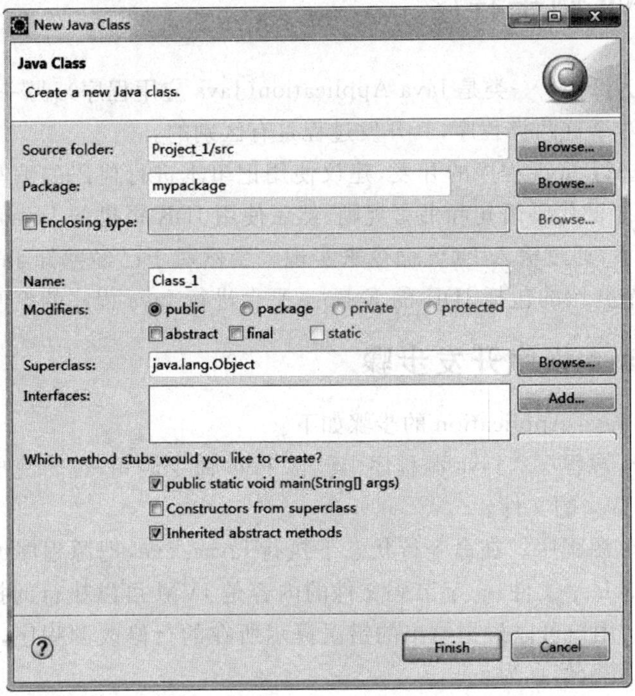

图 1-16 在 Eclipse 环境中新建 Java 类

(3) Eclipse 平台自动生成代码的框架结构，用户只需在 main()方法中写入程序代码。保存文件，在 Eclipse 主界面的菜单栏中选择 Run→Run As→Java Application 命令后，在 Eclipse 的控制台 Console 看到运行结果，如图 1-17 所示。

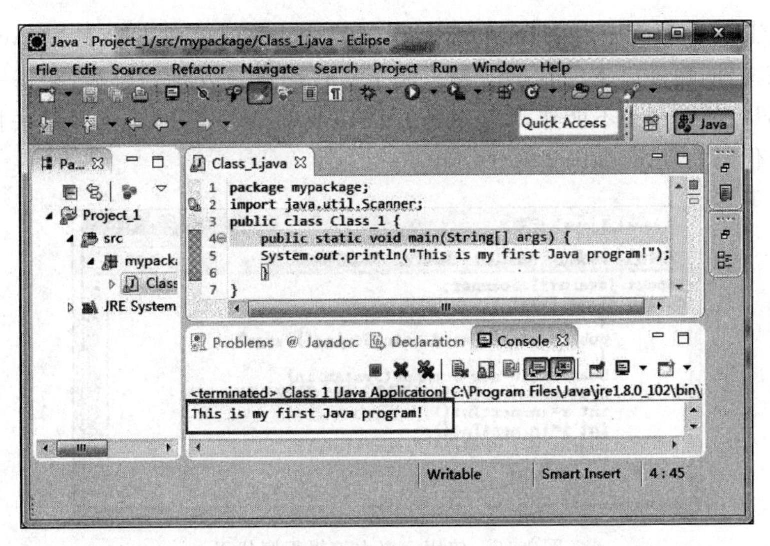

图 1-17 在 Eclipse 代码框架中输入源代码并查看运行结果

1.3 Java 例子程序

Java 程序分为两类：一类是 Java Application(Java 应用程序)；另一类是 Java Applet (Java 小程序)。对于这两类程序，其开发过程是有区别的。

对于初学者进行 Java 程序的开发，建议使用记事本进行代码的编写，可以使用户更好地掌握 Java 程序的代码语句和书写规则，然后使用 JDK 提供的 Java 程序命令，必须在 DOS 命令提示符下，通过输入 DOS 命令来实现。当然对于已经熟知 Java 程序开发的用户可以使用上一节介绍的包括 JDK 的 Eclipse 平台进行 Java 程序的更便捷的开发方式。

1.3.1 Java 程序开发步骤

用 JDK 开发 Java Application 的步骤如下。

(1) 建立 Java 源程序。Java 源程序中包含 Java 命令语句，编辑完成后，注意保存源文件的扩展名为.java 的文件。

(2) 编译 Java 源程序。在命令行状态下执行 javac.exe，把源程序编译成字节码(把.java文件编译成.class 文件)。字节码文件的内容是 JVM 可以执行的指令，编译过程中如果出错则终止。用户可以根据给出的错误提示所在的行修改源程序，然后再次进行编译，直至没有错误提示信息为止。

(3) 运行 Java 程序。在命令行状态下执行 java.exe，可以将字节码文件解释为本地计算机能够执行的指令并予以执行。

下面用一个简单的例题来阐述使用 JDK 开发 Java Application 开发的 3 个步骤。

【例 1-1】 设计一个 Java Application。要求用户输入两个整数，计算并打印这两个整数的和。

(1) 创建 Java 源程序。在 D:\java 目录新建一个文本文件并命名为 Java1_1.java，然后打开该文件，输入以下的代码。为了便于对代码进行分析和解释，在每一行加了行号，这些代码行的编号是不能作为 Java 程序的组成部分，书写时必须将其去掉。用记事本编辑程序代码的界面，如图 1-18 所示。

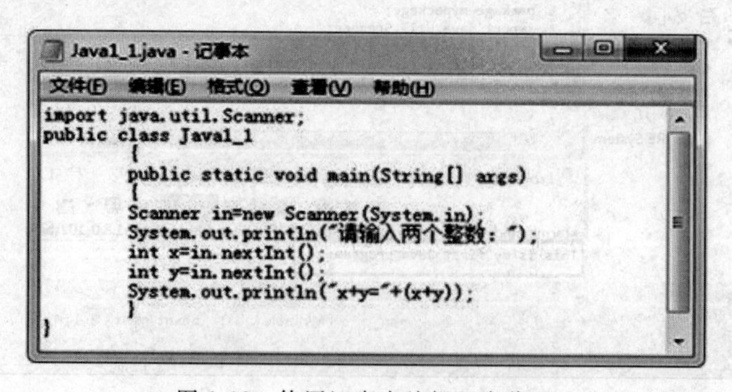

图 1-18 使用记事本编辑程序代码

程序代码如下。

```
1  import java.util.Scanner;
2  public class Java1_1{
3      public static void main(String[] args){
4          Scanner in=new Scanner(System.in);
5          System.out.println("请输入两个整数：");
6          int x=in.nextInt();
7          int y=in.nextInt();
8          System.out.println("x+y="+(x+y));
9      }
10 }
```

程序分析如下。

第1行代码：import java.util.Scanner;的功能是导入类库中的Scanner类。Java提供了专门的数据输入类，即Scanner类。此类存放在java.util包中，它可以完成输入数据操作。第4行代码创建了Scanner类的对象in，第6、7行代码调用in对象的方法nextInt()，读取从键盘输入的两个整数，分别赋值给变量x、y。第8行代码计算并输出x和y的和。关于本程序中的import语句、Scanner类、System.in、System.out.println等语句将在后面章节中做详细介绍。

(2) 编译Java源程序。执行cmd.exe命令的方法很多，在此介绍两种比较实用的方法：一种是"开始"→"运行"→输入cmd→"确定"按钮。然后进入D:\java目录，如图1-19(a)所示；另一种是在Windows 7桌面右击"计算机"图标，选择Java1_1.java所在的目录，在目录信息栏中输入cmd，便可直接执行cmd.exe命令，而且可直接进入D:\java目录，无须在DOS提示符下转换目录，如图1-19(b)所示。然后在D:\java目录下，输入编译命令javac Java1_1.java后，用户可以发现在当前目录下多了一个Java1_1.class文件，这是因为编译器javac.exe把源程序编译成字节码时生成了一个类文件。

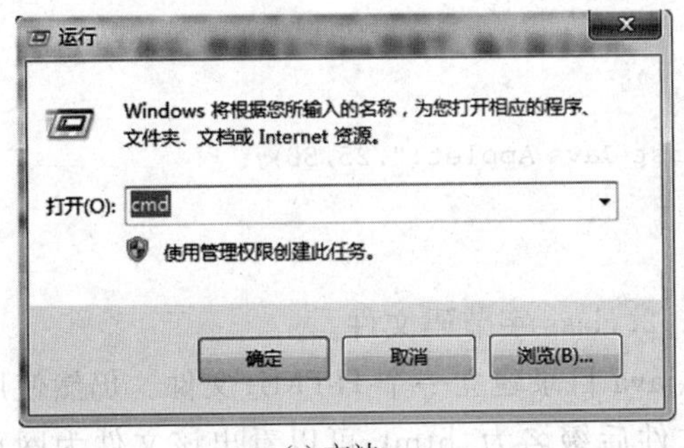

(a) 方法一

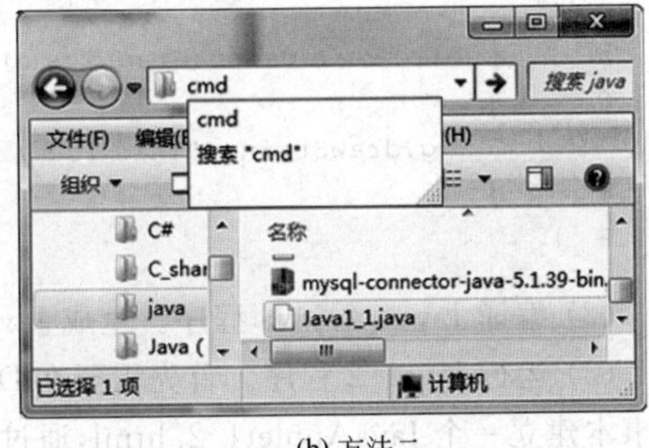

(b) 方法二

图1-19 运行cmd.exe命令的两种方法

(3) 运行Java程序。当编译通过后再无错误，在D:\java目录下，输入命令java Java1_1后，Java解释器执行Java1_1.class类文件，提示用户输入两个整数，即23和34后，程序的运行结果如图1-20所示。

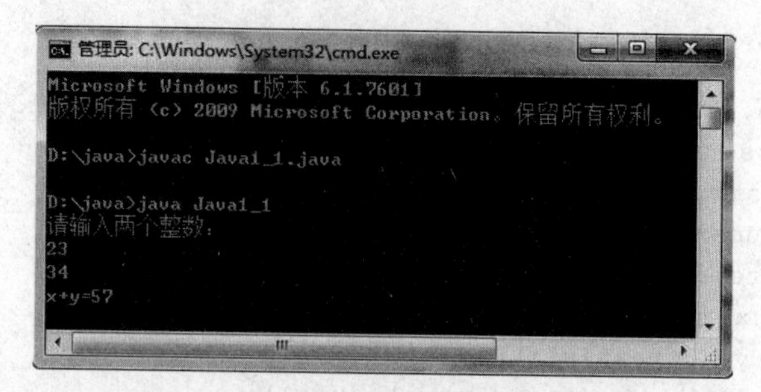

图 1-20　例 1-1 程序的编译和运行

1.3.2　Java Applet(小程序)开发步骤

JDK 开发 Java Applet 的开发也是 3 个步骤。

(1) 建立 Java 源程序,与 Java Application 相同。

(2) 编译 Java 源程序,与 Java Application 相同。

(3) 运行 Java Applet 程序。建立一个 HTML 文件,在该 HTML 文件中嵌入编译后的.class 文件。然后在命令行状态下执行 appletviewer 命令;或者使用 IE 浏览器直接打开 HTML 文件。

下面用一个简单的例题来阐述使用 JDK 开发 Java Applet 开发的 3 个步骤。

【例 1-2】 设计一个 Java Applet,显示 This is my first Java Applet!。

(1) 在 D:\java 目录新建一个文本文件,并命名为 Java1_2.java,然后打开该文件,输入以下的代码。

```
1  import java.applet.Applet;
2  import java.awt.Graphics;
3  public class Java1_2 extends Applet
4  {
5      public void paint(Graphics g)
6      {
7          g.drawString("This is my first Java Applet!",25,30);
8      }
9  }
```

(2) 编译 Java1_2.java 程序。生成 Java1_2.class 字节码文件。

(3) 运行 Java1_2 程序。首先需要在 D:\java 目录建立一个 HTML 文件。仍然使用记事本建立一个 JavaApplet1_2.html,通过文件后缀名为.html,可以看出该文件为网页文件。编辑内容如下。

```
1  <HTML>
2    <APPLET CODE="Java1_2.class" WIDTH=300 HEIGHT=150>
3    </APPLET>
4  </HTML>
```

然后,仍在 DOS 命令提示符状态下输入命令 appletviewer JavaApplet1_2.html,如

图 1-21 所示。

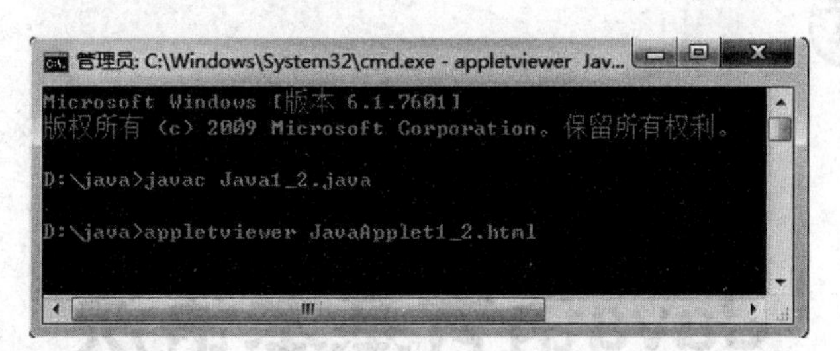

图 1-21　运行 Java Applet 的 DOS 窗口

程序运行结果如图 1-22(a)所示;另外,可以直接用 IE 浏览器运行 JavaApplet1_2.html,这样操作更为便捷。浏览的方法是找到 JavaApplet1_2.html 双击,即可显示执行结果。IE 窗口的显示结果如图 1-22(b)所示。

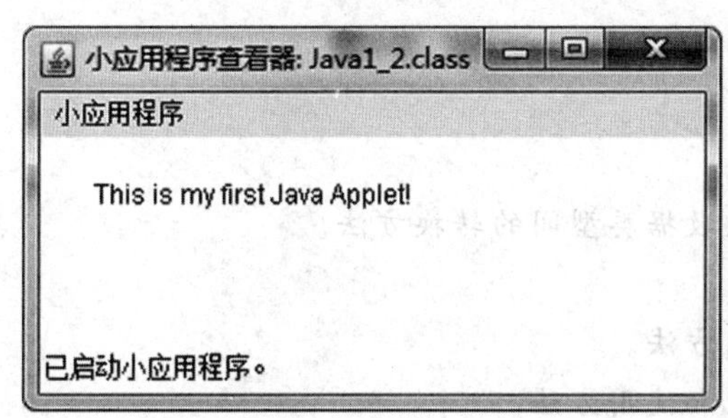

(a) 小应用程序查看器窗口运行结果

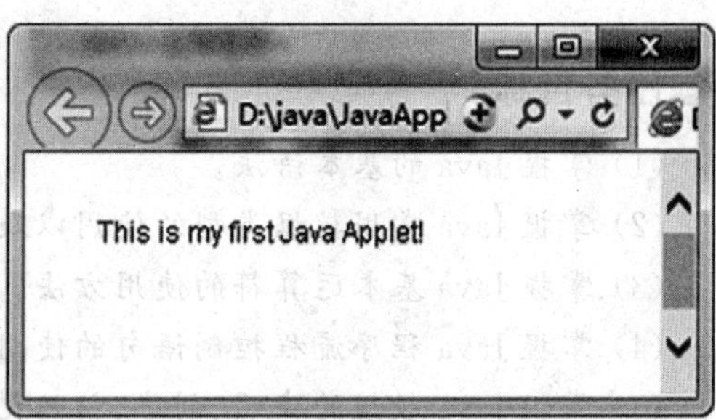

(b) 用IE浏览器查看运行结果

图 1-22　两种运行小程序的方法

对于小程序部分的程序分析将在第 6 章做详细的介绍。

课后上机训练题目

(1) 编写 Java Application,要求用户输入两个整数,计算并打印两个数的和、差和积。

(2) 编写 Java Applet,显示并输出字符串 Java PlatForm。

Java语言基本语法

任务目标

(1) 掌握 Java 的基本语法。

(2) 掌握 Java 常用数据类型的使用以及数据类型间的转换方法。

(3) 掌握 Java 基本运算符的使用方法。

(4) 掌握 Java 程序流程控制语句的使用方法。

(5) 掌握 Java 数组的声明、创建、初始化和使用方法。

2.1 Java 程序结构

每一个 Java 程序都是按照一定规则编写而成,这些规则一般称为程序语法,只有语法正确了,程序才能通过编译系统的编译,才能被计算机执行。

2.1.1 源代码文件框架

Java 程序的源代码文件包含 3 个要素。

(1) 以 package 开始的包声明语句为可选。若有,则只能有一个 package 语句且只能是源程序文件的第一个语句;若没有,此文件将放到默认的当前目录下。

(2) 以 import 开始的类引入声明语句,数量可以是任意个。

(3) 类和接口的定义。由 public 开始的类定义只能有一个,且要求源程序文件名必须和 public 类名相同。Java 语言对字符的大小写敏感,因此文件名相同意味着字母大小写也完全相同。如果源程序文件中有主方法 main(),它应放在 public 类中。这 3 个要素在程序中必须严格按上述顺序出现。

2.1.2 注释符

注释是程序中的解释性文字。这些文字供程序的阅读者查看,编译器将不对其进行编译。在 Java 的编写过程中需要对一些程序进行注释,通过注释提高 Java 源程序代码的可读性,使得Java程序条理清晰。Java语言中定义了3种注释形式。

1. 行注释符

编译器会认为以“//”开头的字符直至本行末尾都是注释,所以又称为行注释。它一般用于对某条语句或某个变量的注释以及一些文字不多的注释。

2. 块注释符

以“/*”表示注释开始,以“*/”表示注释结束,它们之间的文字都是注释。这些注释可以分成多行,不必再添加行注释符。

3. 文档注释

以“/**”表示注释开始,以“*/”表示注释结束。文档注释也是一种块注释,它是用来生成帮助文档的。当程序员编写完程序以后,可以通过JDK提供的Java doc命令,生成所编程序的API文档,而文档中的内容主要是从文档注释中提取的。该API文档以HTML文件的形式出现,与Java帮助文档的风格及形式完全一致。

2.1.3 标识符、关键字和转义符

1. 标识符

标识符(Identifier)是指用来标识某个实体的一个符号,标识符是用来给类、对象、方法、变量、接口和自定义数据类型命名的。在不同的程序语言中,标识符会有一定的差别。

Java标识符由数字、字母、下划线(_)和美元符号($)组成。在Java中是区分大小写的,而且要求首字符不能是数字。最重要的是,Java关键字不能当作Java标识符。

1) 命名规则

在Java标识符命名时,需要注意以下几点。

(1) 标识符可以由字母、数字、下划线(_)和美元符($)组成,其中不能以数字开头。

(2) 标识符不能是Java关键字和保留字。

(3) 标识符不能包含空格。

(4) 不能包含@、#、&、*、!等特殊字符以及一些中文特殊符号等。例如,下面的标识符是合法的:myName、My_name、Points、$points、_sys_ta、OK、_23b和_3_;下面的标识符是非法的:#name、25name、class、&time和if。

(5) Java标识符大小写敏感,长度无限制。

2) 命名约定

为了便于程序的阅读,Java编程中的标识符一般遵守以下命名习惯。

(1) 类和接口名。每个类和接口的首字母大写,含有大小写,如MyClass、HelloWorld、YourInterface等。

(2) 方法名。首字符小写,其余组成单词的首字母大写,含大小写,尽量少用下划线,这种命名方法叫作驼峰式命名,如myName、setTime等。

(3) 常量名。基本数据类型的常量名使用全部大写字母,字与字之间用下划线分隔。对象常量可大小写混写,如SIZE_NAME、BUILDING_WINDEOW_COLOR。

(4) 变量名。可大小写混写,首字符小写,字间分隔符用字的首字母大写。不用下划

线，少用美元符号。给变量命名应尽量做到见名知义，如 myVariable、yourAddress。

2. 关键字

关键字是 Java 特有的符号，具有特殊意义，用户不能重新定义这些符号。关键字用小写字母标识。Java 关键字分为 8 大类。

（1）访问控制类关键字见表 2-1。

表 2-1 访问控制类关键字

序号	关键字	定义或作用
1	private	私有的
2	protected	受保护的
3	public	公共的

（2）类、方法、变量关键字见表 2-2。

表 2-2 类、方法、变量关键字

序号	关键字	定义或作用
1	abstract	声明为抽象
2	class	类
3	extends	扩展、继承
4	final	终极、不可变
5	implements	实现
6	interface	接口
7	native	本地
8	new	新建、创建
9	static	静态
10	strictfp	严格精准
11	synchronized	同步
12	transient	短暂
13	volatile	易失

（3）程序控制关键字见表 2-3。

表 2-3 程序控制关键字

序号	关键字	定义或作用
1	break	中断、跳出循环
2	continue	继续
3	return	返回
4	do	运行
5	while	循环
6	if	如果
7	else	那么、反之

续表

序号	关键字	定义或作用
8	for	循环
9	instanceof	是否实例
10	switch	开关
11	case	返回开关的结果
12	default	默认

(4) 包相关类关键字见表 2-4。

表 2-4 包相关类关键字

序号	关键字	定义或作用
1	import	引入
2	package	包

(5) 异常处理类关键字见表 2-5。

表 2-5 异常处理类关键字

序号	关键字	定义或作用
1	catch	处理异常
2	finally	最终都执行
3	throw	抛出一个异常对象
4	throws	声明一个异常可能被抛出
5	try	捕获异常

(6) 基本类型关键字见表 2-6。

表 2-6 基本类型关键字

序号	关键字	定义或作用
1	boolean	布尔
2	byte	字节
3	char	字符
4	double	双精度
5	float	单精度
6	int	整型
7	long	长整型
8	short	短整型
9	null	对象的空
10	true	真
11	false	假

(7) 变量引用见表 2-7。

表 2-7 变量引用关键字

序号	关键字	定义或作用
1	super	父类、超类
2	this	本类
3	void	无返回值

(8) 没有使用的关键字见表 2-8。

表 2-8 没有使用的关键字

序号	关键字	定义或作用
1	const	常量
2	goto	跳转

3. 转义符

Java 语言中允许使用转义字符“\”将其后的字符转变为其他的含义。Java 中常用的转义字符见表 2-9。

表 2-9 Java 中常用的转义字符

转义字符	功 能 描 述
\ddd	表示 1～3 位八进制数据所表示的字符(ddd)
\uxxxx	表示 1～4 位十六进制数据所表示的字符(xxxx)
\b	退格
\f	走纸换行
\n	回车
\r	换行
\t	横向跳格
\'	单引号
\"	双引号
\\	反斜杠

2.2 数据类型、变量和常量

2.2.1 数据类型

Java 包括了 4 类 8 种常见的基本类型，见表 2-10。

除了这些基本数据类型外，Java 中还有一些复杂的数据类型，如数组、类、接口等。其中类是面向对象语言的基本概念，在 Java 编程中有着重要的地位。

表 2-10 Java 基本数据类型

类 别	类 型	关键字	字节数	取值范围
整数类型	字节型	byte	1	$-128\sim127(-2^7\sim2^7-1)$
	短整型	short	2	$-32\ 768\sim 32\ 768(-2^{15}\sim2^{15}-1)$
	整型	int	4	$-2^{31}\sim2^{31}-1$
	长整型	long	8	$-2^{63}\sim2^{63}-1$
浮点类型	单精度浮点数	float	4	−3.4E38～3.4E38
	双精度浮点数	double	8	−1.7E308～1.7E308
逻辑类型	布尔型	boolean	1	true、false
字符类型	字符型	char	2	\u0000～\uFFFF(0～65 535)

2.2.2 变量与常量

在 Java 程序中存在大量的数据来代表程序的状态，其中有些数据在程序的运行过程中值会发生改变，有些数据在程序运行过程中值不能发生改变，这些数据在程序中分别被称为变量和常量。

1. 变量

变量是 Java 程序中的基本存储单元，变量定义为 Java 程序中可以变化的量。

1）变量的定义

由于 Java 语言是一种强类型的语言，所有的变量必须先定义后使用。在 Java 程序中变量的定义包括变量名、变量类型和作用域几个部分。变量定义的语法格式如下。

```
变量类型  变量名=[=(初始值)][,变量名 2[=初始值],...];
```

例如：

```
double myFloat;
char myChar='a';
int myNumber=6,yourNumber=10;
```

2）变量的作用域

变量的作用域是指变量起作用的范围。每个变量的定义位置决定了变量的作用域。例如：

```
1  public class Example {
2      public static void main(String[] args) {
3          int x=10;
4          if(x==10)
5          {
6             int  y=20;
7             System.out.println("x and y: "+x+" "+y);
8             x=y * 2;
9          }
10         System.out.println("x is "+x);
```

```
11        }
12 }
```

在以上程序中，变量 x 的作用域为定义位置第 3～12 行之前，即在整个 main()程序部分有效；而变量 y 的作用域为定义位置第 6～9 行之前，即在 if 语句块内有效，离开 if 语句块变量 y 无效。

2. 常量

常量是 Java 程序中恒定不变的量，即在程序运行过程中其值不能发生改变。在 Java 语言中，利用 final 关键字来定义常量，并且通常用大写字母为常量命名。常量定义的语法格式为

```
访问权限修饰符 final 数据类型 常量名=初始值
```

其中，访问权限修饰符一共有四种：无访问权限修饰符(省略)、private、public、protected。

例如：

```
final double PI=3.1415;
private final int RADIUS=5;
public final char NUMBER='1';
```

Java 中的常量分为不同类型，包括布尔型常量、字符型常量、字符串常量、整型常量、浮点型常量。

1）布尔型常量

布尔常量只取两个值：true 和 false，语义上分别表示"真"和"假"，这两个符号值只能赋给布尔型(boolean)的变量或直接用于布尔运算表达式中。例如，声明一个布尔型常量，public final boolean CHOICE＝true。

2）字符型常量

Java 语言中的字符型常量值是用单撇号(')括起来的量，例如，'e' 'E' '8' '$'。字符占 16 为使用 Unicode 字符集编码，字符常量为无符号数。除此之外，Java 还有一类特殊的字符常量，就是 2.1.3 小节中表 2-9 所介绍的转义字符。例如，声明一个字符型常量，public final char MYCHAR＝'A'。

3）字符串常量

字符串常量用双引号("")括起起来的量，例如，"" "Hello\n Java" "80"。运算符"＋"可以连接两个字符串，例如，"this is my"＋" first program"的运算结果为"this is my first program"。例如，声明一个字符串常量，public final String LIST＝"China\tAmerica\tItalia"。

4）整型常量

整数是程序中常用的类型，整型常量可以采用十进制、八进制、十六进制表示。十进制整型常量以非零开头的数字表示为 100、－298；八进制整型常量以零开头的数字表示为 017、－056；十六进制整型常量以 0x 开头的数字表示为 0xaf、0x67f。整型常量按照占用内存的长度，又分为一般整型常量和长整型常量，一般整型常量占 32 位，长整型常量占 64 位。长整型常量的尾部要加上 L 或 l，表示为－234L、38l。例如，声明一个整型常量，

public final int MYCOUNT＝30。

5）浮点型常量

浮点数表示方法分为十进制表示法和科学计数法。十进制表示法由数字和小数点组成，例如，－2.3、3.5f。科学计数法由数字和 e(或 E)组成，例如，0.345e－95、－0.8e98。如果浮点数的后面为 f 或 F(d 或者 D)，则表示单精度浮点数(双精度浮点数)。例如，声明一个浮点型常量，public final float DISCOUNT＝0.75f。

2.3 运算符和表达式

Java 程序中常用的运算符包括算术运算符、关系运算符、逻辑运算符、位运算符、赋值运算符及其他运算符。

2.3.1 算术运算符

为了完成基本的数值或字符串运算，Java 定义了一套算术运算符，分为一元运算符和二元运算符。

(1) 一元运算符有正(＋)、负(－)、自增(＋＋)和自减(－－)4 个。需要注意的是，自增和自减运算符只允许用于数值类型的变量，不允许用于表达式中。该运算符既可放在变量之前(如＋＋i)，也可放在变量之后(如 i＋＋)，两者的差别是：如果是＋＋i 运算，则变量值先加 1，然后进行其他相应的操作；如果是 i＋＋运算，则先进行其他相应的操作，然后再将变量值加 1。

(2) 二元运算符有加(＋)、减(－)、乘(*)、除(/)、求余运算(%)。其中＋、－、*、/完成加、减、乘、除四则运算，%是求两个操作数相除后的余数。需要注意的是，求余运算的两个操作数可以是整数也可以是浮点数，可以是正数也可以是负数，其计算结果的符号与求余运算符左侧的操作数符号一致。

下面根据几个具体的例题来说明运算符的运算规则。

【例 2-1】 单目运算符用法举例。分析变量 a、b、c、d 的值。

程序代码如下。

```
1  public class Example2_1 {
2    public static void main(String[] args) {
3      int i=5,a,b,c,d;
4      a=i+++i++;
5      i=5;
6      b=++i + ++i;
7      i=5;
8      c=++i + i++;
9      i=5;
10     d=i+++ ++i;
11     System.out.print("a="+a+", ");
12     System.out.print("b="+b+", ");
13     System.out.print("c="+c+", ");
14     System.out.print("d="+d);
```

```
15   }
16 }
```

程序运行结果如下。

```
a=11, b=13, c=12, d=12
```

程序分析如下。

(1) 第 4 行的代码等价于：{temp＝i; i＝i＋1; a＝temp＋i; i＝i＋1;}所以结果为 a＝11。

(2) 第 6 行的代码等价于：{i＝i＋1; temp＝i; i＝i＋1; b＝temp＋i;}所以结果为 b＝13。

【例 2-2】 求余运算符“%”用法举例。

程序代码如下。

```
1  public class Example2_2 {
2    public static void main(String[] args) {
3      System.out.print("10%3="+10%3+", ");
4      System.out.print(3-(3/10)*10+", ");
5      System.out.println("-10%3="+-10%3);
6      System.out.print("10%-3="+10%-3+", ");
7      System.out.print("-10%-3="+-10%-3+", ");
8      System.out.println("3%10="+3%10);
9      System.out.print("5.2%3.1="+5.2%3.1+", ");
10     System.out.print("-5.2%3.1="+-5.2%3+", ");
11     System.out.println("5.2%-3.1="+5.2%-3.1);
12     System.out.print("-5.2%-3.1="+-5.2%-3.1+", ");
13     System.out.print("3.1%5.2="+3.1%5.2);
14   }
15 }
```

程序运行结果如下。

```
10%3=1, 3,-10%3=-1
10%-3=1,-10%-3=-1, 3%10=3
5.2%3.1=2.1,-5.2%3.1=-2.2, 5.2%-3.1=2.1
-5.2%-3.1=-2.1, 3.1%5.2=3.1
```

程序分析如下。

(1) 对于整数，Java 的求余运算规则如下：a%b＝a－(a/b)＊b。所以第 3～7 行的运算结果由公式运算可以得到。

(2) 对于浮点数，Java 的求余运算规则如下：a%b＝a－(b＊q)，这里 q＝int(a/b)。所以第 8～12 行的运算结果由公式运算可以得到。

2.3.2 关系运算符

关系运算符用于比较两个操作数并返回二者之间的关系，返回结果为 boolean 类型的值。若关系是真实的，关系表达式会返回 true(真)；若关系不真实，则返回 false(假)。

包括小于(<)、大于(>)、小于或等于(<=)、大于或等于(>=)、等于(==)以及不等于(!=)。

【例 2-3】 关系运算符的用法举例。

程序代码如下。

```
1  public class Example2_3 {
2      public static void main(String[] args) {
3          System.out.println(" 9>7--------运算结果为: "+(9>7));
4          System.out.println(" 'a'<'A'----运算结果为: "+('a'<'A'));
5          System.out.println(" 5.8>=6.1---运算结果为: "+(5.8>=6.1));
6          System.out.println(" 'A'==65----运算结果为: "+('A'==65));
7          System.out.println(" 8!=8-------运算结果为: "+(8!=8));
8      }
9  }
```

程序运行结果如下。

```
9>7--------运算结果为: true
'a'<'A'----运算结果为: false
5.8>=6.1---运算结果为: false
'A'==65----运算结果为: true
8!=8-------运算结果为: false
```

程序分析如下。

在第 4 行代码中,由于字符'a'的 Unicode 编码值大于字符'A'的相应值,所以返回值为 false;在第 6 行的代码中,由于字符'A'的 Unicode 编码值为 65,所以返回值为 true。

2.3.3 逻辑运算符

逻辑运算符连接 boolean 类型的表达式或者值,其运算结果也是 boolean 型值。逻辑运算符包括以下几种。

(1) 逻辑非(!):!单目运算符,用于对变量、函数等对象的逻辑值取反。

(2) 逻辑与(&& 和 &):前后两个条件都为真时,才返回 true;否则返回 false。两种逻辑与(&& 和 &)的运算规则基本相同,其区别是:& 运算是把逻辑表达式全部计算完;&& 运算具有短路计算功能。短路计算是指系统从左至右进行逻辑表达式的计算,一旦出现计算结果已经确定的情况,则计算过程即被终止。对于 && 运算来说,只要运算符左端的值为 false,则因无论运算符右端表达式的值为 true 还是为 false,其最终结果都为 false。

(3) 逻辑或(||和|):前后两个条件有一个为真时返回 true,都为假时返回 false。两种逻辑或(||和|)的区别与两种逻辑与的区别一致,即|运算是把逻辑表达式全部计算完,而||运算只要计算出左端的值为 true,则不再计算右端的值。

【例 2-4】 逻辑运算符用法举例。

程序代码如下。

```
1  public class Example2_4 {
```

```
2    public static void main(String[] args) {
3        int i=10,j=3,a,b,c,d;
4        a=b=c=d=3;
5        if(j>=i && a++>3)
6            i++;
7        if(j>=i & b++>3)
8            j++;
9        if(j<=i || c++>3)
10           i++;
11       if(j<=i | d++>3)
12           j++;
13       System.out.println("a的值为: "+a+"; b的值为: "+b);
14       System.out.println("c的值为: "+c+"; d的值为: "+d);
15       System.out.println("!(i>j)的值为: "+(!(i>j)));
16   }
17 }
```

程序运行结果如下。

```
a的值为: 3; b的值为: 4
c的值为: 3; d的值为: 4
!(i>j)的值为: false
```

程序分析如下。

在第5行代码中，由于使用的是 && 运算符，所以进行短路计算。与之相反，第7行代码中，& 运算符的左右两个表达式的值都要计算，所以在第13行中输出 a=3、b=4；第9行和第11行中的||和|运算符与前面同理；第15行代码中，由于(i>j)的结果为 true，所以!(i>j)的结果为 false。

2.3.4 位运算符

位运算是以二进制位为单位进行的运算，其操作数和运算结果都是整型值。位运算符共有7个，分别是按位与(&)、按位或(|)、按位非(~)、按位异或(^)、右移(>>)、左移(<<)、0填充的右移(>>>)。位运算示例如表2-11所示。

表 2-11 Java位运算示例

运算符	名　称	示　例	说　　明
&	按位与	x&y	把x和y按位求与(有0则0,全1才1)
|	按位或	x|y	把x和y按位求或(有1则1,全0才0)
~	按位非	~x	把x按位求非(0的非为1,1的非为0)
^	按位异或	x^y	把x和y按位求异或(相同则0,不同则1)
>>	右移	x>>y	把x的各位右移y位(正数左端补0,负数左端补1)
<<	左移	x<<y	把x的各位左移y位,右端补0
>>>	右移	x>>>y	把x的各位右移y位,左端补0

【例 2-5】 位运算符用法举例。

程序代码如下。

```
1  public class Example2_5 {
2      public static void main(String[] args) {
3          System.out.print("70 右移 2 位的值为: "+(70>>2)+"  ,  ");
4          System.out.println("70 左移 2 位的值为: "+(70<<2));
5          System.out.print("-70 右移 2 位的值为: "+(-70>>2)+", ");
6          System.out.println("-70 左移 2 位的值为: "+(-70<<2));
7          System.out.print("7&2 的值为: "+(7&2)+", ");
8          System.out.println("7|2 的值为: "+(7|2));
9          System.out.print("7^2 的值为: "+(7^2)+", ");
10         System.out.println("~5 的值为: "+(~5));     }
11 }
```

程序运行结果如下。

```
70 右移 2 位的值为: 17,70 左移 2 位的值为: 280
-70 右移 2 位的值为:-18,-70 左移 2 位的值为:-280
7&2 的值为: 2, 7|2 的值为: 7
7^2 的值为: 5, ~5 的值为:-6
```

程序分析如下。

第 3 行代码中,70 的二进制等于 01000110(整型数为 4 个字节,前面省略了 3 个字节的 0,下面的分析以此类推),所以右移 2 位左端补两个 0,等于 00010001,转换为十进制数为 17;第 5 行代码中,－70 的二进制等于 10111010(前面省略了 3 个字节的 1),所以右移 2 位左端补两个 1,等于 11101110,转换为十进制是－18;第 7～9 行,相当于 111&010＝010,111|010＝111,111^010＝101;第 10 行的代码中,～5 相当于～00000101＝11111010,转换为十进制等于－6。请查阅资料学习计算机内部的表示方法,如原码、反码和补码后,结合上述分析再读程序。

2.3.5 赋值运算符

Java 中的赋值运算符分为两类,分别如下。

(1) 基本的赋值运算符＝:把＝右边的数据赋值给左边,如 int a＝5。

(2) 扩展的赋值运算符:赋值运算符与其他的运算符联合使用,见表 2-12。

表 2-12 扩展的赋值运算符

运算符	用 法	等价于	说 明	例 子
＋＝	s＋＝i	s＝s＋i	s 和 i 为数值型	int s＝5,i＝3;s＋＝i; //s 的值为 8
－＝	s－＝i	s＝s－i	s 和 i 为数值型	int s＝6,i＝3;s－＝i; //s 的值为 3
*＝	s*＝i	s＝s*i	s 和 i 为数值型	int s＝6,i＝3;s*＝i; //s 的值为 18
/＝	s/＝i	s＝s/i	s 和 i 为数值型	int s＝6,i＝3;s/＝i; //s 的值为 2
%＝	s%＝i	s＝s%i	s 和 i 为数值型	int s＝7,i＝3;s%＝i; //s 的值为 1
&＝	a&＝b	a＝a&b	a 和 b 为逻辑型或整型	int a＝3,b＝5; a&＝b; //a 的值为 1
|＝	a|＝b	a＝a|b	a 和 b 为逻辑型或整型	int a＝3,b＝5; a|＝b; //a 的值为 7
^＝	a^＝b	a＝a^b	a 和 b 为逻辑型或整型	int a＝3,b＝5; a^＝b; //a 的值为 6

续表

运算符	用 法	等价于	说 明	例 子
＜＜＝	a＜＜＝b	a＝a＜＜b	a 和 b 整型	int a＝7,b＝2; a＜＜＝b; //a 的值为 28
＞＞＝	a＞＞＝b	a＝a＞＞b	a 和 b 整型	int a＝－7,b＝2; a＞＞＝b; //a 的值为－2
＞＞＞＝	a＞＞＞＝b	a＝a＞＞＞b	a 和 b 整型	int a＝－7,b＝2; a＞＞＞＝b; //a 的值为 1073741822

2.3.6 其他运算符及其表达式

1. 三元运算符

Java 提供一个特别的三元运算符，经常用于取代某个类型的 if-then-else 语句，其格式如下。

```
expression1?expression2:expression3
```

三元运算符的含义是：expression1 是一个 boolean 表达式。如果 expression1 为真，则运算结果取 expression2 的值；否则取 expression3 的值。expression2 和 expression3 类型必须相同。例如：

```
int a=7,b=9,c;
int c=(a>b)?a*6:b*6;                //运算结果 c=54
```

2. 字符串拼接运算符

字符串拼接运算符有两个作用：一个是合并两个字符串；另一个是当“＋”两端的操作数分别为字符串型和数值型时，计算机自动将数值型转换为字符串型。例如：

```
int myNumber=110234;
System.out.println("myNumber="+myNumber);
                                    //显示结果为 myNumber=110234
```

3. 括号运算符

括号运算符用于改变运算的优先顺序，具有最高的优先级别。括号允许嵌套，按照从内到外的顺序依次进行表达式的运算。例如：

```
int a=2,b=8,c=5,d=7;
a=a*((b-c)+d)
System.out.println(a);
```

4. 下标运算符

在数组元素中提供下标索引值。例如：

```
int array[4]={1,2,3,4};
System.out.println("a[2]="+a[2]);          //显示结果为 a[2]=3
```

5. 点运算符

点运算符有两个功能：一个是指引用类中的成员；另一个是指包的层次关系。例如：

```
System.out.println("Hello Java!");          //引用类中的成员
import java.util.Scanner;                   //包的层次关系
```

6. 强制类型转换运算符

Java 可以由低字节类型向高字节类型自动转换(byte→short→int→long→float→double),但是逆向过程必须使用强制转换,在转换中可能会丢失精度。在 Java 中有些数据类型之间,如 boolean 和数值型,不能进行转换。例如：

```
int a=9,c,d;
float b=2.5f,e;
c=(int)b;                                   //强制类型转换,c=2
d=a/c;                                      //自动类型转换,d=4
e=a+b;                                      //自动类型转换,e=11.5
```

7. 内存分配运算符

为变量、对象或者数值分配内存空间。例如：

```
String myString=new String("Hello Java!");  //定义一个字符串,并赋值
Scanner in=new Scanner(System.in);          //定义 Scanner 类对象 in,并赋值
```

8. 对象运算符

Java 中的 instanceof 运算符是用来在运行时指出对象是否是特定类的一个实例。instanceof 通过返回一个 boolean 值指出,这个对象是否是这个特定类或者是它的子类的一个实例。使用格式如下。

```
对象名 instanceof 类名
```

instanceof 运算符用法举例如下。

```
1  class Foo1 { /*类中的内容省略*/  }
2  public class Test{
3      public static void main(String args[]){
4          boolean res;
5          Foo1 f1=null;
6          Foo1 f2=new Foo1();
7          res=f1 instanceof Foo1;
8          System.out.println("对象 f1 是类 Foo1 的实例为: "+res);
9          res=f2 instanceof Foo1;
10         System.out.println("对象 f2 是类 Foo1 的实例为: "+res);
11     }
12 }
```

运行结果如下。

```
对象 f1 是类 Foo1 的实例为: false
```

```
对象 f2 是类 Foo1 的实例为：true
```

对此段代码的分析如下。

第 1 行定义一个类 Foo1；第 5 行和第 6 行分别定义类 Foo1 的两个对象 f1 和 f2，但是 f1 为 null，即没有实例化，换言之 f1 不是类 Foo1 的一个实例，而 f2 使用 new 进行了实例化，所以在第 8 行和第 10 行的返回结果分别是 false 和 true。

2.3.7 运算符的优先级

Java 运算符的优先级见表 2-13。优先级从上至下依次递减，结合性表示运算顺序。由于运算符的优先级别难以记忆，在实际编程中，为了便于理解，通常在程序代码中使用()将优先计算的部分括起来。

表 2-13 Java 中运算符的优先级

优先级	运 算 符	说 明	结合性
1	[]、.、()、;、,	分隔符	从左到右
2	!、+(正号)、-(负号)、~、++、--	单目运算符	从右到左
3	new	内存分配	从左到右
4	*、/、%	乘法/除法	从左到右
5	+(加)、-(减)	加法/减法	从左到右
6	<<、>>、>>>	移位	从左到右
7	<、<=、>、>=、instanceof	关系运算符	从左到右
8	==、!=	等价	从左到右
9	&	按位与	从左到右
10	^	按位异或	从左到右
11	|	按位或	从左到右
12	&&	短路与	从左到右
13	||	短路或	从左到右
14	?:	条件	从右到左
15	=、+=、-=、*=、/=、%=、&=、|=、^=、~=、<<=、>>=、>>>=	赋值	从右到左

2.3.8 表达式

1. 算术表达式

表达式的值为数值的表达式为算术表达式。它是由算术运算符和操作数组成的。

【例 2-6】 求算术表达式的值。

程序代码如下。

```
1  public class Example2_6 {
2      public static void main(String[] args) {
```

```
3           char a='A';
4           byte b=5;
5           short c=15;
6           long d=23L;
7           float e=2.31f;
8           double f=12.534;
9           int expInt=++b+c--+(int)d-(int)e+(int)f;
10          double expDouble=a+b*c+d/e-f;
11          System.out.println("expInt="+expInt);
12          System.out.println("expDouble="+expDouble);
13          System.out.print("d/e="+(d/e)+", ");
14          System.out.print("a="+(a+1)+", ");
15          System.out.println("a="+(++a));
16      }
17  }
```

程序运行结果如下。

```
expInt=54
expDouble=146.4227108154297
d/e=9.95671, a=66, a=B
```

程序分析如下。

第 9 行代码中，进行了强制类型转换，将高字节的 double、float 和 long 转换为 int，表达式等价于 6＋15＋23－2＋12＝54；第 10 行代码中，进行了自动类型转换，表达式等价于 65＋6＊14＋23/2.31－12.534，然后将整个表达式自动转换为 double 类型；第 13 行代码中，表达式 d/e 的值被自动转换为 float 类型；第 14 行与第 15 行的区别是，表达式 a＋1 的值被自动转换为 int 型，所以显示结果为 66；而表达式 a＋＋保持原数据类型不变，等价于表达式 a＝a＋(char)1，所以显示结果为 B。

2. 关系和逻辑表达式

用关系运算符将两个表达式连接起来的式子称为关系表达式。关系表达式的返回值是 boolean 型，即 false 或 true。由于参与逻辑运算的两个操作数都是 boolean 型的，所以通常把关系表达式和逻辑运算符相结合使用。关系表达式和逻辑表达式常用于 if、switch、while 和 for 等判断或循环语句中，作为循环结束或分支语句的判断条件。

【例 2-7】 求关系和逻辑表达式的值。

程序代码如下。

```
1  public class Example2_7 {
2      public static void main(String[] args) {
3          int a=3,c=4,d=9;
4          boolean b1,b2,b3,b4;
5          b1=a>d&&++a<c;
6          System.out.print("(1) a="+a+", ");
7          b2=a>c&++a>d;
8          System.out.print("(2) a="+a+", ");
```

```
9          b3=a==c|a<++d;
10         System.out.print("(1) d="+d+", ");
11         b4=a==c||a>++d;
12         System.out.println("(2) d="+d);
13         System.out.print("b1="+b1+", ");
14         System.out.print("b2="+b2+", ");
15         System.out.print("b3="+b3+", ");
16         System.out.println("b4="+b4);
17     }
18 }
```

程序运行结果如下。

```
(1) a=3, (2) a=4, (1) d=10, (2) d=10
b1=false, b2=false, b3=true, b4=true
```

程序分析如下。

第6行和第8行的显示结果说明了 & 和 && 的区别；第10行和第12行的显示结果说明了||和|的区别。

2.4 Java流程控制

程序结构分为4种，即顺序结构、选择结构、循环结构和跳转结构。一般应用程序代码都不按顺序执行，必然要求进行条件判断、循环和跳转等过程，这就需要流程控制。在Java中，主要的流程控制语句包括分支语句、循环语句、跳转语句和异常处理等，异常处理将在第4章具体讲解。

2.4.1 分支语句

分支结构也叫选择结构，分支结构分为单分支、双分支和多分支结构。Java语言分别由if语句实现单分支，由if-else语句实现双分支，由switch语句或者if-else语句嵌套实现多分支结构。

1. 单分支结构

if语句可以实现单分支结构，图2-1表示if语句的单分支结构，具体格式如下：

```
if(条件表达式)
{ /*由{}括起来的一条或多条语句构成复合语句，也称为语句
  块*/
   语句块;
}
```

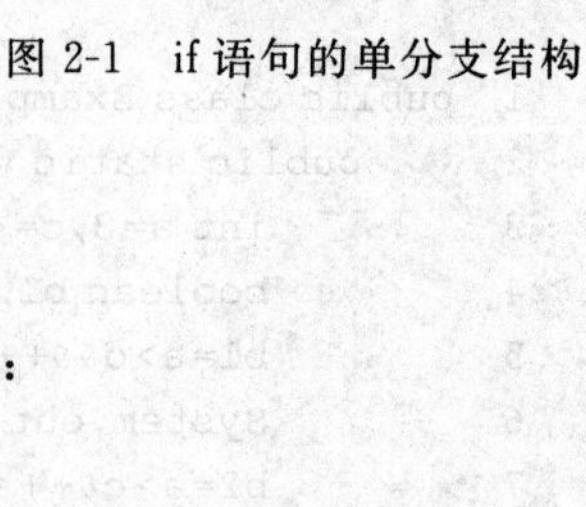

图2-1 if语句的单分支结构

当“条件表达式”为true时，执行语句块；否则跳过。例如：

```
int a=1,b=2,c=0;
if(a!=2&&b==3)
```

```
{
    c=5;
}
```

该程序段得到c的值为0,而不是5。当分支结构内的语句块只有一条语句时,大括号可以省略。上面的if语句与下面的语句是等价的。

```
int a=1,b=2,c=0;
if(a!=2&&b==3)
    c=5;
```

【例2-8】 使用单分支if语句计算3个数中最小值。

程序代码如下。

```
1  public class Example2_8 {
2      public static void main(String[] args) {
3          int a=29,b=80,c=16;
4          if(a>b)
5              a=b;
6          if(a>c)
7              a=c;
8          System.out.println("minValue="+a);
9      }
10 }
```

程序运行结果如下。

```
minValue=16
```

程序分析如下。

通过第4行和第6行的if语句,先在5行中把a和b中的最小值赋给a,然后在第7行中把a和c中的最小值赋值给a,从而把a、b、c中的最小值赋值给了a。

2. 双分支结构

if-else语句可以实现双分支结构,图2-2是if-else语句双分支结构,具体格式如下。

```
if(条件表达式)
{
    语句块1;
}
else
{
    语句块2;
}
```

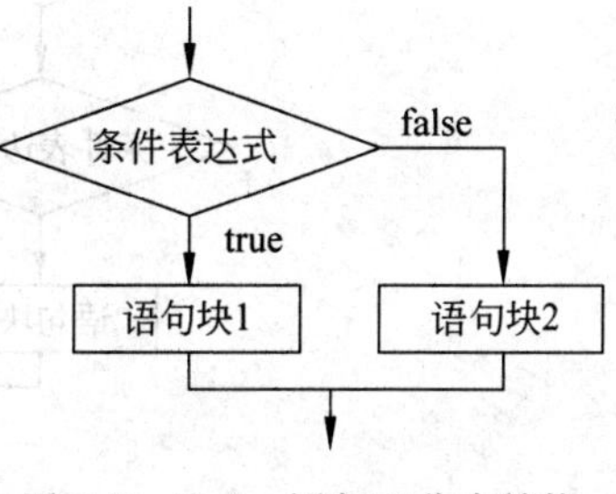

图2-2 if-else语句双分支结构

【例2-9】 使用if-else双分支结构实现根据年龄,判断某人是否为成年。

程序代码如下。

```
1  public class example2_9 {
```

```
2       public static void main(String[] args) {
3          byte age=20;
4          if(age>=18)       //用来判断年龄是否小于 18 岁的人
5              System.out.println("成年");
6          else
7              System.out.println("未成年");
8       }
9   }
```

程序运行结果如下。

```
成年
```

3. 多分支结构

Java 的多分支结构主要是由 if-else 语句的嵌套和 switch 语句实现的。

1）嵌套的 if 语句

在 if 语句中包含一个或多个 if 语句的称为 if 语句的嵌套。在使用嵌套的 if 语句时，else 部分可以省略，如果不省略，要特别注意 if 与 else 的匹配问题。如果程序中有多个 if 和 else，系统默认 else 与它前面最近的且没有与其他 else 配对的 if 配对。为了避免二义性，在嵌套的 if 语句中加了{}，由于{}限定了嵌套的 if 语句是处于外层 if 语句的内部语句，所以 else 与第一个 if 配对。if 语句嵌套的多分支结构如图 2-3 所示，它的语法格式如下。

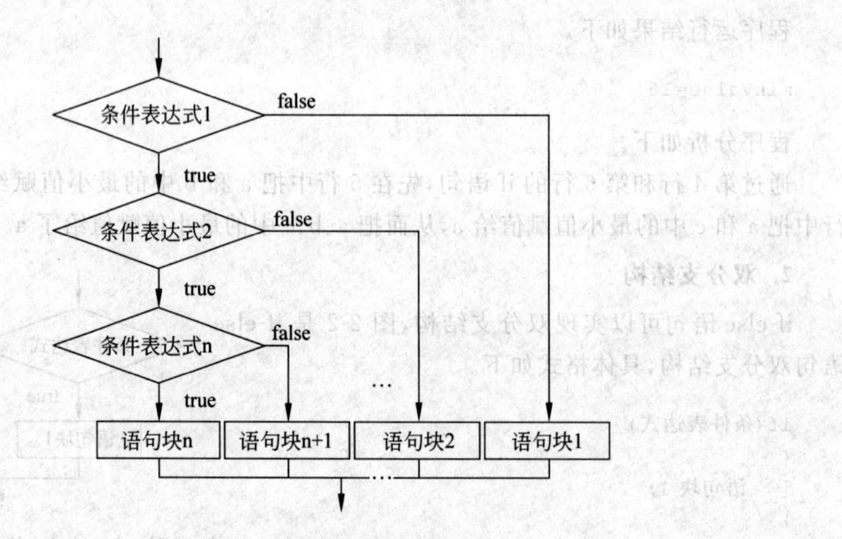

图 2-3　嵌套的 if 语句的多分支

```
if(条件表达式 1)
    if(条件表达式 2)
        ⋮
        if(条件表达式 n)
        {
            语句块 n;
        }
```

```
[else
{
    语句块 n+1;
}
 ⋮
else
{
    语句块 2;
}
else
{
    语句块 1;
}]
```

【例 2-10】 使用嵌套的 if 语句，根据某位同学的分数成绩判断其等级：优秀(90 分以上)；良好(80 分以上 90 分以下)；中等(70 分以上 80 分以下)；及格(60 分以上 70 分以下)；不及格(60 分以下)。

程序代码如下。

```
1  import java.util.*;;
2  public class Example2_10 {
3      public static void main(String[] args) {
4          float score;
5          Scanner in=new Scanner(System.in);
6          System.out.print ("请输入分数:");
7          score=in.nextFloat();
8          if(score<90)
9              if(score<80)
10                 if(score<70)
11                     if(score<60)
12                         System.out.println("该同学的分数等级为:不及格");
13                     else
14                         System.out.println("该同学的分数等级为:及格");
15                 else
16                     System.out.println("该同学的分数等级为:中等");
17             else
18                 System.out.println("该同学的分数等级为:良好");
19         else
20             System.out.println("该同学的分数等级为:优秀");
21     }
22 }
```

程序两次运行结果分别如下。

```
请输入分数:76
该同学的分数等级为:中等
请输入分数:56
该同学的分数等级为:不及格
```

2）阶梯式 if-else-if 语句

阶梯式 if-else-if 结构是一种特殊的 if 嵌套形式，它使程序层次清晰，易于理解，在多分支结构的程序中经常使用这种形式。阶梯式 if-else-if 语句结构如图 2-4 所示，它的语法格式如下。

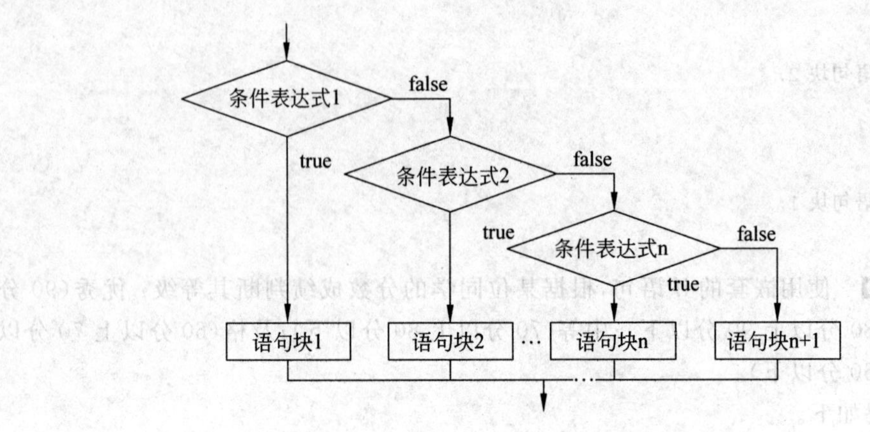

图 2-4 阶梯式 if-else-if 语句的多分支结构

```
if(条件表达式 1)
    {
        语句块 1;
    }
    else if(条件表达式 2)
    {
        语句块 2;
    }
    eles if(条件表达式 n)
    {
        语句块 n
    }
    [else
    {
        语句块 n+1;
    }]
```

【例 2-11】 使用阶梯式 if-else-if 语句实现此题功能。假定个人收入所得税的计算方式如下：当收入额小于等于 1800 元时，免征个人所得税；超出 1800 元但在 5000 元以内的部分，以 20%的税率征税；超出 5000 元但在 10000 元以内的部分，按 35%的税率征税；超出 10000 元的部分一律按 50%征税。

程序代码如下。

```
1  import java.util.*;
2  public class Example2_11 {
3      public static void main(String[] args) {
4          double  income,tax;      //income 是个人收入,tax 是所得税
5          Scanner in=new Scanner(System.in);
```

```
6           System.out.print("请输入您的个人收入：");
7           income=in.nextDouble();
8           tax=0;
9           if(income<=1800)
10              System.out.println("免征个税.");
11          else if(income<=5000)
12              tax=(income-1800)*0.2;
13          else if(income<=10000)
14              tax=(5000-1800)*0.2+(income-5000)*0.35;
15          else
16              tax=(5000-1800)*0.2+(10000-5000)*0.35
17              +(income-10000)*0.5;
18          System.out.println("您的个人收入所得税额为:"+tax);
19      }
20  }
```

程序两次运行结果分别如下。

```
请输入您的个人收入：1500
免征个税.
您的个人收入所得税额为:0.0
-----------------------------------------
请输入您的个人收入：5009
您的个人收入所得税额为:643.15
```

3）switch 语句

switch 语句即开关语句，它是 Java 语言中另一种可以实现多分支结构的语句。当分支结构复杂时，可以采用 switch 语句，可以有效地避免 if 的多层嵌套。switch 语句结构如图 2-5 所示，它的语法格式如下。

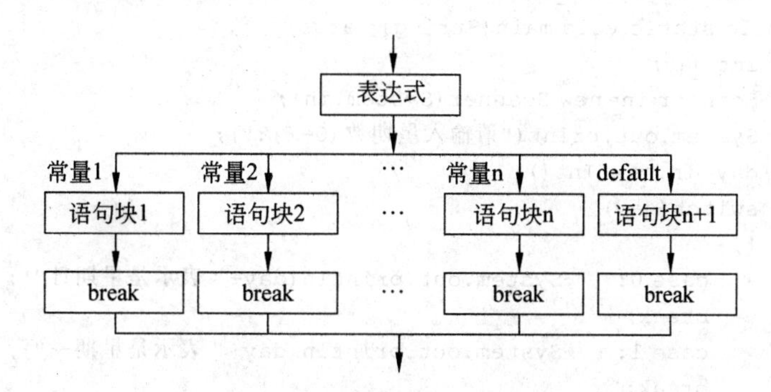

图 2-5 switch 语句的多分支结构

```
switch(表达式)
{
    case 常量 1:
        语句块 1;
        break;
    case 常量 2:
        语句块 2;
        break;
```

```
    ⋮
    case 常量 n:
        语句块 n;
        break;
    [default:
        语句块 n+1;
        break;]
}
```

switch 语句的几点注意事项如下。

(1) 表达式的值必须为有序数值(如整型数或字符型等),不能为浮点数。

(2) 每一个 case 子句的常量值必须各不相同,每个常量值代表一个 case 分支的入口,每个 case 分支后面的语句可以是一条或多条的,且不需要加{}括起来。

(3) 每个 case 分支中,一定要用 break 语句结束,否则不能跳出 switch 结构,程序继续执行后续分支。当多个不同的 case 分支共享同一个语句块时,在最后一个 case 分支中使用 break 语句结束。

(4) default 子句是可选的,并且其位置必须在 switch 结构的末尾,当表达式的值与任何 case 常量值均不匹配时,则执行 default 子句,然后退出 switch 结构;若无 default 子句,则程序不执行任何操作,直接跳出 switch 结构,继续执行后面的程序。

【例 2-12】 根据输入 0~6 的数字(0 对应星期天,1 对应星期一,以此类推),输出对应的星期几。

程序代码如下。

```
1   import java.util.*;
2   public class Example2_12 {
3       public static void main(String[] args) {
4           int day;
5           Scanner in=new Scanner(System.in);
6           System.out.print("请输入星期数(0-6):");
7           day=in.nextInt();
8           switch(day)
9           {
10              case 0:    System.out.println(day+" 表示是星期日");
11              break;
12              case 1:    System.out.println(day+" 表示是星期一");
13              break;
14              case 2:    System.out.println(day+" 表示是星期二");
15              break;
16              case 3:    System.out.println(day+" 表示是星期三");
17              break;
18              case 4:    System.out.println(day+" 表示是星期四");
19              break;
20              case 5:    System.out.println(day+" 表示是星期五");
21              break;
22              case 6:    System.out.println(day+" 表示是星期六");
23              break;
```

```
24            default: System.out.println(day+"是无效数!");
25        }
26    }
27 }
```

程序两次运行结果分别如下。

```
请输入星期数(0-6):5
5 表示是星期五
```

```
请输入星期数(0-6):0
0 表示是星期日
```

程序分析如下。

程序中使用整数作为分支的表达式,如果分支程序中去掉 break 语句,则不能得到正确的分支结果。如果将上述程序中 break 语句去掉,则从满足条件的分支一直运行到最后一个分支。运行程序则得到错误的运行结果,具体如下。

```
请输入星期数(0-6):3
3 表示是星期三
3 表示是星期四
3 表示是星期五
3 表示是星期六
3 是无效数!
```

【例 2-13】 改进例 2-10,并实现不合法成绩(不在 0～100 之间的分数)的判断。

程序代码如下。

```
1  import java.util.*;
2  public class Example2_13 {
3      public static void main(String[] args) {
4          float score;
5          int number;
6          Scanner in=new Scanner(System.in);
7          System.out.print("请输入分数:");
8          score=in.nextFloat();
9          number=(int)(score/10);
10         switch(number)
11         {
12             case 0:
13             case 1:
14             case 2:
15             case 3:
16             case 4:
17             case 5:
18                 System.out.println("该同学的分数等级为:不及格");
19                 break;
20             case 6:
21                 System.out.println("该同学的分数等级为:及格");
22                 break;
23             case 7:
```

```
24                System.out.println("该同学的分数等级为:中等");
25                break;
26            case 8:System.out.println("该同学的分数等级为:良好");
27            break;
28            case 9:
29            case 10:
30                System.out.println("该同学的分数等级为:优秀");
31                break;
32            default:
33                System.out.println("输入的分数不在 0-100 之间,请重新输入");
34                break;
35        }
36    }
37 }
```

程序 3 次运行结果分别如下。

```
请输入分数:55
该同学的分数等级为:不及格
-----------------------------------
请输入分数:92
该同学的分数等级为:优秀
-----------------------------------
请输入分数:120
输入的分数不在 0-100 之间,请重新输入
```

程序分析如下。

第 9 行的代码中,去掉用户输入分数的个位数字,即得到 0～10 的整数赋值给 number,作为分支表达式;第 12～17 行的 case 分支共享第 18、19 行的语句块;第 32 行,当用户输入的分数不在 0～100 之间,则执行 default 分支。

2.4.2 for 循环语句

程序设计时,有时需要重复执行程序中一个或多个语句,这时就需要用循环结构。循环结构是由循环语句来实现的,for 语句是 Java 的一种循环语句,它的循环结构如图 2-6 所示,它的一般语法格式有 4 种,分别如下。

1. for 语句的一般语法格式

语法格式一:

```
for(表达式 1;条件表达式;表达式 2)
{
    语句块;
}
```

语法格式二:

```
表达式 1;
for(;条件表达式;表达式 2)
```

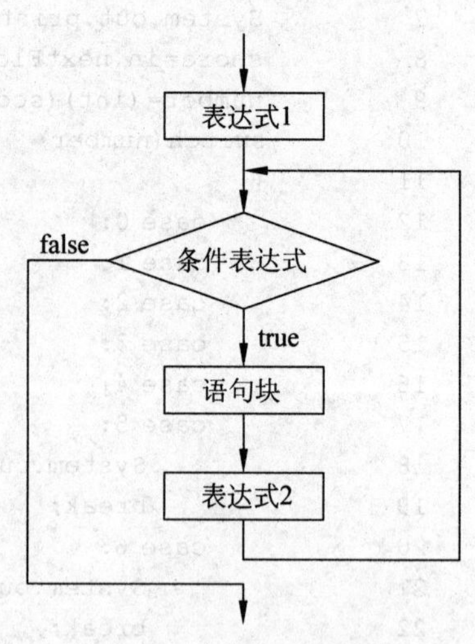

图 2-6 for 循环语句结构

```
{
    语句块;
}
```

语法格式三:

```
表达式 1;
for(;条件表达式;)
{
    语句块;
    表达式 2;
}
```

语法格式四:

```
表达式 1;
for(;;)
{
    条件表达式;
    语句块;
    表达式 2;
}
```

for 语句说明如下。

(1) 表达式 1: for 循环的初始化部分,它用来设置循环变量的初值,在整个循环过程中只执行一次;条件表达式: 其值类型必须为 boolean 型,作为判断循环执行的条件;表达式 2: 控制循环变量的变化。

(2) 循环体可以是一条语句,也可以是多条语句,当为多条语句时用花括号括起来。

(3) 上述 3 个表达式中的每个允许并列多个表达式,之间用逗号隔开。也允许省略(表达式 1 移动到 for 之前,条件表达式和表达式 2 移动到循环体中)上述的 3 个表达式,但分号不能省略。

【例 2-14】 使用第一种格式的 for 循环语句计算 1+2+3+…+100 的值。

程序代码如下。

```
1  public class Example2_14 {
2      public static void main(String[] args) {
3          int sum=0;
4          for(int i=1; i<=100;i++)
5          {
6              sum+=i;
7          }
8          System.out.println("1+2+3+…+100 的值为: "+sum);
9      }
10 }
```

程序运行结果如下。

```
1+2+3+…+100 的值为: 5050
```

程序分析如下。

整型变量 i 可以在 for 循环体中声明，也可以在 for 循环体外声明，二者的区别在于 i 的作用域不同，前者是局部变量，只在循环体中有效，而后者是在整个类中有效；在程序每次循环后 sum 得到新的值 sum＋i。如此下去，当 i＝100 时 sum＝5050，当 i＝101 时循环判断条件 i＜＝100 不成立，退出 for 循环体，执行第 8 行的代码并显示结果。在本程序中可以采用其他语法格式实现。

【例 2-15】 使用第三种格式的 for 语句实现此题。要求用户输入要存款的金额，假设银行的存款按 3.25％的年利率计算，计算过多少年后就会连本带利翻一番？

程序代码如下。

```
1  import java.util.*;
2  public class Example2_15 {
3      public static void main(String[] args) {
4          double principal;                   //初始存款额
5          double amount;                      //当前存款额
6          int year=0;                         //存款年数,初始值为 0
7          Scanner in=new Scanner(System.in);
8          System.out.print("请输入你的初始存款额: ");
9          principal=in.nextDouble();
10         amount=principal;
11         for(;amount<2*principal;)
12         {
13             amount=(1+0.0325)*amount;
14             year++;
15         }
16         System.out.println(year+"年后连本带利翻一番!");
17     }
18 }
```

程序运行结果如下。

```
请输入你的初始存款额: 10000
22年后连本带利翻一番!
```

程序分析如下。

在第 10 行，把 for 循环的初始值 amount（当前存款金额）赋值为 principal（初始存款金额）；第 11 行把循环的判断条件设置为 amount＜2＊principal（本金的 2 倍），即当翻一番时退出循环；第 13 行语句的作用是每过一年把 amount 赋值为 amount＋amount＊0.0325（利息）。

2. for 语句循环嵌套

当 for 循环结构本身又需要进行循环操作时，就需要 for 在循环语句中嵌套 for 循环来解决。

【例 2-16】 使用嵌套的 for 循环语句计算 1!＋2!＋3!＋…＋10!的值。

程序代码如下。

```
1  public class Example2_16 {
2      public static void main(String[] args) {
3          int i, j;
4          long temp, sum;
5          sum=0;
6          for(i=1; i<=100; i++)
7          {
8              temp=1;    /*每次求阶乘都从1开始*/
9              for (j=1; j<=i; j++)
10                 temp=temp * j;
11             sum=sum+temp;
12         }
13         System.out.println("1!+2!+3!+…+100A!="+sum);
14     }
15 }
```

程序运行结果如下。

```
1!+2!+3!+…+100!=1005876315485501977
```

程序分析如下。

程序中变量temp用来临时保存每个数的阶乘值，所以在第8行中，每次进入内层循环之前都把temp初始化为1，变量sum用来保存当前的阶乘之和。

【例2-17】 求1～10000之间的所有完全数(完全数是等于其所有因子和的数。因子包括1但不包括其本身，如6＝1＊2＊3，则1、2、3都为6的因子，并且6＝1＋2＋3，所以6就是完全数)。

程序代码如下。

```
1  public class Example2_17 {
2      public static void main(String[] args) {
3          int i,j,sum;                          //定义变量
4          for(i=1;i<10000;i++)
5          {
6              sum=0;
7              for(j=1;j<i;j++)
8              {
9                  if(i%j==0) sum=sum+j;         //因子累加
10             }
11             if(sum==i)                        //判定是否为完全数
12                 System.out.print(i+"\t");
13         }
14         System.out.println();
15     }
16 }
```

程序运行结果如下。

```
6    28    496        8128
```

2.4.3 while 循环结构

while 循环语句是先判定条件，若为 true，则执行循环体，若为 false，则直接跳过 while 循环，执行它后面的语句。其循环结构如图 2-7 所示。

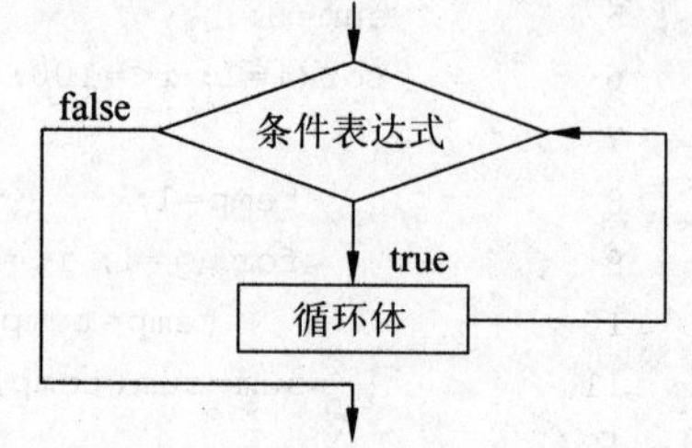

图 2-7 while 循环语句结构

1. while 语句的一般语法格式

```
while(条件表达式)
{
    语句块;
}
```

【例 2-18】 使用 while 循环语句实现此题功能。接收用户从键盘输入字符，直到输入'#'程序结束。要求：输入字符后显示输入字符的 ASCII 值并最终统计出输入字符的个数。

程序代码如下。

```
1  import java.util.*;
2  public class Example2_18 {
3      public static void main(String[] args) {
4          char ch;
5          int count=0;                    //对 count 初始化,统计输入字符的个数
6          Scanner in=new Scanner(System.in);
7          System.out.println("请输入一个字符,以'#'结束输入:");
8          ch=in.next().charAt(0);         //对 ch 赋值,接收第一个字符
9          while(ch!='#')                  //判断输入的字符是否为'#'
10         {                               //输出字符对应的 ASCII 值
11             System.out.println("字符"+ch+"的 ASCII 值为:"+(int)ch);
12             count=count+1;              //字符个数增 1
13             ch=in.next().charAt(0);
14         }
15         System.out.println("输入的字符共: "+count);
16     }
17 }
```

程序运行结果如下。

```
请输入一个字符,以'#'结束输入:
1
字符 1 的 ASCII 值为:49
w
字符 w 的 ASCII 值为:119
&
字符 & 的 ASCII 值为:38
#
输入的字符共: 3
```

程序分析如下。

程序中用 while 循环来实现。第 8 行代码“ch＝in. next(). charAt(0);”使用的是 Java 的 public char charAt(int index)方法，index 从 0 开始。因为 in. next()是接收从键盘输入的字符串，需要把它转换为 char(字符型)，charAt(0)是返回从键盘接收的字符串的第 1 个字符。

2. while 语句嵌套语法格式

while 循环语句也可以使用嵌套的形式，其语法格式如下。

```
while(条件表达式 1)
{
    while(条件表达式 2)
    {
        语句块;
    }
}
```

【例 2-19】 使用嵌套的 while 循环语句在屏幕上用字符“*”打印出一个 8 行的三角形。

程序代码如下。

```
1  public class Example2_19 {
2      public static void main(String[] args) {
3          int i=1,j,k;            //i 控制行数,k 控制每行空格数,j 控制每行*的个数
4          while(i<=8)                   //控制行数
5          {
6              k=8-i;
7              while(k>=1)               //当前行打印空格个数
8              {
9                  System.out.print(" ");
10                 k--;
11             }
12             j=1;
13             while(j<=2*i-1)           //当前行打印*个数
14             {
15                 System.out.print("*");
16                 j++;
17             }
18             System.out.println();    //换行
19             i++;
20         }
21     }
22 }
```

程序运行结果如下。

```
       *
      ***
     *****
    *******
   *********
  ***********
 *************
***************
```

程序分析如下。

通过显示结果可知,从上至下每行空格的数量是递减的,而 * 的数量是递增的。

2.4.4 do-while 循环结构

do-while 循环语句与上述两种循环不同的是,首先执行一次循环体,然后再判定循环条件是否成立,若为 true,则继续执行循环体语句,若为 false,则结束循环,执行它后面的语句。其循环结构如图 2-8 所示。

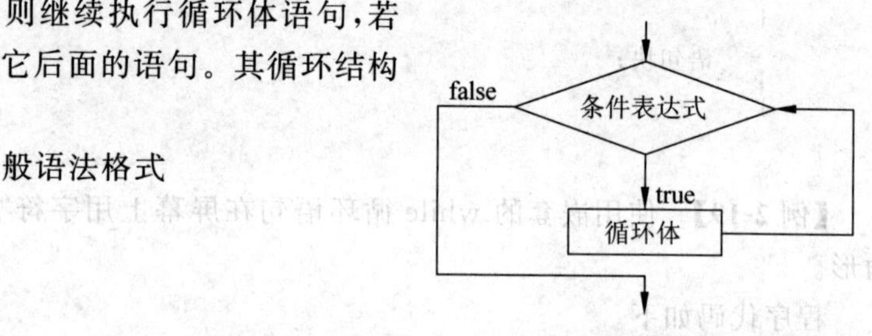

图 2-8 do-while 循环语句结构

1) do-while 语句的一般语法格式

```
do
{
    语句块;
}while(条件表达式);
```

【例 2-20】 使用 do-while 循环结构实现此题。假设一个班级有 5 人,分别输入每个人的成绩,然后求平均成绩。

程序代码如下。

```
1  import java.util.*;
2  public class Example2_20 {
3      public static void main(String[] args) {
4         float score,sum=0,average; //score是分数,sum是总分,average是平均分数
5         Scanner in=new Scanner(System.in);
6         int n=1;                              //累计人数
7         do
8         {
9             System.out.print("输入第"+n+"个人的分数:");
10            score=in.nextFloat();
11            sum+=score;
12            n++;
13        }while(n<=5);
14        average=sum/5;
15        System.out.println("\n平均分为: "+average);
16     }
17 }
```

程序运行结果如下。

```
输入第 1 个人的分数:54
```

```
输入第 2 个人的分数:65
输入第 3 个人的分数:84
输入第 4 个人的分数:92
输入第 5 个人的分数:75

平均分为: 74.0
```

2）do-while 语句嵌套语法格式

```
do
{
  do
  {
     语句块;
  }while(条件表达式 1);
}while(条件表达式 2);
```

【例 2-21】 使用嵌套的 do-while 语句打印九九乘法表。

程序代码如下。

```
1  public class Example2_21 {
2      public static void main(String[] args) {
3          int i=1,j=1;
4          do
5          {
6              do
7              {
8                  System.out.print(i+"*"+j+"="+i*j+"  ");
9                  j++;
10             }while(j<=i);
11             System.out.println();
12             i++;
13             j=1;
14         }while(i<=9);
15     }
16 }
```

程序运行结果如下。

```
1*1=1
2*1=2  2*2=4
3*1=3  3*2=6   3*3=9
4*1=4  4*2=8   4*3=12  4*4=16
5*1=5  5*2=10  5*3=15  5*4=20  5*5=25
6*1=6  6*2=12  6*3=18  6*4=24  6*5=30  6*6=36
7*1=7  7*2=14  7*3=21  7*4=28  7*5=35  7*6=42  7*7=49
8*1=8  8*2=16  8*3=24  8*4=32  8*5=40  8*6=48  8*7=56  8*8=64
9*1=9  9*2=18  9*3=27  9*4=36  9*5=45  9*6=54  9*7=63  9*8=72  9*9=81
```

程序分析如下。

第 10 行代码是内层循环判断条件，第 13 行代码是保证每次内层循环的初始值为 1。

2.4.5 break 语句和 continue 语句

1. 中断语句 break

break 语句是程序流程从一个语句块的内部跳转出来。此外，它还可以实现程序的无条件跳转，其语法格式如下。

```
break [标号];
```

其中标号为可选项。不带标号的语句只能跳出当前的分支结构或者循环结构，带有标号的 break 语句可以跳出由标号指出的语句块，因此可以跳出多重嵌套。带有标号的 break 语句可以应用在特殊场合，一般情况下，为了避免混乱，不建议采用这种无条件跳转方式。

【例 2-22】 使用 break 语句跳出循环结构。

程序代码如下。

```
1  public class Example2_22 {
2      public static void main(String[] args) {
3          int i,s=0;
4          for(i=1;i<=100;i++)
5          {
6              s+=i;
7              if(s>50)
8                  break;
9          }
10         System.out.println("s="+s);
11     }
12 }
```

程序运行结果如下。

```
s=55
```

程序分析如下。

在第 6 行代码中对 s 进行从 1～100 的累加，第 7 行代码对累计结果进行判断是否大于 50，如果满足条件则跳出 for 循环。

【例 2-23】 使用带标号 break 语句实现无条件跳转。

程序代码如下。

```
1  public class Example2_23 {
2      public static void main(String[] args) {
3          labelA:
4          {
5              System.out.println("labelA begin");
6              labelB:
7                  for(int i=0;i<1;i++)
8                  {
9                      System.out.println("labelB begin");
```

```
10                  labelC:
11                      for(int j=0;j<1;j++)
12                      {
13                          System.out.println("labelC begin");
14                          break labelB;
15                      }
16                  System.out.println("labelB end");
17              }
18          System.out.println("labelA end");
19      }
20      System.out.println("programming end");
21   }
22 }
```

程序运行结果如下。

```
labelA begin
labelB begin
labelC begin
labelA end
programming end
```

程序分析如下。

由于第 14 行代码的“break labelB;”语句直接跳出标号为 labelB 的语句块(第 7～17 行),所以跳转后执行第 18 行代码。

2. 继续语句 continue

continue 语句语法格式如下。

```
continue [标号];
```

continue 语句说明如下。

(1) continue 语句只能用于循环结构,它也有两种使用形式,即不带标号和带标号。

(2) 不带标号的 continue 语句是结束本次循环,即不执行循环体中 continue 语句后面的语句,提前进入下一轮循环。对于 while 和 do-while 循环,不带标号的 continue 语句会使流程直接跳转到条件表达式,而对于 for(表达式 1;条件表达式;表达式 2)循环,则跳转至条件表达式 2,修改控制变量后再进行条件表达式的判断。

(3) 带标号 continue 语句多用在多重循环结构中,标号的位置与 break 语句的标号位置相类似,一般需放至整个循环结构的前面,用来标识这个循环结构,一旦内层循环执行了带标号 continue 语句,程序流程则跳转到标号处的最外层循环,具体是:while 和 do-while 循环,跳转到条件表达式;for 循环,跳转至表达式 3。

【例 2-24】 使用不带标号的 continue,计算 50 以内的所有奇数之和。

程序代码如下。

```
1 public class Example2_24 {
2     public static void main(String[] args) {
3         int  sum=0,i=0;                //sum 为求和变量,i 为循环控制变量
```

```
4          while(i<=50)
5          {  i++;
6             if(i%2==0)
7                continue;
8             sum+=i;
9          }
10         System.out.println("50以内的奇数之和为:"+sum);
11      }
12  }
```

程序运行结果如下。

```
50以内的奇数之和为:676
```

程序分析如下。

第6、7行的作用是,当i可以被2整除时,则不执行第8行代码 sum+=i,而是直接进入下一次循环,即偶数不累加在 sum 上。

【例 2-25】 使用带标号的 continue,打印 1~100 以内的素数。素数是除了 1 和它本身以外不再有其他的因数。

程序代码如下。

```
1  public class Example2_25 {
2      public static void main(String[] args) {
3          int i,j;
4          label:
5              for(i=1;i<=100;i++)                //查找1到100以内的素数
6              {   for(j=2;j<i;j++)               //检验是否不满足素数条件
7                  if(i%j==0)                     //不满足
8                      continue label;            //跳过后面不必要的检验
9                  System.out.print(" "+i);       //打印素数
10             }
11     }
12 }
```

程序运行结果如下。

```
1 2 3 5 7 11 13 17 19 23 29 31 37 41 43 47 53 59 61 67 71 73 79 83 89 97
```

程序分析如下。

第6~8行的作用是,对于i,如果2~i中有个数j是i的因数,则说明i不是素数,可以直接跳出当前的内外层循环,进入下一次外层循环。

2.4.6 流程控制综合案例——制作日历

1. 案例的任务目标

掌握程序的流程控制,根据用户输入的年份和月份,显示该年、该月的日历。

2. 案例的任务分解

万年历里程序设置的初值是1900年1月1日,是星期一,要计算以后某年、某月、某日的日历,应从这一天开始计算。为了开发“制作日历”项目,将这个完整的功能划分为5个逐级递进的程序。这5个程序的功能介绍如下。

(1) 第一个程序 Test1.java,完成从1900年1月1日到指定的某年的天数,程序中涉及了判断闰年和平年的功能。

(2) 第二个程序 Test2.java,在 Test1.java 基础上,完成从1900年1月1日到指定的某年某月某日的天数,程序涉及了判断大月和小月的功能。

(3) 第三个程序 Test3.java,在 Test2.java 基础上,完成指定的年月日的星期数,程序中涉及了星期几的计算方法。

(4) 第四个程序 Test4.java,在 Test3.java 的基础上,按照日历的格式显示指定的年月日的星期数。

(5) 第五个程序 Test5.java,在 Test4.java 的基础上,按照用户输入的年份和月份,按照日历的格式完整地显示该年、该月的日历。

3. 案例的创建过程

1) 创建项目

运行 Eclipse,依次执行 File→New→Java Project 菜单命令,在弹出的 New Java Project 对话框中输入 Project Name 为 Calendar,单击 Finish 按钮。

2) 创建类

依次执行 File→New→Class 菜单命令,在弹出的 New Java Class 对话框中 Name 依次输入 Test1～Test5,并选中 public static void main(String[]args)复选框,单击 Finish 按钮。

【例 2-26】 计算从1900年1月1到2015年的天数。

程序代码如下。

```
1  public class Test1 {
2    public static void main(String[] args) {
3        int sum=0;     //sum是累加天数的变量
4        for(int year=1900;year<=2015;year++)
5        {
6            if(year%4==0&&year%100!=0||year%400==0)
7                sum+=366;
8            else
9                sum+=365;
10       }
11       System.out.println("1900年1月1日到2015年12月31日 相隔"+sum+"天");
12   }
13 }
```

程序运行结果如下。

```
1900年1月1日到2015年12月31日 相隔42368天
```

程序分析如下。

第4行代码实现从1900年到2015年的循环;第6～9行代码位于循环体中,第6行用来判断该年是否是闰年，如果是闰年，则在 sum 上加 366 天；否则，是平年，则在 sum 上加 365 天。

【例 2-27】 计算从 1900 年 1 月 1 日到 2015 年 5 月 23 日的天数。

程序代码如下。

```
1  public class Test2 {
2      public static void main(String[] args){
3          int sum=0;  //sum 是累加天数的变量
4          for(int year=1900;year<2015;year++)
5          {
6              if(year%4==0&&year%100!=0||year%400==0)
7                  sum+=366;
8              else
9                  sum+=365;
10         }
11         for(int month=1;month<5;month++)
12         {
13             switch(month)
14             {
15               case 2:
16                   if(2015%4==0&&2015%100!=0||2015%400==0)
17                       sum+=29;
18                   else
19                       sum+=28;
20                   break;
21               case 4:
22               case 6:
23               case 9:
24               case 11:
25                   sum+=30;
26                   break;
27               case 1:
28               case 3:
29               case 5:
30               case 7:
31               case 8:
32               case 10:
33               case 12:
34                   sum+=31;
35                   break;
36             }
37         }
38         sum+=23;  //再加上 23 日的 23 天
39         System.out.println("1900 年 1 月 1 日到 2015 年 5 月 23 日  相隔"+sum+"天");
40     }
41 }
```

程序运行结果如下。

```
1900年1月1日到2015年5月23日 相隔 42146天
```

程序分析如下。

第4～10行代码与程序 Test1.java 功能一致；第11～36行代码，for 循环体中使用 switch 语句来判断1～12月的天数，其中2月份的天数特殊，闰年29天，平年28天。

【例 2-28】 判断2015年5月23日是星期几。

程序代码如下。

```
1  public class Test3 {
2      public static void main(String[] args) {
3          int sum=0;  //sum是累加天数的变量
4          for(int year=1900;year<2015;year++)
5          {
6              if(year%4==0&&year%100!=0||year%400==0)
7                  sum+=366;
8              else
9                  sum+=365;
10         }
11         for(int month=1;month<5;month++)
12         {
13             if(month==2){
14                 if(2015%4==0&&2015%100!=0||2015%400==0){
15                     sum+=29;
16                 }else{
17                     sum+=28;
18                 }
19             }else{
20                 if(month==4||month==6||month==9||month==11){
21                     sum+=30;
22                 }else{
23                     sum+=31;
24                 }
25             }
26         }
27         sum+=23;//再加上23日的23天
28         System.out.println("2015年5月23日是 星期"+sum%7);
29     }
30 }
```

程序运行结果如下。

```
2015年5月23日是  星期6
```

程序分析如下。

第4～10行代码，与程序 Test1.java 功能一致；第11～26行与 Test2.java 的第11～36行代码的功能相同，但是把 switch 分支语句换成了 if-else 分支语句；1900年1月1日是星期一，而每个星期的周期是7天，所以第28行代码 sum%7 的作用是计算2015年5月23日是星期几。

【例 2-29】 按日历的格式显示 2015 年 5 月 23 日。

程序代码如下。

```
1  public class Test4 {
2      public static void main(String[] args) {
3          int sum=0;   //sum是累加天数的变量
4          for(int year=1900;year<2015;year++)
5          {
6              if(year%4==0&&year%100!=0||year%400==0)
7                  sum+=366;
8              else
9                  sum+=365;
10         }
11         for(int month=1;month<5;month++)
12         {
13             if(month==2)
14             {
15                 if(2015%4==0&&2015%100!=0||2015%400==0)
16                     sum+=29;
17                 else
18                     sum+=28;
19             }else
20             {
21                 if(month==4||month==6||month==9||month==11)
22                     sum+=30;
23                 else
24                     sum+=31;
25             }
26         }
27         sum+=23;   //再加上23日的23天
28         int weekday=sum%7;   //weekday用户计算2015年5月23日是星期几
29         System.out.println("-----------2015年5月---------------");
30         System.out.println("日\t一\t二\t三\t四\t五\t六");
31         for(int k=1;k<=weekday;k++)
32             System.out.print("\t");
33         System.out.print(23);
34     }
35 }
```

程序运行结果如下。

```
------------------2015年5月------------------
日      一      二      三      四      五      六
                                                23
```

程序分析如下。

第 4～32 行代码与 Test3. java31 的功能一致；第 31、32 行代码中，采用循环在当前行之前打印 weekday 个“\t”，因为日历表的第一列是星期日，所以星期六前面要先显示 6 个“\t”。

【例 2-30】 按日历的格式显示 2015 年 5 月 23 日。

程序代码如下。

```
1  import java.util.Scanner;
2  public class Test5{
3      public static void main(String[] args) {
4          int sum=0,year,month;       //year 用户输入的年份,month 用户输入的月份
5          int days=0;
6          Scanner in=new Scanner(System.in);
7          System.out.println("输入你要查询的年：");
8          year=in.nextInt();
9          System.out.println("输入你要查询的月：");
10         month=in.nextInt();
11         for(int y=1900;y<year;y++)
12         {
13             if(y%4==0&&y%100!=0||y%400==0)
14                 sum+=366;
15             else
16                 sum+=365;
17         }
18         for(int m=1;m<month;m++)
19         {
20             if(m==2)
21             {
22                 if(year%4==0&&year%100!=0||year%400==0)
23                     sum+=29;
24                 else
25                     sum+=28;
26             }else
27             {
28                 if(m==4||m==6||m==9||m==11)
29                     sum+=30;
30                 else
31                     sum+=31;
32             }
33         }
34         sum+=1;      //累加要查询月的第一天
35         if(month==4||month==6||month==9||month==11)
36             days=30;
37         else
38         {
39             if(month==2)
40             {
41                 if(year%4==0&&year%100!=0||year%400==0)
42                     days=29;
43                 else
44                     days=28;
45             }else
46                 days=31;
```

```
47          }
48          int weekday=sum%7;          //计算该月第一天的星期数
49          System.out.println("日\t一\t二\t三\t四\t五\t六");
50          for(int i=1;i<=weekday;i++)
51          {
52              System.out.print("\t");
53          }
54          for(int i=1;i<=days;i++)
55          {
56              if(sum%7==6) System.out.print(i+"\n");
57              else{
58                  System.out.print(i+"\t");
59              }
60              sum++;
61          }
62      }
63  }
```

程序运行结果如下。

```
输入你要查询的年:
2016
输入你要查询的月:
2
日    一    二    三    四    五    六
      1     2     3     4     5     6
7     8     9     10    11    12    13
14    15    16    17    18    19    20
21    22    23    24    25    26    27
28    29
```

程序分析如下。

第7～10行的代码是接收用户输入的要查询的年份和月份,并分别赋值给变量year和month;第11～34行代码的功能与程序Test4.java一致,计算1900年1月1日至year年的month月的第一天的天数;第34～47行代码,计算month月的天数赋值给变量days,第54～61行代码,进行格式输出month月的每天在日历中的位置,并且在第56行中判断是否为周六,如果是则打印后换行显示下一日。

2.5 数组的使用

在Java语言中,数组是相同类型数据按一定顺序排列的集合。组成数组的各个变量称为数组的元素,有时也称为下标变量。每个元素可以是基本数据类型的变量,也可以是类对象实例。数组元素通过数组名和下标定位,下标从0开始,数组的长度即为数组中元素的个数。数组在使用前必须先声明、再创建,然后可以对数组进行存取操作。

2.5.1 数组的声明

声明数组时不能指定其长度,即不能声明数组中元素的个数。

1. 一维数组的声明

一维数组格式有两种,分别如下。

(1) 数据类型 数组名[];

(2) 数据类型[ ] 数组名;

例如:

```
int array[];             //声明一个整型一维数组 array
float number[];          //声明一个浮点型一维数组 number
char name[];             //声明一个字符型一维数组 name
```

2. 二维数组的声明

二维数组本质上是以数组作为数组元素的数组,即数组的数组。二维数组的声明格式有 3 种,分别如下。

(1) 数据类型 数组名[][];

(2) 数据类型[][]数组名;

(3) 数据类型 []数组名[];

例如:

```
int student[][];         //声明一个整型二维数组 student
float [][]score;         //声明一个浮点型二维数组 score
char []address[];        //声明一个字符型数组 address
```

2.5.2 数组的创建

在声明数组之后,数组是不能存取数据的,因为还没有为数组分配存取空间,即数组为空(null),必须创建数组后才能对数组进行存取操作。数组的创建方法很多,可以在数组声明之后,使用 new 函数创建数组对象,为数组分配内存,然后再给每个元素赋值(如果没有赋值,系统为其分配了初始默认值),这种是动态初始化;也可以在声明的同时创建数组;还可以使用初始化列表值创建数组,这种在声明数组的同时进行的初始化是静态初始化。

1. 一维数组的创建

一维数组创建方法有 4 种,具体如下。

(1) 方法一:创建一维数组。先声明数组,然后再用 new 函数创建数组,要求指定数组的长度,换言之要给数组分配的内存空间大小。

```
数组名=new 数据类型[数组长度];
```

(2) 方法二:声明并创建一维数组。

```
数据类型   数组名[]=new 数据类型[数组长度];
```

(3) 方法三:声明并初始化一维数组。用初始化列表值创建并初始化数组,数组长度即为初始化列表中元素的个数。

```
数据类型  数组名[]={初始化列表};
```

(4) 方法四：声明、创建并初始化一维数组。在创建数组时不能指定数组的长度，而是用初始化列表中元素的个数来指定数组的长度。

```
数据类型  数组名[]=new 数据类型[]{初始化列表};
```

例如：

(1) 方法一：

```
int array[];
array=new int[10];
```

(2) 方法二：

```
float number[]=new float[20];
```

(3) 方法三：

```
char charArray[]={'a','b','c','c','e','f'};
```

(4) 方法四：

```
int age=new int[]{12,23,45,31,67,55};     //创建数组不能指定长度,否则出错
int age=new int[6] {12,23,45,31,67,55};   //这种初始化方法是错误的
```

2. 二维数组的创建

二维数组创建格式有5种，分别如下。

(1) 方法一：创建数组。

```
数组名=new [行数][列数];
```

(2) 方法二：声明并创建数组。二维数组又称为矩阵，所以需要指定数组的行数和列数。

```
数据类型  数组名[][]=new 数据类型[行数][列数];
```

(3) 方法三：声明并初始化数组。

```
数据类型  数组名[][]={{初始化列表1},{初始化列表2},...,{初始化列表n}};
```

(4) 方法四：声明、创建并初始化数组。初始化列表的个数m即为数组的行数，每个初始化列表的元素个数为列数，要求每个初始化列表中元素的个数相同。

```
数据类型  数组名[]=new 数据类型[][]{{初始化列表1},{初始化列表2},...,{初始化列表
m}};
```

(5) 方法五：创建非等列的二维数组。先创建数组并指定数组的行数，但不指定列数；然后分别创建每行中每个一维数组，每个一维数组的长度可以不同。

```
数据类型  数组名[]=new 数据类型[m][];  //m为数组的行数
数组名[0]=new 数据类型[列数1];  或  数组名[0]=new 数据类型[]{初始化列表1};
```

数组名[1]=new 数据类型[列数 2]；　或　数组名[1]=new 数据类型[]{初始化列表 2}；
⋮
数组名[m-1]=new 数据类型[列数 m]；　或　数组名[m-1]=new 数据类型[]{初始化列表 m-1}；

例如：

(1) 方法一：

```
int student[][];
student=new int[3][5];
```

(2) 方法二：

```
float score[][]=new float[20][5];
```

(3) 方法三：

```
float grade[][]={{50,60,70},{40,79,80},{66,32,56},{78,89,34},{45,67,91}};
```

(4) 方法四：

```
int nums[][]=new int[][]{{1,2},{3,4},{5,6},{7,8}};
```

(5) 方法五：

```
char code[][]=new[2][];
code[0]=new char[3];   或   code[0]=new char[]{'A','B','C'};
code[1]=new char[5];   或   code[1]=new char[]{'D','E','F','G','H'};
```

当数组被分配空间之后，数组的长度 length 不能改变。程序运行时使用数组的该变量进行越界检查。下面结合一些实例分析数组的使用及运算。

【例 2-31】 利用一维数组实现冒泡排序。

程序代码如下。

```
1  public class Example2_26 {
2      public static  void main(String[] args){
3          int[] arr={23,12,45,24,87,65,12,14,43,434,65,76};  //数组的声明和初始化
4          int i,j,temp;
5          System.out.println("数组元素原始顺序为:");
6          for(i=0;i<arr.length;i++)
7              System.out.print(arr[i]+"\t");
8          for(i=0;i<arr.length-1;i++)                    //外层循环
9              for(j=0;j<arr.length-i-1;j++)              //内层循环
10                 if(arr[j]>arr[j+1])                    //交换两个元素的位置
11                 {
12                     temp=arr[j];
13                     arr[j]=arr[j+1];
14                     arr[j+1]=temp;
15                 }
16         System.out.println("\n 数组元素冒泡排序后顺序为:");
17         for(i=0;i<arr.length;i++){
18             System.out.print(arr[i]+"\t");
```

```
19      }
20    }
21 }
```

程序运行结果如下。

```
数组元素原始顺序为:
23    12    45    24    87    65    12    14    43    434    65    76
数组元素冒泡排序后顺序为:
12    12    14    23    24    43    45    65    65    76    87    434
```

程序分析如下。

在第8～15行代码中,使用两重嵌套循环,根据第10行判断条件,满足条件则交换相邻两个位置的元素,其中第9行代码中的j<arr.length－i－1;中减1的原因是,每一次外层循环已经把当前最大元素交换到当前序列的最后,所以无须再参与比较;length是数组arr的成员变量,表示数组的长度。

【例2-32】 利用二维数组,求矩阵中的最大元素、最小元素和转置矩阵。

程序代码如下。

```
1  import java.util.*;
2  public class Example2_27 {
3      public static void main(String[] args) {
4          Random r=new Random();
5          int i,j;
6          int arrayA[][]=new int[5][6];
7          int arrayB[][]=new int[6][5];
8          for(i=0;i<arrayA.length;i++)
9              for (j=0;j<arrayA[0].length;j++)
10                 arrayA[i][j]=r.nextInt(100);    //产生随机数,动态初始化二维数组
11         System.out.println("二维数组 arrayA 为: ");
12         for(i=0;i<arrayA.length;i++)
13         {
14             for (j=0;j<arrayA[0].length;j++)
15                 System.out.print(arrayA[i][j]+"\t");
16             System.out.println();
17         }
18         int max=arrayA[0][0];              //记录最大值
19         int min=arrayA[0][0];              //记录最小值
20         int rowMax=0,colMax=0,rowMin=0,colMin=0;    //记录最大值,最小值的下标
21         for(i=0;i<arrayA.length;i++)
22             for (j=0;j<arrayA[0].length;j++)
23             {
24                 if(arrayA[i][j]>max)    //求最大值
25                 {
26                     max=arrayA[i][j];
27                     rowMax=i;colMax=j;
28                 }
29                 if(arrayA[i][j]<min)    //求最小值
```

```
30                  {
31                      min=arrayA[i][j];
32                      rowMin=i;colMin=j;
33                  }
34              }
35          System.out.println("最大元素 arrayA["+rowMax+"]["+colMax+"]:"+max);
36          System.out.println("最小元素 arrayA["+rowMin+"]["+colMin+"]:"+min);
37          for(i=0;i<arrayA.length;i++)  //矩阵的转置
38              for (j=0;j<arrayA[0].length;j++)
39                  arrayB[j][i]=arrayA[i][j];
40          System.out.println("二维数组 arrayB 为：");
41          for(i=0;i<arrayB.length;i++)
42          {
43              for (j=0;j<arrayB[0].length;j++)
44                  System.out.print(arrayB[i][j]+"\t");
45              System.out.println();
46          }
47      }
48  }
```

程序运行结果如下。

```
二维数组 arrayA 为：
81  3   6   73  90  38
15  69  27  30  93  15
98  1   49  72  63  96
18  93  1   1   91  24
41  89  16  43  2   26
最大元素 arrayA[2][0]:98
最小元素 arrayA[2][1]:1
二维数组 arrayB 为：
81  15  98  18  41
3   69  1   93  89
6   27  49  1   16
73  30  72  1   43
90  93  63  91  2
38  15  96  24  26
```

程序分析如下。

在第 4 行中定义了 java. util 包中的 Random 类的对象 r，第 10 行调用 Random 类的 nextInt()方法来得到[1,100)的 int 型随机数(包括 1，不包括 100)赋值给数组 arrayA 的每个元素；还可以使用 java. lang 包(自动导入的包)Math 类的 Random()方法产生[0,1)的 double 型随机数(包括 0，不包括 1)，所以第 10 行的代码可以写成 arrayA[i][j]=(int)(1+Math. Random() * 100)。

2.5.3 数组综合案例——学生成绩管理系统

1. 案例的任务目标

掌握数组的使用方法，实现学生、课程和各课程数组的录入、显示，每个学生总成绩和平均成绩数组的计算,按照总分生成排行榜。

2. 案例的任务分解

学生成绩管理涉及学生姓名、课程名称和学生成绩3方面的管理。为了开发“学生成绩管理系统”项目,将这个完整的功能划分为5个逐级递进的程序。这5个程序的功能介绍如下。

(1) 第一个程序Student1.java,完成学生数组和课程数组的创建及各数组中元素的录入。

(2) 第二个程序Student2.java,在Student1.java基础上,完成学生各科成绩数组的创建,以及各课程分数的录入。

(3) 第三个程序Student3.java,在Student2.java基础上,按照一定的格式显示每个学生的姓名和各门课的成绩。

(4) 第四个程序Student4.java,在Student3.java的基础上,创建两个数组分别存储每个学生的总成绩和平均成绩,并计算每个学生的总成绩和平均成绩,然后按照一定的格式显示每个学生的姓名、各课的成绩、总成绩和平均成绩。

(5) 第五个程序Student5.java,在Student4.java的基础上,按照总分从高到低显示每个学生的各项信息并给出排名。

3. 案例的创建过程

1) 创建项目

运行Eclipse,依次执行File→New→Java Project命令,在弹出的New Java Project对话框中输入Project Name为StudentManage,单击Finish按钮。

2) 创建类

依次执行File→New→Class菜单命令,在弹出的New Java Class对话框中Name依次输入Student1~Student5,单击Finish按钮。

【例2-33】 学生姓名和课程名称的录入。

程序代码如下。

```
1   import java.util.*;
2   public class Student1{
3       public static void main(String[] args){
4           int renshu,coursenum;   //renshu存储学生人数,coursenum存储课程科门数
5           Scanner in=new Scanner(System.in);
6           System.out.print("请输入学生人数: ");
7           renshu=in.nextInt();
8           System.out.print("请输入课程科目数: ");
9           coursenum=in.nextInt();
10          String name[]=new String[renshu];            //创建学生姓名数组
11          String course[]=new String[coursenum];       //创建课程名称数组
12          for(int i=0;i<coursenum;i++)                  //循环录入每门课程的名称
13          {
14              System.out.print("请输入课程"+(i+1)+"课程姓名:");
15              course[i]=in.next();
```

```
16        }
17        for(int i=0;i<renshu;i++)                    //循环录入每个学生的姓名
18        {
19            System.out.print("请输入学生"+(i+1)+"学生的姓名:");
20            name[i]=in.next();
21        }
22    }
23 }
```

程序运行结果如下。

```
请输入学生人数:3
请输入课程科目数:3
请输入课程 1 课程姓名:软件工程
请输入课程 2 课程姓名:单片机
请输入课程 3 课程姓名:数据结构
请输入学生 1 学生的姓名:tom
请输入学生 2 学生的姓名:jerry
请输入学生 3 学生的姓名:rose
```

【例 2-34】 要求录入学生姓名、课程名称和学生各门课程成绩。

程序代码如下。

```
1  import java.util.Scanner;
2  public class Student2 {
3      public static void main(String[] args){
4          Scanner in=new Scanner(System.in);
5          System.out.print("请输入学生的人数: ");
6          int renshu=in.nextInt();                    //存储学生的人数
7          System.out.print("请输入课程的数目: ");
8          int courseNum=in.nextInt();                 //存储课程的数目
9          String[] name=new String[renshu];       //声明 String 数组用来存储学生的姓名
10         String[] course=new String[courseNum];    //声明 String 数组用来存储课程名称
11         int score[][]=new int[renshu][courseNum];
12         for(int i=0;i<course.length;i++)        //用循环初始化课程的名称
13         {
14             System.out.print("请输入第"+(i+1)+"门课程的名称:");
15             course[i]=in.next();
16         }
17         for(int i=0;i<renshu;i++)               //用来录入学生的各科成绩
18         {
19             System.out.print("请输入学生的姓名: ");
20             name[i]=in.next();
21             for(int j=0;j<courseNum;j++)
22             {
23                 System.out.print("请输入"+name[i]+"的-"+course[j]+"-的成绩: ");
24                 score[i][j]=in.nextInt();
25             }
26         }
27     }
```

```
28 }
```

程序运行结果如下。

```
请输入学生的人数：3
请输入课程的数目：3
请输入第 1 门课程的名称:软件工程
请输入第 2 门课程的名称:单片机
请输入第 3 门课程的名称:数据结构
请输入学生的姓名：tom
请输入 tom 的-软件工程-的成绩：45
请输入 tom 的-单片机-的成绩：54
请输入 tom 的-数据结构-的成绩：75
请输入学生的姓名：jerry
请输入 jerry 的-软件工程-的成绩：65
请输入 jerry 的-单片机-的成绩：76
请输入 jerry 的-数据结构-的成绩：87
请输入学生的姓名：rose
请输入 rose 的-软件工程-的成绩：65
请输入 rose 的-单片机-的成绩：91
请输入 rose 的-数据结构-的成绩：34
```

【例 2-35】 要求录入学生姓名、课程名称和学生各门课程成绩，并按照一定的格式显示每个学生的信息。

程序代码如下。

```
1  import java.util.*;
2  public class Student3{
3      public static void main(String[] args){
  //第 4～26 行代码与 Student2.java 的第 4～26 行相同,第 27、28 行代码分别为两个"}"
29        System.out.print("\n 姓名\t");
30        for(int i=0;i<coursenum;i++)
31        {
32            System.out.print(course[i]+"\t");
33        }
34        System.out.println();
35        for(int i=0;i<renshu;i++)
36        {
37            System.out.print(name[i]+"\t");
38            for(int j=0;j<coursenum;j++)
39            {
40                System.out.print(number[i][j]+"\t");
41            }
42            System.out.println();
43        }
44    }
45 }
```

程序运行结果如下。

```
(省略部分与例 2-34 运行结果相同)
姓名      软件工程    单片机    数据结构
tom        45         54        75
jerry      65         76        87
rose       65         91        34
```

【例 2-36】 要求录入学生姓名、课程名称和学生各门课程成绩,并计算每个人的总分和平均分,存入相应的数组,并按照一定的格式显示每个学生的信息。

程序代码如下。

```
1  import java.util.*;
2  public class Student4{
3      public static void main(String[] args){
  //第 4～11 行代码与 Student3.java 的第 4～11 行相同
12     int sum[]=new int[renshu];                  //创建每个学生各门课程总分的数组
13         int average[]=new int[renshu];          //创建每个学生各门课程平均分的数组
14         String person[]=new String[renshu]; //用于存储每个学生的各项信息
15         for(int i=0;i<course.length;i++)    //用来录入课程的名称
16         {
17             System.out.print("请输入第"+(i+1)+"门课程的名称:");
18             course[i]=in.next();
19         }
20         for(int i=0;i<renshu;i++)               //用来录入学生的姓名和各科成绩
21         {
22             System.out.print("请输入学生的姓名: ");
23             name[i]=in.next();
24             person[i]=name[i]+"\t";
25             int total=0;
26             for(int j=0;j<courseNum;j++)
27             {
28                 System.out.print("请输入"+name[i]+"的-"+course[j]+"-的成绩: ");
29                 score[i][j]=in.nextInt();
30                 person[i]=person[i]+score[i][j]+"\t";
31                 total+=score[i][j];
32             }
33             sum[i]=total;
34             average[i]=sum[i]/courseNum;
35             person[i]=person[i]+sum[i]+"\t"+average[i]+"\t";
36         }
37         System.out.print("姓名\t");
38         for(int i=0;i<courseNum;i++)            //循环显示每门课程的名称
39         {
40             System.out.print(course[i]+"\t");
41         }
42         System.out.println("总分\t 平均分");
43         for(int i=0;i<renshu;i++)
44         {
45             System.out.println(person[i]);
46         }
```

```
47      }
48  }
```

程序运行结果如下。

```
(省略部分与例 2-34 运行结果相同)
姓名      软件工程    单片机    数据结构    总分    平均分
tom       45          54        75          174     58
jerry     65          76        87          228     76
rose      65          91        34          190     63
```

程序分析如下。

在 Student3.java 的程序代码中显示学生各项信息很烦琐，因此创建了一个字符串数组 person，用来保存每个学生的各项信息，简化了显示功能。

【例 2-37】 要求录入学生姓名、课程名称和学生各门课程成绩，并计算每个人的总分和平均分，存入相应的数组，并按照总分数从大到小排序后，按一定的格式显示每个学生的信息。

程序代码如下。

```
1  import java.util.*;
2  public class Student5{
3      public static void main(String[] args){
  //第 4～36 行代码与 Student4.java 的第 4～36 行相同
37     for(int i=0;i<renshu;i++)//用冒泡排序,根据每个学生总分对 person 数组排序
38         {
39             for(int j=0;j<renshu-1-i;j++){
40                 if(sum[j]<sum[j+1])
41                 {
42                     int t1=sum[j];     String t2=person[j];
43                     sum[j]=sum[j+1];  person[j]=person[j+1];
44                     sum[j+1]=t1;      person[j+1]=t2;
45                 }
46             }
47         }
48         System.out.print("排行榜\t 姓名\t");
49         for(int i=0;i<courseNum;i++)
50         {
51             System.out.print(course[i]+"\t");
52         }
53         System.out.println("总分\t 平均分");
54         for(int i=0;i<renshu;i++)
55             System.out.println("第"+(i+1)+"名\t"+person[i]);
56     }
57 }
```

程序运行结果如下。

```
请输入学生的人数：3
请输入课程的数目:3
```

```
请输入第 1 门课程的名称:软件工程
请输入第 2 门课程的名称:单片机
请输入第 3 门课程的名称:数据结构
请输入学生的姓名: tom
请输入 tom 的-软件工程-的成绩: 45
请输入 tom 的-单片机-的成绩: 54
请输入 tom 的-数据结构-的成绩: 75
请输入学生的姓名: jerry
请输入 jerry 的-软件工程-的成绩: 65
请输入 jerry 的-单片机-的成绩: 76
请输入 jerry 的-数据结构-的成绩: 87
请输入学生的姓名: rose
请输入 rose 的-软件工程-的成绩: 65
请输入 rose 的-单片机-的成绩: 91
请输入 rose 的-数据结构-的成绩: 34
排行榜   姓名      软件工程    单片机    数据结构    总分        平均分
第 1 名  jerry       65         76        87       228          76
第 2 名  rose        65         91        34       190          63
第 3 名  tom         45         54        75       174          58
```

程序分析如下。

在第 37～47 行代码中，进行冒泡排序，作为排序依据的 sum 总分数组元素，在排序时不只交换 person 数组的元素，必须交换 sum 数组的元素；否则不能实现 person 数组排序。

课后上机训练题目

1. 程序流程控制训练题

(1) 从键盘输入三角形的三边长，判断能否构成三角形，并且判断三角形的类型，包括锐角三角形、直角三角形、钝角三角形、等腰三角形、等腰直角三角形和等边三角形，并输出相应显示信息。

(2) 打印杨辉三角形。

2. 数组训练题

(1) 利用随机数产生 10～50 之间的整数，给 5 行 6 列的数组使用循环语句初始化，然后输出数组的矩阵形式。

(2) 定义一个一维数组存储 10 个学生名字；定义一个二维数组存储这 10 个学生的 6 门课(C 程序设计、物理、英语、高数、体育、政治)的成绩。程序应具有下列功能：按名字查询某位同学成绩；查询某个科目不及格的人数及学生名单。

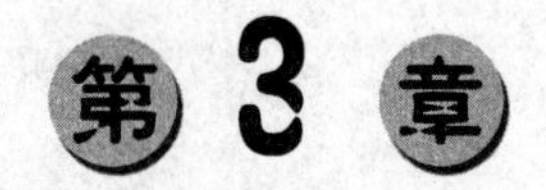

Java面向对象编程

任务目标

(1) 掌握类的定义、创建类的实例对象的方法。

(2) 掌握类的成员定义、类及其成员的访问控制符和类及其成员的修饰符。

(3) 理解类的方法形式参数与实际参数、方法的返回值、方法的调用过程。

(4) 掌握类构造方法特点和定义。

(5) 掌握类的继承、多态技术。

(6) 掌握接口的概念和应用。

3.1 类

面向对象程序设计方法就是把现实世界中实体的状态和操作抽象为程序设计语言中的“对象”,达到二者的统一。对同一种对象的所有共性进行抽象,就得到了“类”。Java是一种完全面向对象的程序设计语言,类是构成Java程序的基本单位。所有Java的类都派生自基类(Object类),Java源程序中的类分为两种。

(1) 系统定义的类。即Java类库。Java提供的标准类库分布在一系列的包(Package)中,如java.lang、java.awt、java.util、java.net、javax.swing等。

(2) 用户自定义的类。Java编程的过程就是继承基类或标准类而创建、定义用户自定义类的过程。

3.1.1 类的定义和声明

任何一个Java程序都是由若干个类组成的,编写Java程序的过程就是从现实问题中抽象出Java可实现的类,并用合适的语句定义它们的过程,这个定义过程包括对类内各种变量和方法的声明和定义,创建类的对象也包括类间各种关系和接口的声明和定义。

1. 类的定义

类(Class)是定义了对象特征以及对象外观和行为的模板,是同种对象的集合与抽象,类是一种抽象数据类型。

2. 类的声明

Java 语言,类必须先声明,然后才能用来创建对象。类声明的语法格式如下。

```
[修饰符] class 类名 [extends 父类名][implement 接口名]
{
    成员变量的声明;
    成员方法的声明;
}
```

说明如下。

(1) 包含关键字 class 的一行称为类头,花括号内的部分称为类体,包括成员变量和成员方法的声明。类声明使用关键词 class,后跟类名,类名必须是合法的标识符。

(2) 在 class 关键词前面可以使用修饰符。类的修饰符说明了类的属性,主要有访问控制修饰符(public 或省略)、抽象修饰符(abstract)和最终修饰符(final)等。

(3) extends 父类名,关键词 extends 声明该类的父类,将在第 3.4 节详细介绍。

(4) implements 接口名表,关键词 implements 声明该类要实现的接口,如果实现多个接口,则各接口之间用逗号分隔,将在第 3.5 节详细介绍。

3.1.2 类的成员变量

类的成员变量即类的属性。成员变量的作用范围是整个类,即在类的所有方法中都有效,但对其他类是不可见的。也可以在类体的方法定义中声明和初始化局部成员变量,这些局部变量只在方法内有意义,在方法外是没有意义的。声明类中成员变量的语法格式如下。

```
[访问权限修饰符] [static][final][transient] 数据类型 变量名 1,[变量名 2...];
```

说明如下。

(1) 访问权限修饰符包括 4 种,分别为是 public、protected、默认(无修饰符)和 private,见表 3-1。

表 3-1 类中成员变量的访问控制符的级别

作用范围 \ 修饰符	public	protected	默认(无修饰符)	private
包外	●	×	×	×
子类	●	●	×	×
包内	●	●	●	×
类内	●	●	●	●

(2) 关键字 static 表示该变量为静态变量(或类变量)。静态变量由该类的所有实例对象共享,没有用 static 修饰的变量称为实例变量。

(3) 关键字 final 表示该变量为最终变量,即常量。常量在定义同时应对其进行初始化，且程序中不允许改变其值。

(4) 关键字 transient 表示声明一个临时变量。

(5) 数据类型可以是 Java 中的基本数据类型，也可以是引用数据类型，如数组和类。

(6) 变量名为用户自定义的标识符。变量名的命名也要做到“见名知义”。

3.1.3 类的成员方法

成员方法即类的方法成员，用于实现类的各种操作功能，是类行为的具体体现，是具有某种相对独立功能的程序模块。成员方法的主要作用是对类中的成员变量进行初始化、计算并返回值和输出等操作。为了实现成员方法的特定功能，有时需要在方法内部定义局部变量来辅助实现程序功能；或通过定义方法时指定参数列表来进行数据“传递/交换”的现实需求。成员方法一旦定义，便可在不同的程序段中多次调用，故可增强程序结构的清晰度，提高编程效率。Java 程序设计的主要工作就是定义类、创建类的对象、使用对象访问成员变量和调用成员方法。

1. 成员方法的声明

在 Java 语言中，各成员方法声明的语法格式如下。

```
[访问权限修饰符][修饰符] 返回值类型 方法名([参数列表])[throws 异常列表]
{
    方法体;
}
```

说明如下。

(1) 访问权限修饰符包括 4 种，与成员变量一致。

(2) 修饰符是对方法特性的描述，也有 4 种，分别是：

① static 关键字表示该成员方法为静态方法。

② final 关键字表示该成员方法为最终方法，指该方法所在的类被继承时，子类中不能有与该方法相同的成员方法的定义。

③ abstract 关键字表示该成员方法为抽象方法。

④ synchronized 关键字表示该成员方法为同步方法，用于多线程程序设计。详见第 7 章的介绍。

(3) 返回值类型为 Java 语言的任何数据类型。成员方法执行方法体，通过 return 语句来实现返回值。Java 技术对返回值是很严格的，return 语句中返回值的类型必须与声明方法的返回值类型相同。如果方法不返回任何值，它必须声明为 void(空)。

(4) 方法名称可以是任何合法标识符，要做到“见名知义”。

(5) 参数列表：允许将参数值传递到方法，即用于接收外界的数据，来完成方法体要实现的功能。参数列表中的 0 个或多个参数用一对小括号括起来，各个参数由逗号分开，每个参数包括一个数据类型和一个变量名，参数列表中的各个变量只能在其所声明方法的方法体中被访问。

(6) throws 关键字表示方法体在执行过程中可能抛出异常，throws 关键字后面为可能抛出的异常类型列表。详见第 4 章介绍。

（7）花括号内是方法体，方法体内部从形式上也可以分为两部分：一部分是变量；另一部分是语句。方法体内部定义的变量只供本方法使用，称为局部变量。

（8）类中的各个成员方法不可以嵌套定义，即不能在某个方法中再声明其他方法；但是方法可以嵌套调用。

2. 成员方法的调用

下面通过两个例子来说明成员变量的声明和访问以及成员方法声明和调用。

【例 3-1】 同类中成员的访问和方法的调用。

程序代码如下。

```
1  public class Example3_1 {
2      String name;                                 //成员变量的声明
3      boolean sex;
4      int age;
5      String[] families;                           //存储家庭成员名称的字符串数组
6      public void printFamilies()                  //成员方法的声明，打印家庭成员
7      {
8          System.out.println("他的家庭成员信息表为：");
9          for(int i=0;i<families.length;i++)
10             System.out.print(families[i]+"\t");
11     }
12     public static void main(String[] args) {
13         Example3_1 e=new Example3_1();          //定义 Example3_1 类的对象
14         e.name="tom";                           //使用对象访问类中成员变量
15         e.sex='m';
16         e.age=15;
17         String[] arrayFamilies={"Father","Mother","Sister","Brother"};
18         e.families=arrayFamilies;
19         System.out.println(e.name+"的年龄是："+e.age+",性别为："+e.sex);
20         e.printFamilies();                      //使用对象调用类的成员方法
21     }
22 }
```

程序运行结果如下。

```
tom的年龄是：15,性别为：m
他的家庭成员信息表为：
Father    Mother    Sister    Brother
```

程序分析如下。

因为主方法 main 与成员变量和成员方法在同一个类 Example3_1 中，所以类中声明的成员变量和成员方法无论使用任何访问控制修饰符在主方法 main 中，均可使用该类的对象访问。

【例 3-2】 不同类之间成员的访问和方法的调用。

程序代码如下。

```
1  class Person
```

```
2  {        //声明成员变量,其中 name、sex、age 的访问权限修饰符为 private
3      private String name;
4      private char sex;
5      private int age;
6      String[] families;                          //默认的访问控制修饰符
7      void printPerson()
8      {
9          name="tom";
10         sex='m';
11         age=15;
12         System.out.println(name+"的年龄是: "+age+",性别为: "+sex);
13     }
14     void printFamilies()
15     {
16         System.out.println("他的家庭成员信息表为: ");
17         for(int i=0;i<families.length;i++)
18             System.out.print(families[i]+"\t");
19     }
20 }
21 public class Example3_2 {         //程序入口点,测试 Person 类中定义的成员变量和方法
22     public static void main(String[] args) {
23         Person p=new Person();           //定义 Person 类的对象
24         String[] arrayFamilies={"Father","Mother","Sister","Brother"};
25         p.families=arrayFamilies;       //访问 Person 类的成员变量
26         //调用 Person 类中的成员方法
27         p.printPerson();
28         p.printFamilies();
29     }
30 }
```

程序运行结果如下。

```
tom 的年龄是: 15,性别为: m
他的家庭成员信息表为:
Father  Mother  Sister  Brother
```

程序分析如下。

(1) 因为主方法 main 不在 Person 类而在类 Example3_2 中,所以 Person 类中私有成员在主方法中是无权被访问的。只能在主方法中通过调用 Person 类的非私有成员方法 printPerson 来间接访问 Person 类的 3 个私有成员变量(name、sex、age)。如果在主方法 main 中直接访问 3 个私有类型的成员,则会出现以下错误。

```
The field Person.name is not visible
The field Person.age is not visible
The field Person.sex is not visible
```

(2) 在同一个文件中只能有一个公有类,而主方法 main 必须在公有类中,所以 Person 类前面默认类访问控制修饰符;否则会出现以下错误。

```
The public type Person must be defined in its own file
```

(3) 不同包中的类之间成员的访问将在 3.3.1 小节详细介绍。

3.1.4 方法重载

方法重载(Method Overloading)是让类以统一的方式处理不同类型数据的一种手段。Java 的方法重载,就是在同一个类中可以声明多个同名的方法。方法重载要求各个同名的方法必须具有不同的方法列表,即参数类型、个数和顺序必须不同。Java 编译器根据参数列表决定所使用的方法。例如:

```
(1) public void method()
(2) public void method(double l,double w)
(3) public void method(int p)
(4) public void method(double r)
(5) public double method(double r)
```

在上面的 5 个重载方法中,第(4)和第(5)编译时会产生错误,因为它们的参数列表相同,仅方法的返回值类型不同,即重载方法的返回值类型可以不同。

下面用一个具体的实例来分析方法的重载。

【例 3-3】 通过方法重载分别计算各种图形的面积。

程序代码如下。

```
1 public class Example3_3{
2     public double Area(double r)
3     {
4         return Math.PI * r * r;
5     }
6     public double Area(double w,double l)
7     {
8         return w * l;
9     }
10    public double Area(double a,double b,double c)
11    {
12        double p=(a+b+c)/2;
13        return Math.sqrt(p * (p-a) * (p-b) * (p-c));
14    }
15    public static void main(String[] args){
16        Example3_3 e=new Example3_3();
17        System.out.println("方法的重载: Area方法的三次重载");
18        System.out.println("圆的面积为: "+e.Area(5));
19        System.out.println("矩形的面积为: "+e.Area(6,8));
20        System.out.println("三角形的面积为: "+e.Area(3,4,5));
21    }
22 }
```

程序运行结果如下。

```
方法的重载: Area方法的三次重载
```

```
圆的面积为:78.53981633974483
矩形的面积为: 48.0
三角形的面积为: 6.0
```

程序分析如下。

第18、19行代码,系统根据不同参数分别调用3个重载的方法Area(),分别计算并输出3种图形的面积。

3.1.5 构造方法

构造方法是类中一种特殊的方法,它是一个与类同名且没有返回值类型(也不能使用void)的方法,其功能主要是完成对象的初始化。当类实例化一个对象时,会自动调用相应的构造方法。构造方法和其他方法一样也可以重载。

1. 构造方法的特殊性

构造方法与其他成员方法相比较,有它自身的特殊性,主要体现在以下几点。

(1) 构造方法的名字必须与它所在的类名相同,没有返回类型,也不能使用void。

(2) 构造方法的修饰符只有访问权限修饰符(public、protected、默认或private)。

(3) 构造方法在初始化对象(使用new运算符)时是自动被执行的,不能被显式地调用。

(4) 每个类中必定有构造方法,若某个类中不包含构造方法,系统自动为该类生成一个无参数的默认构造方法,该方法体没有任何语句的构造方法,其作用仅仅是用于创建对象。用户也可以定义一个无参数的构造方法。

(5) 构造方法可以进行任何活动,但是经常将它设计为进行各种初始化活动,如初始化对象的属性。

(6) 构造方法可以被重载。

(7) 构造方法不能被继承。

2. 默认构造方法

默认构造方法就是没有参数的构造方法,可分为以下两种。

(1) 隐含的默认构造方法。

(2) 程序显式定义的默认构造方法。

Java自动提供的隐含的默认构造方法没有参数,且用public修饰,而且方法体为空。在程序中也可以显式的定义默认构造方法,它可以是任意的访问级别。如果类中显式定义了一个或多个构造方法,那么这个类就失去了默认构造方法。

【例3-4】 重载构造方法的调用举例。

程序代码如下。

```
1  class Human{
2      String name;
3      int age;
4      char sex;
5      String[] families;
```

```
6      public Human()                          //无参数构造方法
7      {
8          System.out.println("---执行无参数构造方法---");
9      }
10     public Human(String n)                  //一个参数构造方法
11     {
12         name=n;
13         System.out.println("---执行对 name 初始化的构造方法---");
14     }
15     public Human(String n,int a)            //两个参数构造方法
16     {
17         name=n;
18         age=a;
19         System.out.println("---执行对 name,age 初始化的构造方法---");
20     }
21     public Human(String n,int a,char s)           //3 个参数构造方法
22     {
23         name=n;
24         age=a;
25         sex=s;
26         System.out.println("---执行对 name,age,sex 初始化的构造方法---");
27     }
28     public Human(String n,int a,char s,String[] f)    //4 个参数构造方法
29     {
30         name=n;
31         age=a;
32         sex=s;
33         families=f;
34         System.out.println("---执行对 name,age,families 初始化的构造方法---");
35     }
36     public void print()
37     {
38         System.out.print(name+"的年龄是"+age+"性别为"+sex+",他的家庭成员有：");
39         if(families==null)
40             System.out.println("families 数组未初始化");
41         else
42             for(int i=0;i<families.length;i++)
43                 System.out.print(families[i]+"\t");
44     }
45  }
46  public class Example3_4 { //程序入口点，测试 Human 类中声明的成员方法和构造方法
47     public static void main(String[] args) {
48         Human h1=new Human();
49         h1.print();
50         Human h2=new Human("tom");
51         h2.print();
52         Human h3=new Human("rose",15);
53         h3.print();
54         Human h4=new Human("John",18,'m');
```

```
55          h4.print();
56          String[] f={"Father","Mother","Sister","Brother"};
57          Human h5=new Human("Jerry",19,'f',f);
58          h5.print();
59      }
60  }
```

程序运行结果如下。

```
---执行无参数构造方法---
null的年龄是0性别为□,他的家庭成员有：families数组未初始化
---执行对name初始化的构造方法---
tom的年龄是0性别为□,他的家庭成员有：families数组未初始化
---执行对name,age初始化的构造方法---
rose的年龄是15性别为□,他的家庭成员有：families数组未初始化
---执行对name,age,sex初始化的构造方法---
John的年龄是18性别为m,他的家庭成员有：families数组未初始化
---执行对name,age,families初始化的构造方法---
Jerry的年龄是19性别为f,他的家庭成员有：Father Mother Sister Brother
```

程序分析如下。

(1) Human类的成员变量均为private(私有)权限,所以在类外无法访问,只能被Human类中的方法访问。

(2) 第49行、第51行、第53行、第55行、第58行代码中分别声明Human类的5个对象h1、h2、h3、h4、h5,程序在编译时,系统将根据参数个数和类型来区分不同的重载构造方法,并自动执行无参数、一个参数、两个参数、三个参数和四个参数的构造方法。

(3) 通过第5～8行的无参数构造方法,其中只有一条输出语句,没有对任何成员变量初始化,但是各个成员变量均获得系统默认值：数值型默认值为0,boolean型默认值为false,字符型为'\0'(打印一个"□"表示空字符),引用类型(String类型)为null。第39行代码中,用来判断在Human类中声明的成员变量"String families[]"是否被创建(即判断families是否为null)。

请思考：把第57行代码改为"String[] f=new String[4];"运行结果是什么?

3.2 对象

在Java面向对象编程中,定义类的最终目的是使用它来创建对象。类也是一种数据类型,使用类定义的变量即为对象,也称为类的实例。使用类创建对象时有3个步骤,即先声明、再创建(实例化)、最后使用。

对象的声明和简单变量的声明基本相同,对象的命名规则与变量的命名规则相同。其语法格式如下。

```
类名 对象1,[对象2,...];
```

例如：

```
Person p;
Human h1,h2,h3;
```

3.2.1 使用 new 实例化对象

对象的实例化即对象的创建，是指给对象分配内存空间以保存其中的数据和代码。对象的实例化必须使用 new 运算符，在使用 new 运算符实例化对象的同时，系统自动执行该类构造方法完成对象的初始化工作。其语法格式有两种，分别如下。

1）先声明后实例化

```
对象名=new 构造方法([实际参数列表]);
```

例如：

```
p=new Person();
h1=new Human("tom");
h2=new Human("tom",15);
h3=new Human("tom",15, 'm');
```

2）声明的同时实例化

```
类名 对象名=new 构造方法([实际参数列表]);
```

例如：

```
Person p=new Person();
Human h1=new Human("tom");
```

3.2.2 对象的使用

实例化对象后，该对象就拥有所属类的成员变量和成员方法，可以根据它们的访问权限访问成员变量或调用成员方法。

1. 访问成员变量

成员变量的访问格式如下。

```
对象名.成员变量名;              // "."为引用运算符
```

例如，访问成员变量并对成员变量进行赋值的代码如下。

```
p.name="tom";
p.age=15;
```

2. 调用成员方法

1）成员方法调用的语句格式

```
对象名.方法名([实际参数列表]);
```

例如，调用成员方法的代码如下。

```
Human h1=new Human("tom",15, 'm');    //创建并初始化一个 Human 类的对象 h1
h1.print();                           //对象 h1 调用无返回值的方法
Example3_3 e=new Example3_3();        //创建并初始化一个 Example3_3 类的对象 e
System.out.println("矩形的面积为: "+e.Area(6,8));  //对象 e 调用有返回值的方法 Area
```

2）成员方法调用流程

在主调方法(方法调用语句所在的方法)中，当执行到方法调用语句时，程序将转去执行被调用方法的方法体，直到被调用的方法执行结束，程序将返回到主调方法的下一条语句继续执行。

3.2.3 方法的参数传值

1. 实参和形参

(1) 当调用方法时，方法名后面的圆括号中给出的数据称为实际参数，简称实参。实参可以是常量、变量或者是表达式，参数之间用逗号隔开。

(2) 当声明方法时，方法名后面的圆括号中参数为形式参数，简称形参。形参由两部分组成，即数据类型和变量名。

(3) 实参可以是常量、变量、表达式、方法等，无论实参是何种类型的量，在进行方法调用时，它们都必须被赋值，以便把这些值传送给形参。

(4) 形参变量只有在被调用时才分配内存单元，在调用结束返回主调方法后，即刻释放所分配的内存单元，则不能再使用该形参。

(5) 实参和形参在数量上、类型上、顺序上应严格一致；否则会发生“类型不匹配”的错误。

2. 参数传递机制

实参和形参的功能是用作数据传送。发生方法调用时，主调方法把实参的值传送给被调方法的形参，从而实现主调方法向被调方法的数据传送。方法调用中发生的数据传送是单向的。即只能把实参的值传送给形参，而不能把形参的值反向地传送给实参。

1）按值传递

按值传递意味着当将一个参数传递给一个方法时，函数接收的是原始值的一个副本。因此，如果函数修改了该参数，仅改变副本，而原始值保持不变。Java 规定按值传递的数据类型只能是基本数据类型和 String 类型。

【例 3-5】 按值传递举例。

程序代码如下。

```
1  public class Example3_5 {
2      public void swapInt(int a,int b)              //交换两个 int 类型参数
3      {
4          int temp=a;
5          a=b;
6          b=temp;
7      }
8      public void swapString(String a,String b)  //交换两个 String类型参数
```

```
9       {
10          String temp=a;
11          a=b;
12          b=temp;
13      }
14      public static void main(String[] args) {
15          Example3_5 e=new Example3_5();
16          int pA=5,pB=9;
17          String sA="Hello",sB="World";
18          System.out.println("没有调用 swapInt 方法前: pA="+pA+",pB="+pB);
19          e.swapInt(pA, pB);      //调用方法 swapInt,进行参数传递
20          System.out.println("调用 swapInt 方法后: pA="+pA+",pB="+pB);
21          System.out.println("没有调用 swapString 方法前: sA="+sA+",sB="+sB);
22          e.swapString(sA, sB);      //调用方法 swapString,进行参数传递
23          System.out.println("调用 swapString 方法后: sA="+sA+",sB="+sB);
24      }
25  }
```

程序运行结果如下。

```
没有调用 swapInt 方法前: pA=5,pB=9
调用 swapInt 方法后: pA=5,pB=9
没有调用 swapString 方法前: sA=Hello,sB=World
调用 swapString 方法后: sA=Hello,sB=World  Brother
```

程序分析如下。

通过运行结果可以看出,在 swapInt()方法和 swapString 方法中,对两个形参进行交互,而实参并未被交换,也就是说,按值传递时形参的改变不会影响实参。

2) 按地址传递

地址传递是把对象作为参数传递给形参,也就是把对象的引用(可以看作地址)传递过去,如果引用在方法内被改变了,那么原对象也跟着改变。Java 规定按地址传递的数据类型是除 String 类型以外的所有引用数据类型,包括数组、类和接口。

【例 3-6】 按地址传递举例:传递参数为类的对象。

程序代码如下。

```
1  class Date                                          //定义一个类 Date
2  {
3      int year;
4      public Date(int y)                              //构造方法
5      {
6          year=y;
7      }
8  }
9  public class Example3_6 {
10     public void swapDate(Date d1,Date d2)           //互换对象的成员变量
11     {
12         int y=d1.year;
13         d1.year=d2.year;
```

```
14          d2.year=y;
15      }
16      public static void main(String[] args) {
17          Date d1=new Date(2011);                    //创建并初始化 Date 类的对象 d1
18          Date d2=new Date(2015);                    //创建并初始化 Date 类的对象 d2
19          Example3_6 e=new Example3_6();             //创建 Example3_6 类的对象 e
20          System.out.println("没调用方法 swapDate 之前:");
21          System.out.println("d1.year="+d1.year+", d2.year="+d2.year);
22          e.swapDate(d1,d2);                         //调用方法
23          System.out.println("调用方法 swapDate 之后: ");
24          System.out.println("d1.year="+d1.year+", d2.year="+d2.year);
25      }
26  }
```

程序运行结果如下。

```
没调用方法 swapDate 之前:
d1.year=2011, d2.year=2015
调用方法 swapDate 之后:
d1.year=2015, d2.year=2011
```

程序分析如下。

通过运行结果可以看出，传递的参数是两个对象，而互换的是两个对象的成员变量，从而实现了两个实参的互换。

【例 3-7】 按地址传递举例：数组作为参数传递，数组元素为基本数据类型。

程序代码如下。

```
1  public class Example3_7 {
2     public void change(int []arr)
3     {
4        for(int i=0;i<arr.length;i++)          //为数组中的元素赋值
5        {
6           int k=(int)(Math.random()*100);     //生成 1~100 之间的 int 型随机数
7           arr[i]=k;
8        }
9     }
10    public static void main(String[] args) {
11       Example3_7 f=new Example3_7();          //创建类的对象
12       int[]array=new int[10];                 //声明并创建一个长度为 10 的数组
13       System.out.println("没有初始化前,数组的元素为: ");
14       for(int i=0;i<array.length;i++) //没有初始化的数值类型的数组元素默认值为 0
15          System.out.print(array[i]+"\t");
16       System.out.println("\n 初始化后,数组的元素为: ");
17       f.change(array);                        //调用成员方法
18       for(int i=0;i<array.length;i++)
19          System.out.print(array[i]+"\t");
20    }
21 }
```

程序运行结果如下。

```
没有初始化前,数组的元素为:
0    0    0    0    0    0    0    0    0    0
初始化后,数组的元素为:
24   68   57   42   12   15   69   40   44   78
```

程序分析如下。

通过运行结果可以看出,在第17行代码中,传递的实参为数组名 array,即把数组元素在内存中的首地址传递给形参输出 arr。这样两个数组共享同一块内存区,所以形参改变了也就相当于实参也被改变。

【例 3-8】 按地址传递举例:数组作为参数传递,数组元素为类的对象。

程序代码如下。

```
1  import java.util.Scanner;
2  class Student
3  {
4      String name;
5      int age;
6      public Student(String n,int a)
7      {
8          name=n;
9          age=a;
10     }
11     public String toString()
12     {
13         return name+"\t"+age;
14     }
15 }
16 public class Example3_8 {
17     public void sort(Student []ar)            //对数组 ar 中的元素进行冒泡排序
18     {
19         for(int i=0;i<5;i++)
20             for(int j=0;j<5-i-1;j++)
21                 if(ar[j].age<ar[j+1].age)
22                 {
23                     Student temp=ar[j];
24                     ar[j]=ar[j+1];
25                     ar[j+1]=temp;
26                 }
27     }
28     public static void main(String[] args) {
29         Example3_8 f=new Example3_8();
30         Student[]s=new Student[5];          //创建一个 Student 类的对象数组
31         Scanner in=new Scanner(System.in); //创建 Scanner 类对象
32         for(int i=0;i<5;i++)  //循环录入 name 和 age,分别用来创建数组中对象元素
33         {
34             System.out.print("请输入第 "+(i+1)+" 个学生的姓名 年龄:");
```

```
35              String name=in.next();
36              int age=in.nextInt();
37              s[i]=new Student(name,age);
38          }
39          System.out.println("排序前的顺序为: ");
40          for(int i=0;i<5;i++)
41              System.out.println(s[i].toString());
42          System.out.println("排序后的顺序为: ");
43          f.sort(s);                          //调用 Example3_7类中方法 sort
44          for(int i=0;i<5;i++)
45              System.out.println(s[i].toString());
46      }
47  }
```

程序运行结果如下。

```
请输入第 1 个学生的姓名 年龄:tom 12
请输入第 2 个学生的姓名 年龄:rose 13
请输入第 3 个学生的姓名 年龄:jerry 10
请输入第 4 个学生的姓名 年龄:kora 14
请输入第 5 个学生的姓名 年龄:polo 17
排序前的顺序为:
tom       12
rose      13
jerry     10
kora      14
polo      17
排序后的顺序为:
polo      17
kora      14
rose      13
tom       12
jerry     10
```

程序分析如下。

与例 3-7 类似,在第 43 行代码中,传递的实参仍为数组名 s,只不过数组中的元素是对象而不是基本数据类型。

3.2.4 对象的销毁

对象的创建、使用和销毁的过程称为对象的生命周期。在用 new 运算符创建一个对象后,系统为其分配所需的内存空间用于存储其成员。但内存是共享的有限空间,对象使用完毕后,应该释放其所占的空间资源,即对象的销毁。

Java 中提供的垃圾收集器自动地定期扫描 Java 对象的动态内存,并将所有的引用对象加上标记,在对象运行结束后清除其标记,并将所有无标记的对象作为垃圾进行回收,当垃圾收集器空闲或内存不足时,它将释放垃圾对象(运行结束后的对象)所占的内存空间。

Java 中每个类有且仅有一个 finalize()方法，该方法也称为析构方法，该方法没有返回值也没有参数。垃圾收集器在回收对象时自动调用 finalize()方法来释放系统资源。

如果有特别操作需要主动释放对象，则可在类中定义 finalize()方法，finalize()方法的语句格式如下。

```
[修饰符] void finalize()
{
    方法体;
}
```

3.3 类的封装

封装(Encapsulation)是面向对象程序设计的原则之一。在 Java 中最基本的封装单元是类，通过类的声明，可以实现对属性成员的访问限制，提供数据安全性。另外，类也可以对外部环境隐藏它内部的实现细节，便于程序的维护和功能的扩展。

3.3.1 包机制

1. 包的概念

包(Package)是类的组织方式，是一组相关类和接口的集合，它提供了访问权限和命名的管理机制。包与类的关系就是 Windows 系统中文件夹与文件的关系。Java 提供的包机制主要有以下 3 种用途。

(1) 将功能相近的类放在同一个包中，可以方便查找与使用。

(2) 由于在不同包中可以存在同名类，所以使用包在一定程度上可以避免命名冲突。

(3) 在 Java 中，某次访问权限是以包为单位的。

2. 创建包

创建包可以通过在类或接口的源文件中使用 package 语句实现，package 语句的语法格式如下。

```
package 包名;
```

使用 package 语句的几点说明如下。

(1) 包名：用于指定包的名称，包名为合法的 Java 标识符，通常用小写字符。

(2) 当包中还有包时，可以使用"包 1. 包 2. ... 包 n."进行指定包名，"."表示包之间的层次关系，包 1 为最外层的包，而包 n 则为最内层的包，就如同 Windows 系统中的文件夹嵌套一样。

(3) package 语句必须位于源文件的第一行。

(4) 一个 Java 源程序只能有一条 package 语句。在程序中定义的所有类和接口的字节码文件都位于 package 语句创建的包中。

3. 使用包

下面分为 DOS 环境和 Eclipse 开发环境两种方式来分析编译和运行带有 package 语

句的 Java 程序，步骤和方法如下。

1）DOS 环境

（1）在 D:\java 文件夹下创建一个 Java 源程序，文件名为 Example3_9.java。

【例 3-9】 DOS 环境下的包机制举例。

程序代码如下。

```
1  package pa;
2  class ClassA
3  {
4      ClassA()
5      {
6          System.out.println("this is ClassA");
7      }
8  }
9  public class Example3_9 {
10     Example3_9()
11     {
12         System.out.println("this is Example3_9");
13     }
14     public static void main(String[] args) {
15         Example3_9 k=new Example3_9();
16         ClassA a=new ClassA();
17     }
18 }
```

（2）在“开始”→“运行”→输入 cmd →单击“确定”按钮，进入 DOS 提示符状态，输入图 3-1 所示的命令，其中命令“javac -d <目录>”的作用是指定放置生成类文件的位置，“.”（实心点前后各有一个空格）代表当前目录，即 D:\java 目录。

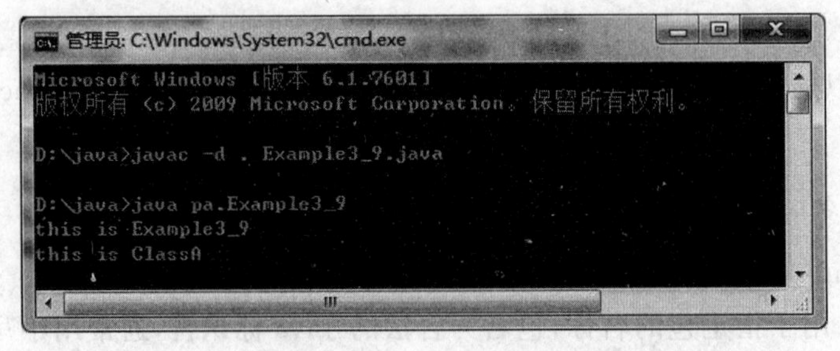

图 3-1 Example3_9.java 文件的编译和运行

（3）执行完 javac -d . Example3_9.java 命令后，在 D:\java 目录下自动生成一个 pa 目录，该目录下有两个文件，即 ClassA.class 和 Example_9.class，而不是把这两个文件生成到由-d 指定的 D:\java 目录下，这是因为执行第 1 行代码的结果。

（4）输入图 3-1 所示的命令 java pa.Example3_9 指出 Example_9.class 文件所在的位置。

2）Eclipse 开发环境

使用 Eclipse 编辑、编译和运行带有 package 语句的程序相对简单很多，步骤如下。

(1) 选中某个项目后，在 Eclipse 主界面菜单栏中选择 File→New→Package 命令进入 New Java Package 对话框，然后输入包名 pa.pb，单击 Finish 按钮，如图 3-2 所示。到 D:\java\Example3 目录下查看，在 pa 目录下还有一个 pb 目录。

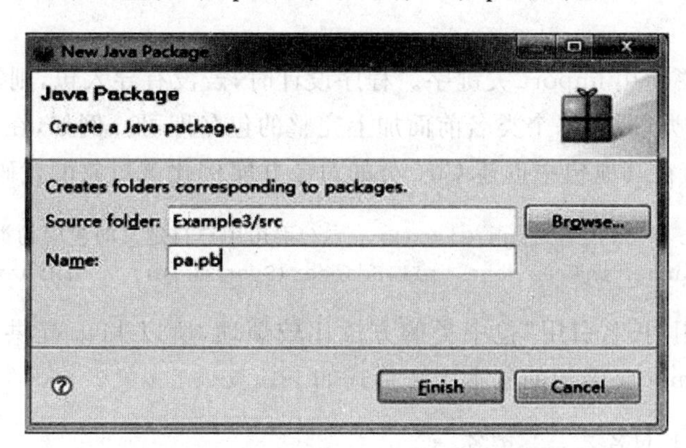

图 3-2　使用 Eclipse 新建包的对话框

(2) 选中包 pa.pb，在 Eclipse 主界面菜单栏中依次执行 File→New→Class 命令进入 New Java Class 对话框，然后输入类名 Ex_package，单击 Finish 按钮后，在该程序的 package pa.pb;语句会自动出现在源程序的首行，然后进行程序编辑、编译和运行。

4. 导入包

Java 中的类分为用户自定义的类和系统定义的类，前者存储在用户自定义的包中，后者按照其功能的不同划分成不同的集合，存放于不同的包中。所有的集合统称为类库(Class Library)。下面分别介绍 Java 的常用类库和导入包方法。

1) Java 类库

Java 语言提供了大量系统定义好的类，编程时可以直接利用这些现有的类完成特定的基本功能和任务，学习使用 Java 类库是提高编程效率和质量的必经之路。Java 中常用类库有以下几种。

(1) java.lang 包。Java 的核心类库，包含了运行 Java 程序必不可少的系统类，如基本数据类型、基本数学函数、字符串处理、线程、异常处理类等，系统自动导入这个包，用户无须再导入。

(2) java.io 包。Java 语言的标准输入/输出类库。

(3) java.util 包。Java 的实用工具类库 java.util 包。在这个包中，Java 提供如日期(Data)类、日历(Calendar)类来产生和获取日期及时间，随机数(Random)类产生各种类型的随机数等。

(4) java.applet 包。用于执行小程序的类，如 Applet 类。

(5) java.net 包。实现网络功能的类库有 Socket 类、ServerSocket 类。

(6) java.awt 包。构建图形用户界面(GUI)的类库，包括低级绘图操作 Graphics 类、图形界面组件和布局管理等。

(7) java.awt.event 包。该包中定义了不同类型的事件即处理方式，用户 GUI 中各种功能组件的事件处理。

(8) java.sql 包。实现 JDBC(Java Data Base Connectivity,Java 数据库连接)的类库,用来使 Java 访问不同类型的数据库。

2) 导入包

导入包时需要使用 import 关键字。程序设计时,若没有导入包,则需要使用"长名引用"来引用包中的类,即在每个类名前面加上完整的包名即可。例如,在 com.wgh 包中创建了一个 Circ 类,在其他包中创建 Circ 类的对象并实例化该对象的代码如下。

```
com.wgh.Circ c=new com.wgh.Circ();      //引用用户自定义的包中的类
java.util.Scanner in=new java.util.Scanner(System.in); //引用 java.util 包中的类
```

由于采用使用"长名引用"包中类的方法比较烦琐,所以 Java 提供了 import 语句来引入包中的类。import 语句的基本语法格式如下。

```
import 包名 1[.包名 2....].类名.*;
import 包名 1[.包名 2....].*;
```

在使用 import 语句导入包时,需注意以下几点。

(1) 当存在多个包名时,各个包名之间使用"."分隔,同时包名与类名之间也使用"."分隔。

(2) "*"表示包中所有的类或接口。

(3) import 语句在 Java 程序中必须位于类或接口声明之前。

例如:

```
//在其他包中创建 Circ 类的对象并实例化该对象,首先要导入 Circle 类所在的包
import com.wgh.Circ; //假如还需要导入 com.wgh 包中的其他类,可以使用 import com.
wgh.*;
Circ c=new Circ();
//导入类库
import java.util.*;
import java.applet.Applet;
```

3.3.2 访问权限

Java 语言中,类的封装机制是尽可能地隐藏类内的实现细节,同时又要提供公共接口供类外访问。因此,要合理地给类及其成员变量、成员方法设置访问权限。

1. 类中成员的访问权限

Java 类中的成员有 4 种访问权限,按级别从高到低分别为 public、protected、缺省(无修饰符)和 private。

(1) public 修饰符:表示其所修饰的成员变量或成员方法为"公共的",被其修饰的成员都可公开访问和调用。

(2) protected 修饰符:表示其所修饰的成员变量或成员方法为"受保护的"。被其修饰的成员只能被类本身及子类访问,即使子类在不同的包中也可以访问。

(3) 缺省：表示无任何访问修饰符的成员为“默认的”或“友好的”。没有访问权限修饰符的成员既能在本类访问，也可以被同一个包的其他类访问。

(4) private 修饰符：表示其所修饰的成员变量或成员方法为“私有的”。被 private 修饰的成员只能在本类中访问。

2. 类的访问权限

Java 中类的访问权限只有 public 或缺省两种。一个 Java 程序由一个或多个类组成，但最多只有一个类为公共类。

(1) 公共类。声明类时，如果关键字 class 前面加上 public 修饰符，就称这样的类是“公共类”。被 public 修饰的类可以在所有类中访问。

(2) 非公共类。声明类时，如果关键字 class 前面没有任何修饰符，就称这样的类是“非公共类”。无修饰符的类只能被同一个包内的其他类访问。

【例 3-10】 类及其成员的访问权限举例。在 D:\java 目录下创建 3 个 Java 源程序，即 ClassA、ClassB 和 Example3_10。

(1) ClassA.java 程序代码如下。

```
1  package pab;
2  public class ClassA
3  {
4      public ClassA()
5      {
6          System.out.println("this is ClassA");
7      }
8  }
```

(2) ClassB.java 程序代码如下。

```
1  package pab;
2  class ClassB
3  {
4      ClassA()
5      {
6          System.out.println("this is ClassA");
7      }
8  }
```

(3) Example3_10.java 程序代码如下。

```
1  import pab.ClassA;
2  //import pab.ClassB;
3  public class Example3_10{
4      {
5          System.out.println("这是一个包含主方法的类");
6      }
7      public static void main(String[]args){
8          Example3_10 e=new Example3_10();
9          ClassA a=new ClassA();
```

```
10 //ClassB b=new ClassB();
11    }
12 }
```

依次执行“开始”→“运行”→输入 cmd→单击“确定”按钮，进入 DOS 提示符状态，输入图 3-3 所示的命令。

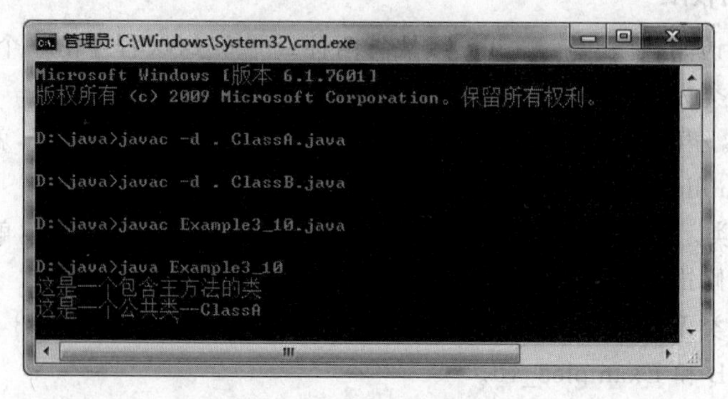

图 3-3　例 3-10 的编译和运行

程序分析如下。

(1) 因为 ClassA 和 ClassB 是没有 main 主方法的类，只需编译，不需运行。

(2) 当执行完第一行命令，系统会自动在 D:\java 目录下生产一个 pab 目录，并在里面生成一个 ClassA. class 文件，这是因为 ClassA. java 文件的第一行代码，指定了编译后. class 文件的存放位置；同理，在执行完第 2 行命令也会在 pab 目录下生产一个 ClassB. class 文件。由此可见，Example3_10 只是访问编译后的 ClassA. class 文件。

(3) 因为 ClassA 是 public 类型的类，可以被不同包中类访问，但是如果把第 2 行代码中 ClassA 类的构造方法前面的 public 去掉，则会出现图 3-4 所示错误。同理，如果把 Example3_10. java 中的两条语句的注释去掉，请读者思考会产生什么错误？并分析原因。

```
管理员: C:\Windows\System32\cmd.exe
D:\java>javac Example3_10.java
Example3_10.java:10: 错误: ClassA()在ClassA中不是公共的; 无法从外部程序包中对其进行访问
                ClassA a=new ClassA();
                         ^
1 个错误

D:\java>
```

图 3-4　例 3-10 编译时的错误

3.3.3　读写访问器

声明类时，通常将成员变量声明为 private，以防止直接访问成员变量而引发的恶意操作。通常，私有成员变量可以通过公共接口间接访问。公共接口就是程序设计人员在类中定义与各个私有成员变量相关的公共方法，以提高安全级别。在 Java 中，把具有 private 访问权限的成员变量称为属性，把与之对应的公共方法称为访问器。访问器根据其功能分为读访问器(getter)和写访问器(setter)。对于读/写访问器说明如下。

(1) 通常读/写访问器的命名规则为：get＋成员变量名/set＋成员变量名。

(2) 读访问器的返回值类型与对应的属性类型相同，且无参数。

(3) 写访问器返回值类型为void，有且仅有一个与属性类型相同的参数。

例如：

```
public class Student
{
    private String name;                    //成员变量的声明
    private int age

    public String getName() {               //读访问器
        return name;
    }
    public void setName(String name) {      //写访问器
        this.name=name;
    }
    public int getAge() {
        return age;
    }
    public void setAge(int age) {
        this.age=age;
    }
}
```

在使用Eclipse开发环境时，可以按以下步骤快速生成与之相应的读写访问器。

(1) 依次执行Source→Generate Getter and Setter...菜单命令，进入图3-5所示的Generate Getters and Setters对话框。

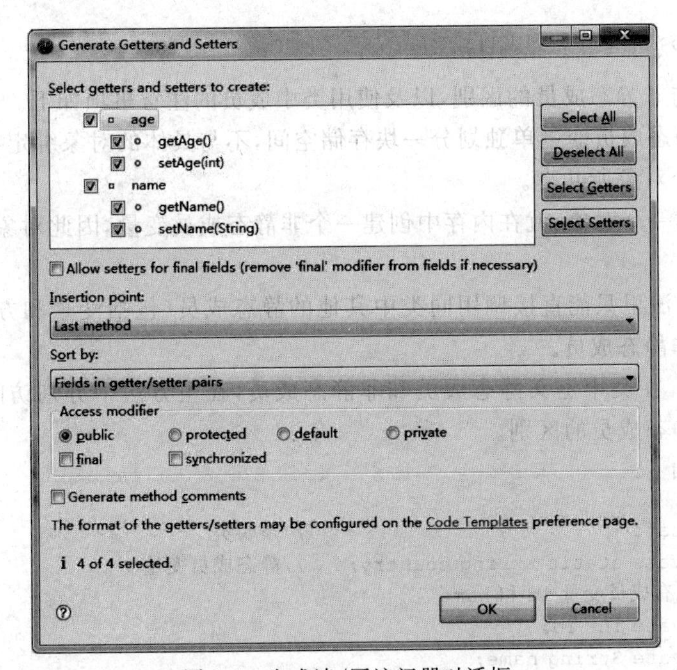

图3-5 生成读/写访问器对话框

(2) 在 Select getters and setters to create 列表框中依次列出当前类中所有私有成员变量要添加读写访问器的成员变量,以及与之对应的访问器。用户可以根据需要选择合适的访问器,也可以单击列表框右侧的命令按钮来选择生成的生成器。

(3) 在 Insertion point 下拉列表框中设置访问器的插入点;在 Sort by 下拉列表框中选择访问器的排序方式。

(4) 在 Access modifier 中可以勾选访问器的访问权限和其他修饰符。

(5) 可以选中 Generate method comments 复选框,系统会自动为各个访问器自动生成注释。

(6) 设置完毕后,单击 OK 按钮即可。

3.3.4 静态成员的访问方法

声明类中的成员变量或成员方法时,若在声明成员的头部有 static 关键字,则称其为静态成员。静态成员也称为类成员。静态成员变量的生命周期取决于类的生命周期,当类被加载的时候,静态成员变量被创建并分配内存空间,当类被卸载时,静态变量被销毁,并释放所占用的内存,与对象的生命周期无关。

静态成员变量的引用格式如下。

```
类名.类变量名
```

非静态成员变量的引用格式如下。

```
类名.类方法名([参数列表])
```

或者

```
对象名.类方法名([参数列表])
```

静态成员与非静态成员的区别,以及使用类中成员的注意事项如下。

(1) 一个静态成员变量单独划分一块存储空间,不与具体的对象绑定在一起,该存储空间被类的各个对象所共享。

(2) 每创建一个对象,就在内存中创建一个非静态成员变量,因此对象与非静态成员变量一一对应。

(3) 静态方法里只能直接调用同类中其他的静态成员(包括变量和方法),而不能直接访问类中的非静态成员。

【例 3-11】 在类中定义静态成员和非静态成员,在主方法中分别访问这两类成员,分析静态和非静态成员的区别。

程序代码如下。

```
1  class Staff {                                //声明类
2      private static String country;           //静态成员变量
3      //私有成员变量 id 和 name
4      private int id;
5      private String name;
6      static void setCountryAndPrint(String c)          //静态成员方法
```

```
7       {
8           //name="testName";              //把注释去掉,则程序会出错
9           country=c;
10          System.out.println("staff's country is : "+country);
11      }
12      Staff()                             //无参数构造方法
13      {}
14      Staff(int i,String n)               //两个参数的构造方法,对 id 和 name 初始化
15      {
16          id=i;
17          name=n;
18      }
19      //成员变量 id、name 和 country 的读/写访问器
20      public int getId() {
21          return id;
22      }
23      public void setId(int id) {
24          this.id=id;
25      }
26      public String getName() {
27          return name;
28      }
29      public void setName(String name) {
30          this.name=name;
31      }
32      public static String getCountry() {
33          return country;
34      }
35      public static void setCountry(String country) {
36          Staff.country=country;
37      }
38  }
39  public class Example3_11 {
40      public static void main(String[] args) {
41          Staff staff_A=new Staff(1,"Tom");
42          staff_A.setCountryAndPrint("America");  //用"对象名.静态方法"的形式访问
43          System.out.println("对象 staff_A 中,name="+staff_A.getName());
44          System.out.println("对象 staff_A 中,id="+staff_A.getId());
45          System.out.println("对象 staff_A 中,country="+staff_A.getCountry());
46          Staff staff_B=new Staff();
            //为了体现静态方法的运行与任何具体对象都无关,故提倡用"类名.静态方法"的形
              式访问
47          Staff.setCountryAndPrint("Japan");
48          staff_B.setId(2);
49          staff_B.setName("John");
50          System.out.println("对象 staff_B 中,name="+staff_A.getName());
51          System.out.println("对象 staff_B 中,id="+staff_A.getId());
52          System.out.println("对象 staff_B 中,country="+Staff.getCountry());
53      }
```

```
54 }
```

程序运行结果如下。

```
staff's country is : America
对象 staff_A 中,name=Tom
对象 staff_A 中,id=1
对象 staff_A 中,country=America
staff's country is : Japan
对象 staff_B 中,name=Tom
对象 staff_B 中,id=1
对象 staff_B 中,country=Japan
```

程序分析如下。

通过程序的运行结果可知,静态成员变量相当于全局变量(为所有对象共享),而非静态成员变量相当于局部变量(对象内有效);如果把第 8 行代码中注释去掉,则程序会出现图 3-6 所示的错误。

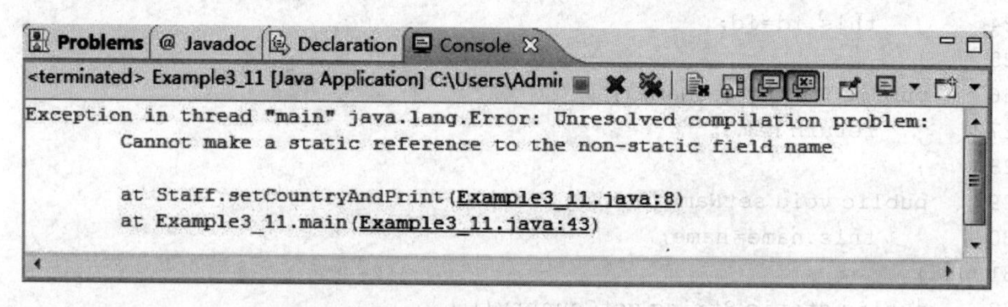

图 3-6 静态方法访问非静态成员的错误

3.4 继承

Java 继承是面向对象的最显著的一个特征。继承是从已有的类中派生出新的类,新的类能吸收已有类的数据属性和行为,并能扩展新的能力。例如,先定义一个类叫车,车有以下属性:车体大小、颜色、方向盘、轮胎,而又由车这个类派生出轿车和卡车两个类,为轿车添加一个小后备厢,而为卡车添加一个大货厢。

3.4.1 父类和子类

继承是指利用已有类创建新类的过程。被继承的已有类称为超类或父类,创建的新类称为派生类或子类。通过继承,子类获得父类的成员,同时子类又可以声明新的成员,甚至在子类体中对继承来的父类的成员进行修改。

object 是 Java 中所有类的父类,该类位于 java. lang 包中,它的成员可以被所有类所共享。

当一个类有多个父类时,称这种继承为多继承;否则,只允许有一个父类的继承称为单继承。Java 不支持多继承,单继承使 Java 的继承关系很简单,易于管理程序,同时一个类可以实现多个接口,从而克服单继承的缺点。

1. 子类的声明

在 Java 中,子类的声明语法格式如下。

```
[修饰符] class 类名 extends 父类名
{
    声明成员变量
    声明成员方法
}
```

2. 继承的原则

在 Java 中,类之间继承的原则如下。

(1) Java 不支持多重继承,也就是说,子类至多只能有一个父类。

(2) 子类继承其父类中非私有的成员变量和成员方法。

(3) 允许在子类对继承的父类的成员变量重新声明,即在 Java 中允许子类中声明与父类中同名的成员变量,此时,父类中此成员变量在子类中被隐藏(Hiding)。

(4) 也允许在子类对继承的父类的成员方法重新声明,即在 Java 中允许子类中声明的某成员方法的名字、返回类型及参数个数和类型与父类的某个成员方法完全相同的成员方法(且子类中的同名方法不能降低父类方法的访问权限),此时,父类中此成员方法在子类中被重写或覆盖(Override);否则视为方法的重载。

【例 3-12】 重写父类成员举例。

程序代码如下。

```
1  package package3_12;
2  class Person{
3     String name;
4     int age;
5     public Person()
6     {}
7     public Person(String n,int a)
8     {
9        name=n;
10       age=a;
11    }
12    void action()
13    {
14       System.out.println(name+"的年龄是"+age+",他每天从事很多人类的活动。");
15    }
16 }
17 class Employee extends Person{
18    String name;
19    public Employee()
20    {}
21    public Employee(String n,int a)      //成员变量 age 是从 Person 继承过来的
22    {
23       name=n;
```

```
24          //super.name=n;
25          age=a;
26      }
27  }
28  class Student extends Person{
29    public Student(String n,int a)  //成员变量 name 和 age 是从 Person 继承过来的
30    {
31          name=n;
32          age=a;
33    }
34          void action()                  //对父类成员方法的覆盖
35    {
36          System.out.println(name+"的年龄是"+age+",他每周一到周六正常上下学。");
37    }
38  }
39  public class Example3_12 {
40    public static void main(String[] args) {
41          Person p=new Person("tom",23);
42          p.action();
43          Employee e=new Employee("rose",35);
44          e.action();
45          Student s=new Student("peter",15);
46          s.action();
47    }
48  }
```

程序运行结果如下。

```
tom 的年龄是 23,他每天从事很多人类的活动。
null 的年龄是 35,他每天从事很多人数的活动。
peter 的年龄是 15,他每周一到周六正常上下学。
```

程序分析如下。

通过程序的运行结果发现,在运行结果的第 2 行中,name 为 null,原因是 Employee 类中的成员变量 age 和成员方法 action 是直接从父类中继承过来的,所以当 Employee 类的对象 e 调用 action 方法时,调用的是父类的 action 方法,并且该方法引用的是父类的成员变量 age 和 name,而父类 Person 的 name 成员变量在子类 Employee 中被隐藏(在第 18 行代码中,Employee 类重新声明类成员变量 name),即子类访问不到父类的 name 成员,所以为默认值 null。

3. 继承的原则

子类虽然继承了父类的所有成员,但是并不代表可以获得父类所有成员的访问权,即在子类中声明的成员方法并不能访问到父类中所有的成员。子类访问父类权限如下。

(1) 子类不能直接访问父类的 private 权限的成员,但是可以调用父类的访问器来间接实现对私有成员变量的访问。

(2) 子类可以直接访问父类的 public、protected 的成员。

(3) 对于父类中默认的访问权限的成员,若子类与父类在同一包中可访问;否则不能

访问。

因此,在声明类时,要根据类中成员的使用范围来声明类中的成员,如果只是类内使用,则声明为 private;如果是允许子类使用,则声明为 protected;如果允许所有的类使用,则声明为 public;其余情况可声明为默认的访问权限。

(4) 子类不能继承父类的构造方法,但是可以调用父类的构造方法。

3.4.2 super 和 this 关键字

1. super 关键字

1) 子类访问父类中被重写的成员

在 Java 中,在子类的成员方法中,可以通过使用 super 关键字来访问被隐藏的父类的成员,其语法格式如下。

```
super.成员变量;
super.成员方法([参数列表]);
```

例如,修改例 3-12 的第 23 行代码为加注释符,把第 24 行代码注释符去掉,则相当于在子类 Employee 中对父类 Person 的成员变量 name 进行初始化。修改后,程序的运行结果如下。

```
tom 的年龄是 23,他每天从事很多人类的活动。
rose 的年龄是 35,他每天从事很多人类的活动。
peter 的年龄是 15,他每周一到周六正常上下学。
```

【例 3-13】 super 关键字的使用举例。

程序代码如下。

```
1  class Father{
2      public int value;
3      public void f() {
4          value=100;
5          System.out.println("父类的成员变量: value="+value);
6      }
7  }
8  class Child extends Father {
9      public int value;
10     public void f() {
11         super.f();          //使用 super 关键子来调用父类的 f()方法
12         value=20;           //是子类的成员变量 value
13         System.out.println("子类的成员变量: value="+value);
14         System.out.print(value+", ");         //打印的是子类的 value 值
15         System.out.println(super.value);      //打印的是父类的 value 值
16     }
17 }
18 public class Example3_13{
19     public static void main(String[] args) {
20         Child c=new Child();
```

```
21          c.f();
22      }
23  }
```

程序运行结果如下。

```
父类的成员变量：value=10
子类的成员变量：value=20
20, 10
```

2）调用父类的构造方法

由于构造方法是用于创建类的对象，所以不能被子类继承，在子类中需要声明自己的构造方法，但是遵循代码复用的原则，子类的构造方法可以调用父类的构造方法，用来在子类中对父类成员的初始化。其语法格式如下。

```
super([参数列表]);
```

使用 super 关键子调用父类构造方法时，需注意以下两点。

(1) 在子类中使用"super([参数列表])"语句必须位于子类构造方法体的第一行，且每个构造方法中只能有一条使用 super 关键字调用父类构造方法的语句。

(2) 若一个类可能作为其他类的父类，则在声明该类时，应该在类体内声明一个无参的构造方法，以保证子类对象的正确创建，在对子类对象进行初始化的时候，父类的构造方法也会运行，那是因为子类的构造方法中，默认第一行有一条隐式的语句"super();"。

【例 3-14】 super 关键字的使用举例。

程序代码如下。

```
1  class fu{                                    //声明父类
2      String name;
3      fu(){                                    //父类无参构造方法
4          System.out.println("父类无参构造方法,父类成员变量：name="+name);
5      }
6      fu(String n){                            //父类有参构造方法
7          this.name=n;
8          System.out.println("父类有参构造方法,父类成员变量：name="+name);
9      }
10 }
11 class zi extends fu{                         //声明子类
12    zi(){                                     //子类无参构造方法
13        System.out.println("子类无参构造方法,子类成员变量：name="+name);
14    }
15    zi(String n){                             //子类有参构造方法
16
17        super("tom");
18        name=n;
19        System.out.println("子类有参构造方法,子类成员变量：name="+name);
20    }
21 }
22 public class Example3_14 {
```

```
23    public static void main(String[] args) {
24        zi z1=new zi();                   //创建子类对象 z1
25        zi z2=new zi("rose");             //创建子类对象 z2
26    }
27 }
```

程序运行结果如下。

```
父类无参构造方法,父类成员变量: name=null
子类无参构造方法,子类成员变量: name=null
父类有参构造方法,父类成员变量: name=tom
子类有参构造方法,子类成员变量: name=rose
```

程序分析如下。

在执行第 24 行代码时,调用子类的无参构造方法,首先执行隐式的语句“super();”,即转去调用父类无参构造方法,所以会出现第一行的运行结果,然后再顺序向下执行,才出现第 2 行的运行结果;在执行第 25 行代码时,转去调用子类的有参构造方法,首先执行第 17 行代码,则转去调用父类有参构造方法,所以会出现第 3 行的运行结果,然后再顺序向下执行,才出现第 4 行的运行结果。

2. this 关键字

与 super 关键字相对应,this 关键字代表当前类的一个对象引用,即代表当前对象本身。this 关键字只能在类的构造方法和成员方法中使用。

1) 访问本类的成员变量

通常情况下,如果需要访问本类的成员变量,不需要使用 this 关键字。只有在局部变量与类的成员变量同名时,为了区分该变量是局部变量还是成员变量,才使用 this 关键字来引用成员变量。例如:

```
class Person{
    String name;
    int age;
    String address;
    public Person(String name,int age,String address)
    {  //this.name 是本类成员变量,name 是构造方法内部的局部变量,二者只是同名而已
        this.name=name;
        this.age=age;
        this.address=address;
    }
}
```

2) 调用本类的构造方法

在 Java 程序中,多个重载的构造方法之间也可以互相调用,其语法格式如下。

```
this([参数列表])=address;
```

例如:

```
class Person{
```

```
    String name;
    int age;
    String address;
    public Person(){}
    public Person(String name)
    {
        this.name=name;
    }
    public Person(String name,int age)
    {   //构造方法中调用另一个构造方法,使用 this([参数列表])
        this(name);
        this.age=age;
    }
    public Person(String name,int age,String address)
    {   //构造方法中调用另一个构造方法,使用 this([参数列表])
        this(name,age);
        this.address=address;
    }
}
```

读者可以根据给出的 Person 类的声明以及类中声明的多个重载的构造方法,自行编写 main()主方法测试类各个成员的功能,并完成对 Person 类的使用。

3.4.3 最终类和抽象类

1. 最终类

继承机制允许对现有的类进行扩充,但有时也想把一个类的功能固定下来,不再允许定义它的子类对其进行扩充,这种类称为最终类。声明最终类时使用 final 关键字。例如:

```
final class End
{
   类体;
}
```

系统类库中,String 类、Math 类等都是 final 类。

同理,在声明一个类时,把该类(普通类)的方法声明为最终方法,使得该方法不可以被其子类重写。最终方法也使用 final 关键字声明。声明最终方法的语句格式如下。

```
final  返回类型  方法名([参数列表])
{
   方法体;
}
```

2. 抽象类

在了解抽象类之前,先来了解一下抽象方法。抽象方法是一种特殊的方法,仅有声明而没有方法体。抽象方法的声明格式如下。

```
[方法修饰词列表] abstract 返回类型 方法名([参数列表]);
```

在面向对象编程中，对象的所有属性都是由类声明的，但并不是所有的类都是用来创建对象的，如果一个类中没有包含足够的信息来描绘一个具体的对象，这样的类就是抽象类，或者说包含抽象方法的类称为抽象类。

但并不意味着抽象类中只能有抽象方法，它和最终类一样，同样可以拥有成员变量和普通的成员方法。注意，抽象类和最终类的区别主要有以下 3 点。

(1) 抽象方法必须为 public 或者 protected(因为如果为 private，则不能被子类继承，子类便无法实现该方法)，默认情况下为 public。

(2) 与最终类相反，抽象类是不能够实例化的类，也就是说，抽象类不能用来创建对象。

(3) 如果一个类继承了一个抽象类，则子类必须实现父类的抽象方法。如果子类没有实现父类的抽象方法，则必须将子类也定义为 abstract 类。

【例 3-15】 抽象类举例。

程序代码如下。

```
1  abstract class Animal{                        //声明抽象类
2      String breed;                             //声明成员变量
3      int weight;
4      public abstract void enjoy();             //声明抽象方法
5  }
6  class Dog extends Animal{                     //继承 Animal 抽象类
7      public Dog(String breed,int weight)
8      {
9          this.breed=breed;
10         this.weight=weight;
11     }
12     public void enjoy()                       //重写父类中的抽象方法
13     {
14         System.out.print(breed+"是一种狗,体重大约"+weight+"公斤,");
15         System.out.println("是一种忠诚又强悍的动物!");
16     }
17 }
18 class Cat extends Animal{                     //继承 Animal 抽象类
19     public Cat(String breed,int weight)
20     {
21         this.breed=breed;
22         this.weight=weight;
23     }
24     public void enjoy()                       //重写父类中的抽象方法
25     {
26         System.out.print(breed+"是一种猫,体重大约"+weight+"公斤,");
27         System.out.println("是一种是温文尔雅的动物!");
28     }
29 }
30 public class Example3_15 {
```

```
31      public static void main(String[] args) {
32        Dog d=new Dog("藏獒",67);
33        d.enjoy();
34        Cat c=new Cat("波斯猫",6);
35        c.enjoy();
36      }
37  }
```

程序运行结果如下。

```
藏獒是一种狗,体重大约 67 公斤,是一种忠诚又强悍的动物!
波斯猫是一种猫,体重大约 6 公斤,是一种是温文尔雅的动物!
```

程序分析如下。

子类 Dog 和 Cat 直接继承了父类成员变量,并在各自的构造方法中进行成员变量的初始化;两个子类还重写了父类的 enjoy 抽象方法,完成了各自的功能。请读者思考,若子类 Cat 中未能重写 enjoy 方法,Cat 类应该如何声明?

3.5 接口

在 Java 语言中,接口(Interface)并不是类,虽然声明接口的方式和类很相似,但是它们属于不同的概念。类中声明对象的属性和方法,接口则提供了一种行为框架:接口中所有的方法都是抽象的。Java 中把对一个接口的"继承"称为"实现",也就是说,接口是通过类来实现的,从而来实现接口的抽象方法。

3.5.1 接口的声明与实现

1. 接口的声明

Java 语言中的接口和类一样,也是以"包"的形式组织在一起的。接口可以是系统预定义的接口,用户也可以声明自己的接口。声明接口的语法格式如下。

```
[修饰符] interface 接口名 [extends 父接口 1[,父接口 2...]]
{
    常量声明
    抽象方法声明
}
```

对接口的声明有以下几点说明:

(1) 接口的修饰只有访问权限修饰符,即 public 和默认。public 表示该接口为公共接口,可以被所有类和接口使用;默认访问权限表示该接口只能被同一个包中的类和其他接口使用。

(2) 关键字 interface 表示接口的声明。

(3) 关键字 extends 表示接口之间的继承关系,一个接口可以继承多个父接口,子接口能继承父接口中所有的常量和抽象方法。

(4) 接口名为声明接口是指定的标识符,通常接口名的首字母大写,也要求尽可能

"见名知义"。

(5) 接口体由常量声明和抽象方法声明两部分组成。所有的常量都必须是系统默认的 public static final 修饰的常量;所有的方法都必须是由 public abstract 修饰的抽象方法。无论常量和抽象方法前是否有上述修饰符,效果都是完全一样的。

从声明接口的语法格式可以看出,接口和抽象类很相似,都包含抽象方法,都不能被实例化。但是,二者之间无论是在语法层面还是设计层面上都有很大的区别,具体如下。

(1) 抽象类除了抽象方法外,也可以包含普通的成员方法,而接口中只能包含抽象方法。

(2) 抽象类中可以包含普通的成员变量,而接口中的成员变量只能是 public static final 类型的。

(3) 接口中不能包含静态方法,而抽象类可以有静态方法。

(4) 一个类只能继承一个抽象类,而一个类却可以实现多个接口。

(5) 抽象类是对整个类整体进行抽象,包括属性、行为,但是接口却是对类局部(行为)进行抽象。继承是一个"是不是"的关系,而接口实现则是"有没有"的关系。

(6) 对于抽象类,如果需要添加新的方法,可以直接在抽象类中添加具体的实现,子类可以不进行变更;而对于接口则不行,如果接口进行了变更,则所有实现这个接口的类都必须进行相应的改动。

2. 接口的实现

接口在声明后,就可以在类中实现该接口。在类中实现接口可以使用关键字 implements,其基本格式如下。

```
[修饰符] class 类名 [extends 父类名] implements 接口名 1[,接口名 2...]
{
    ...         //类体
}
```

一个类实现接口时,需注意以下几点。

(1) 修饰符。可选参数,用于指定类的访问权限,可选值为 public、abstract 和 final。

(2) 类名。必选参数,用于指定类的名称,类名必须是合法的 Java 标识符。一般情况下,要求首字母大写,并做到"见名知义"。

(3) extends 父类名。可选参数,用于指定要声明的类继承于哪个父类。

(4) implements 接口名 1[,接口名 2...]。可选参数,用于指定该类实现的是哪些接口。当该类实现多个接口时,每个接口名之间使用逗号分隔。

(5) 在类中实现接口时,方法的名字、返回值类型、参数的个数及类型必须与接口中的完全一致;并且必须实现接口中的所有方法,除非该类为抽象类。

(6) 当一个类实现多个接口时,会出现常量或方法名冲突的情况,如果常量冲突,则需要通过"接口名.常量"来指明常量所属的接口;如果出现方法冲突时,则只要实现一个方法就可以了。

(7) 一个接口不能实现(implements)另一个接口,但它可以继承多个其他的接口。

(8) 不允许创建接口的实例,但允许定义接口类型的引用变量,该引用变量引用实现了这个接口的类的实例。

【例 3-16】 接口的继承和接口的实现。

程序代码如下。

```
1  interface CalInterface
2  {
3      final float PI=3.14159f;                  //用于表示圆周率的常量 PI
4      float getArea();                          //用于计算面积的方法
5      float getCircumference();                 //用于计算周长的方法
6  }
7  interface Print extends CalInterface          //接口的继承
8  {
9      void outPutArea(float s);                 //输出圆的面积
10     void outPutCircumference(float c);        //输出圆的周长
11 }
12 class Circle implements Print{                //接口的实现
13     private float r;
14     public Circle(float r)                    //构造方法
15     {
16         this.r=r;
17     }
18     public float getArea()                    //实现父接口中的方法
19     {
20         float area=PI * r * r;                //计算圆的面积
21         return area;                          //返回计算后的圆的面积
22     }
23     public float getCircumference()
24     {
25         float circumference=2 * PI * r;       //计算圆的周长
26         return circumference;                 //返回计算后的圆的周长
27     }
28     public void outPutArea(float s)
29     {
30         System.out.println("圆的面积为："+s);
31     }
32     public void outPutCircumference(float c)
33     {
34         System.out.println("圆的周长为："+c);
35     }
36 }
37 public class Example3_16 {                    //测试类入口
38     public static void main(String[] args) {
39         Circle c=new Circle(5.0f);
40         float a=c.getArea();
41         float s=c.getCircumference();
42         c.outPutArea(a);
43         c.outPutCircumference(s);
44     }
45 }
```

程序运行结果如下。

```
圆的面积为：78.53975
圆的周长为：31.415901
```

程序分析如下。

由于接口 CalInterface 继承类接口 Print，而类 Circle 又实现 Print 接口，可以看到，第 19～36 行代码分别实现父类接口 CalInterface 和 Print 中的抽象方法。由于 Circle 类不是抽象类，所以必须实现父接口中所有的方法。对于子类而言，父接口中不是所有的抽象方法都需要使用，而对于那些不需要的抽象方法可以给出一个空的方法体。

【例 3-17】 接口类型的动态绑定。

程序代码如下。

```
1  interface Shape                      //接口的声明
2  {
3      public static double PI=3.14159;
4      abstract double area();
5  }
6  class Ellipse implements Shape       //实现 Shape 接口
7  {
8      double a,b;
9      public Ellipse(double a,double b)
10     {
11         this.a=a;
12         this.b=b;
13     }
14     public double area()
15     {
16         return PI * a * b;
17     }
18 }
19 class Retangle implements Shape      //实现 Shape 接口
20 {
21     double width,height;
22     public Retangle(double width,double height)
23     {
24         this.width=width;
25         this.height=height;
26     }
27     public double area()
28     {
29         return width * height;
30     }
31 }
32 public class Example3_17 {
33     public static void main(String[] args) {
34         Shape s1=new Ellipse(3,7);
```

```
35          System.out.println("椭圆的面积为: "+s1.area());
36          Shape s2=new Retangle(5,8);
37          System.out.println("矩形的面积为: "+s2.area());
38      }
39  }
```

程序运行结果如下。

```
椭圆的面积为: 65.97339
矩形的面积为: 40.0
```

程序分析如下。

在 Java 语言中,接口可以当作一种数据类型来使用,任何实现接口的类的实例均可作为该接口的变量,并通过该变量访问类中实现接口中的方法。第 34 行和第 36 行代码中,即把 Ellipse 类和 Retangle 类的对象实例赋值给接口的变量 s1 和 s2,程序运行时,系统动态地确定应该调用哪个类中的方法。

3.5.2 常用的系统接口

Java 类库中有很多接口,下面介绍几个常用的系统接口。

1. java.io.DataInput 和 java.io.DataOutput 接口

DataInput 接口声明了大量按照数据类型读取数据的方法。下面列举几个方法声明。

```
public abstract char readChar();          //读取一个输入的 char 并返回该 char 值
public abstract Double readDouble();      //读取 8 个输入字节并返回一个 double 值
public abstract String raedLine();        //从输入流中读取下一文本行
public abstract int  readInt();           //读取 4 个输入字节并返回一个 int 值
```

与 DataInput 相对应,DataOutput 提供了大量的按照数据类型写数据的方法。读者可以参阅相关文档了解这两个接口的所有方法。

2. java.awt.event.ActionListener 接口

java.awt.event 包提供了处理由 AWT 组件所激发的各类事件的接口和类,其中凡是要处理 ActionEvent 事件的监听者都必须实现 ActionListener 接口,如单击按钮操作。该接口中声明的抽象方法如下。

```
public abstract void actionPerformed(ActionEvent e);
```

3. java.sql.Connection 接口

java.sql 包提供访问并处理存储在数据源(通常是一个关系数据库)中的数据的 API。其中 Connection 接口提供创建语句以及管理连接及其属性的方法。该接口中常用的几个方法如下。

```
//创建一个 Statement 对象来将 SQL 语句发送到数据库
public abstract java.sql.Statement createStatement();
```

```
//提交更改,并释放此 Connection 对象当前保存的所有数据库锁定
public abstract void commit();
//立即释放此 Connection 对象的数据库和 JDBC 资源,而不是等待它们被自动释放
public abstract void close();
```

3.6 多态

多态(Polymorphism)是指允许不同类的对象对同一消息做出响应。即同一消息可以根据发送对象的不同而采用多种不同的行为方式。表现为“同名方法,不同实现”。

3.6.1 多态的实现条件

封装、继承和多态是面向对象的三大特性。从某种角度来说,封装和继承几乎都是为多态服务的。多态存在的 3 个必要条件如下。

(1) 要有对父类的继承或对父接口的实现。

(2) 要有本类中方法的重载(Overload)或子类对父类方法的重写(Override)。

(3) “子类构建,父类调用”,即父类引用指向子类对象。

3.6.2 静态多态与动态多态

1. 静态多态

在 3.1.4 小节介绍了方法的重载,即直接在本类中声明多个拥有不同参数类型或参数个数的同名方法。在编译阶段,编译器根据参数的不同静态确定调用哪个重载方法。因此,方法的重载实现的多态也称为静态多态。

2. 动态多态

在 3.4.1 小节介绍了子类对父类的继承,子类可以继承父类的方法,也可以修改父类的方法,则子类中新方法将覆盖父类中原有的方法,这就是方法的重写(又称方法覆盖)。方法的覆盖要求满足三同原则,即同方法名、同返回类型、同参数表。程序运行时,根据对象所属的类决定调用哪个方法。因此,方法覆盖实现的多态也称为动态多态。

3.6.3 静态绑定与动态绑定

绑定指的是一个方法的调用与方法所在的类(方法主体)关联起来。对 Java 来说,绑定分为静态绑定(或前期绑定)和动态绑定(或后期绑定)。

1. 静态绑定

对于方法的重载,根据语句中给出的参数就可以确定程序执行时调用哪个方法,称为静态绑定。

2. 动态绑定

对于方法的覆盖,则需要在程序执行时才能决定调用哪个同名的方法,称为动态绑定。由于子类继承了父类所有的非私有属性,程序设计时,子类对象可以赋值给父类(或

称为超类)对象或作为方法传递给父类对象。

【例 3-18】 "子类构建,父类调用"举例。

程序代码如下。

```
1  class Parent{
2      public Parent(){}
3      public void method(){
4          System.out.println("父类方法,"+this.getClass()+"对象赋值给父类对象");
5      }
6  }
7  class Son1 extends Parent{
8      public void method(){              //重写父类的方法
9          System.out.println("子类方法,"+this.getClass()+"对象赋值给父类对象");
10     }
11 }
12 class Son2 extends Parent{
13     public void method(){              //重写父类的方法
14         System.out.println("子类方法,"+this.getClass()+"对象赋值给父类对象");
15     }
16 }
17 class Son3 extends Parent{
18 }
19 public class Example3_18 {
20     public static void main(String[] args) {
21         Parent p1=new Son1();          //子类 Son1 对象赋值给父类对象
22         p1.method();                   //父类对象调用子类 Son1 中的同名方法
23         Parent p2=new Son2();          //子类 Son2 对象赋值给父类对象
24         p2.method();                   //父类对象调用子类 Son2 中的同名方法
25         Parent p3=new Son3();          //子类 Son3 对象赋值给父类对象
26         p3.method();                   //父类对象调用自身的 method 方法
27     }
28 }
```

程序运行结果如下。

```
子类方法,class Son1 对象赋值给父类对象
子类方法,class Son2 对象赋值给父类对象
父类方法,class Son3 对象赋值给父类对象
```

程序分析如下。

Son1 类和 Son2 类是 Parent 类的子类,并重写了父类中的 method 方法,在第 21 行和第 23 行中,当把子类的对象赋值给父类对象后,在第 22 行和第 24 行中调用子类的方法;而 Son3 子类没有重写父类中的 method 方法,虽然在第 25 行把子类对象赋值给父类对象,但在第 26 行中,父类对象只能到父类本身中寻找相应的方法。

3.7 内部类

Java 中允许在类或接口的内部声明其他的类或接口。其中，被包含的类或接口称为内部类、内部接口，包含内部类、内部接口的类或接口的类称为外部类、外部接口。

3.7.1 内部类的声明和使用

声明内部类的格式和语法规则与普通类稍有区别，声明内部类的具体规则如下。

(1) 内部类直接在类的内部进行声明。即内部类可以是静态 static 的，也可以声明为 public、protected、默认或者 private 访问权限，这个访问权限约定和外部类完全一样（而外部顶级类即类名和文件名相同的只能使用 public 和 default）。

(2) 在内部类可以直接访问外部类成员，除非内部类和外部类成员的名字完全相同，在内部类方法中要访问外部类成员，则需要使用下面的方式来访问。

```
外部类名.this.外部成员名;
```

(3) 必须使用外部类对象来创建内部类对象。格式如下。

```
外部类名.内部类名  内部类对象名=外部对象名.new  内部类构造方法;
```

例如，要创建一个内部类 Inner 对象，语句如下。

```
Outer outer=new Outer();                  //创建外部类对象
Outer.Inner inner=outer.new Inner();  //使用外部类对象创建内部类对象
```

(4) 内部类是一个编辑程序时的概念，一旦编译成功，就会成为完全不同的两类。对于一个名为 Outer 的外部类和其内部定义的名为 Inner 的内部类，编译完成后出现 Outer.class 和 Outer$Inner.class 两类。所以内部类的成员变量或成员方法名可以和外部类的相同。

3.7.2 内部类的类型

根据内部类声明的位置和形式不同，Java 中内部类共有 4 种，分别介绍如下。

1. 成员内部类(Member Inner Class)

成员内部类，就是作为外部类的成员，可以直接使用外部类的所有成员和方法。同时外部类要访问内部类的所有成员变量或方法，则需要通过内部类的对象来获取。

【例 3-19】 成员内部类举例。

程序代码如下。

```
1  class Out {                                   //声明外部类
2      private int i=10;                         //内部类成员变量
3      Out(){
4          System.out.println("调用 Out 构造方法: Out"); }
5      public int getI(){
6          return i;  }
```

```
7       public void sayMsg() {
8           System.out.println("Out class!");
9       }
10      class In{                                   //声明内部类
11          int i=1000;                             //与外部类中同名的成员变量
12          In() {
13              System.out.println("调用 In 构造方法: In");
14          }
15          public int getI(){
16              return i;
17          }
18          void innerMsg() {
19              System.out.println(">>>>>In class!");
20              sayMsg();
21              this.i++;                           //使用自己的成员变量 i
22              Out.this.i++;                       //使用外部类中的成员变量 i
23          }
24      }
25      public void test() {                        //声明外部类的方法 test
26          In in=new In();
27          in.innerMsg();
28      }
29  }
30  public class Example3_18 {                      //测试类入口
31      public static void main(String[] args) {
32          Out outer=new Out();                    //创建外部类对象
33          outer.test();                           //调用外部类方法
34          Out.In iner=outer.new In();             //创建内部类对象
35          iner.innerMsg();
36          System.out.println("In 类成员变量 i="+iner.getI());
37          System.out.println("Out 类成员变量 i="+outer.getI());
38      }
39  }
```

程序运行结果如下。

```
调用 Out 构造方法: Out
调用 In 构造方法: In
>>>>>In class!
Out class!
调用 In 构造方法: In
>>>>>In class!
Out class!
In 类成员变量 i=1001
Out 类成员变量 i=12
```

2. 局部内部类(Local Inner Class)

局部内部类定义在外部类某个成员方法中,是内部类中最少用到的一种类型。局部内部类就像局部变量一样,不能被 public、protected、private 和 static 修饰,只能访问方法体中的 final 类型的局部变量。局部内部类在方法中定义，只能在方法体中生成局部内部类的实例并且调用其方法。

【例 3-20】 定义在方法内的局部内部类举例。

程序代码如下。

```
1  class OutLocal{                                    //声明外部类
2      int a=1;
3      public void doSomething()                      //声明外部类中的成员方法
4      {
5          int b=2;
6          final int c=3;
7          class InLocal {                            //声明一个局部内部类
8              public void test()
9              {
10                 System.out.println("调用局部内部类的方法---test");
11                 System.out.println("外部类成员变量 a="+a);
12                 System.out.println("方法体内局部常量 c="+c);
13                 //System.out.println("方法体内局部变量 b="+b);
14             }
15         }
16         new InLocal().test();                      //创建局部内部类的实例并调其用方法
17         System.out.println("在方法体使用局部成员变量 b="+b);
18     }
19 }
20 public class Example3_20 {
21     public static void main(String[] args) {
22         OutLocal outer=new OutLocal();   //创建外部类对象
23         outer.doSomething();             //调用外部类的方法
24     }
25 }
```

程序运行结果如下。

```
调用局部内部类的方法---test
外部类成员变量 a=1
方法体内局部常量 c=3
在方法体使用局部成员变量 b=2
```

程序分析如下。

如果去掉第 13 行代码的注释，则会出现图 3-7 所示的错误，原因是局部内部类不可以访问所在方法体中非 final 的局部变量。

3. 匿名内部类(Anonymous Inner Class)

匿名内部类就是没有名字的局部内部类，匿名内部类使用较多，通常是作为一个方法参数。由于匿名了没有名字，所以无法引用。必须在创建时，作为 new 语句的一部分来声明它。这就要采用另一种形式的 new 语句，声明匿名内部类的语句格式如下。

```
Exception in thread "main" java.lang.Error: Unresolved compilation problem:
        Cannot refer to a non-final variable b inside an inner class defined in a different method

        at OutLocal.doSomething(Example3_20.java:14)
        at Example3_20.main(Example3_20.java:24)
```

图 3-7 局部内部类访问所在方法体非 final 类型局部变量的错误

new 父接口名(){...}; 或 new 父类名(){...};

使用匿名类时，需注意以下几点。

(1) 匿名内部类不能定义任何静态成员、方法和类，也没有构造方法。

(2) 匿名内部类不能使用 public、protected、private 修饰符，也不能使用 class、extends、implements、static 关键字。

(3) 只能创建匿名内部类的一个实例。

(4) 一个匿名内部类一定是在 new 的后面，用其隐含实现一个接口或继承一个类。

(5) 因匿名内部类为局部内部类，所以局部内部类的所有限制都对其生效。

(6) 匿名内部类只能访问外部类的静态变量或静态方法。

【例 3-21】 匿名内部类实现接口举例。

程序代码如下。

```
1  interface Output                            //声明接口
2  {
3      void print();
4  }
5  public class Example3_21{
6      final int i=10;
7      Output out=new Output()                  //声明匿名内部类，并实现接口 Output
8      {
9          public void print()
10         {
11             System.out.println("匿名内部类实现接口，并重写接口中的方法");
12             System.out.println("匿名内部类继承父类的常量成员变量 i="+i);
13         }
14     };
15     public static void main(String args[])
16     {
17         Example3_21 c=new Example3_21();      //创建外部类对象
18         Output nonName=c.out;
19         nonName.print();
20     }
21 }
```

程序运行结果如下。

```
匿名内部类实现接口，并重写接口中的方法
匿名内部类继承父类的常量成员变量 i=10
```

程序还可以直接用返回值的形式来编写,程序代码如下。

```
1  interface Output                          //声明接口
2  {
3     void print();
4  }
5  public class Example3_21{
6     final int i=1;
7     public  Output NonInner()
8     {
9        return new Output()                 //声明匿名内部类
10       {
11          public void print()
12          {
13             System.out.println("匿名内部类实现接口,并重写接口中的方法");
14             System.out.println("匿名内部类继承父类的常量成员变量 i="+i);
15          }
16       };
17    }
18    public static void main(String args[])
19    {
20       Example3_211 c=  new Example3_211();
21       Output nonName=c.NonInner();
22       nonName.print();
23    }
24 }
```

4. 静态内部类(Static Inner Class)

静态内部类是最简单的内部类形式,声明类时加上 static 关键字。局部内部类不能和外部类有相同的名字,局部内部类被编译成一个完全独立的.class 文件,为"外部类名$内部类名.class"的形式。只可以访问外部类的静态成员和静态方法,包括了私有的静态成员和方法。创建静态内部类对象的格式如下。

```
外部类名.内部类名  内部类对象名=new 外部类名.内部类构造方法;
```

【例 3-22】 静态内部类举例。

程序代码如下。

```
1  class StaticOut {
2     private static int age=12;
3
4     static class StaticIn {
5        public void print() {
6           System.out.println("外部类的静态成员 age="+age);
7        }
8     }
```

```
9  }
10 public class Example3_22 {
11     public static void main(String[] args) {
12         StaticOut.StaticIn in=new StaticOut.StaticIn();
13         in.print();
14     }
15 }
```

程序运行结果如下。

```
外部类的静态成员 age=12
```

3.8 常用类

Java 常用的类和接口大多封装在特定的包里，每个包具有自己的功能。在程序设计中，合理和充分利用类库提供的类和接口，可以大大提高编程效率，使程序简练、易懂。下面介绍几个 Java 常用包的常用类。

3.8.1 java.lang 包中的基础类

java.lang 包是 Java 中自动导入的包，该包为 Java 核心包，包含利用 Java 语言编程的基础类。

1. String 类

它是对象，不是原始类型，一旦被创建，就不能修改它的值。对于已经存在的 String 对象的修改都是重新创建一个新的对象，然后把新的值保存进去。String 是 final 类，即不能被继承。

(1) String 类的构造方法。用于创建字符串。表 3-2 列出了 String 类的构造方法及其简要说明。

表 3-2 String 类的构造方法及其简要说明

构造方法	说明
String()	初始化一个新的 String 对象，使其包含一个空字符串
String(char[] value)	分配一个新的 String 对象，使它代表字符数组参数包含的字符序列
String(char[] value, int offset, int count)	分配一个新的 String 对象，使它包含来自字符数组参数中子数组的字符
String(String value)	初始化一个新的 String 对象，使其包含和参数字符串相同的字符序列
String(StringBuffer buffer)	初始化一个新的 String 对象，它包含字符串缓冲区参数中的字符序列

(2) String 类的成员方法。实现字符串的相关操作。表 3-3 列出了 String 类的常用方法。

表 3-3 String 类的常用方法

成员方法	说明
char charAt(int index)	获取给定的 Index 处的字符
int compareTo(String anotherString)	按照字典的方式比较两个字符串
String concat(String str)	将给定的字符串连接到这个字符串的末尾
boolean equals(Object anObject)	将这个 String 对象和另一个对象 String 进行比较
int indexOf(int char)	产生这个字符串中出现给定字符的第一个位置的索引
int indexOf(int ch,int fromIndex)	从给定的索引处开始,产生这个字符串中出现给定字符的第一个位置的索引
int indexOf(String str)	产生这个字符串中出现给定子字符的第一个位置的索引
int indexOf(String str,int fromIndex)	从给定的索引处开始,产生这个字符串中出现给定子字符的第一个位置的索引
int length()	产生这个字符串的长度
String replace (char oldChar, char newChar)	通过将这个字符串中的 oldChar 字符转换为 newChar 字符来创建一个新字符串
String substring(int strbegin)	产生一个新字符串,它是这个字符串的子字符串
String substring (int strbegin, int strend)	产生一个新字符串,它是这个字符串的子字符串,允许指定结尾处的索引
String toLowerCase()	将这个 String 对象中的所有字符变为小写
String toString()	返回这个对象(它已经是一个字符串)
String toUpperCase()	将这个 String 对象中的所有字符变为大写
String trim()	去掉字符串开头和结尾的空格
static String valueOf(int i)	该方法有很多重载方法,用来将基本数据类型转化为字符串

2. StringBuffer 类

缓冲字符串类 StringBuffer,它具有 String 类的很多功能。它们主要的区别是 StringBuffer 对象可以方便地在缓冲区内被修改,如增加、替换字符或子串。StringBuffer 对象可以根据需要自动增长存储空间,故特别适合于处理可变字符串。

1) StringBuffer 类构造方法

可以使用 StringBuffer 类的构造方法来创建 StringBuffer 对象。表 3-4 列出了 StringBuffer 类的构造方法及其简要说明。

表 3-4 StringBuffer 类的构造方法及其简要说明

构造方法	说明
StringBuffer()	构造一个空的缓冲字符串,其中没有字符,初始长度为 16 个字符的空间
StringBuffer(int length)	构造一个长度为 length 的空缓冲字符串
StringBuffer(String str)	构造一个缓冲字符串,其内容初始化为给定的字符串 str,再加上 16 个字符的空间

2）StringBuffer 的常用方法

StringBuffer 类中的方法主要对于字符串的修改操作，如追加、插入和删除等，这个也是 StringBuffer 和 String 类的主要区别。表 3-5 列出了 StringBuffer 类的常用方法及其简要说明。

表 3-5　StringBuffer 类的常用方法及其简要说明

常 用 方 法	说　　明
public StringBuffer append(boolean b)	追加内容到当前 StringBuffer 对象的末尾
public StringBuffer deleteCharAt(int index)	删除指定位置的字符，然后将剩余的内容形成新的字符串
public StringBuffer insert(int offset,boolean b)	在 StringBuffer 对象中插入内容形成新的字符串
public StringBuffer reverse()	将 StringBuffer 对象中的内容反转形成新的字符串
public void setCharAt(int index, char ch)	修改对象中索引值为 index 位置的字符为新的字符 ch
public void trimToSize()	将 StringBuffer 对象的长度减少到与字符串长度一样

3. System 类

System 类是一个公共最终类，不能被继承，也不能被实例化，即不能创建 System 类的对象。System 类中所有的属性和方法都是静态的，直接用类名引用。System 类的常用属性和方法及其说明如表 3-6 所示。

表 3-6　System 类的常用属性和方法及其说明

属性和方法	说　　明
public static final java. io. InputStream in	标准输入（属性）
public static final java. io. InputStream out	标准输出（属性）
public static final java. io. InputStream err	标准错误输出（属性）
public static long currentTineMillis()	返回从 1970 年 1 月 1 日午夜零时至当前系统时间的毫秒
public static long String getProperty(String key)	获取系统属性
public static void exit(int status)	主动使 JVM 退出运行
public static void gc()	垃圾回收方法
public static void arraycopy(Object src, int srcPos, Object dest,int destPos,int length)	快速复制数组，从指定源数组 src 的 srcPos 位置开始复制到目标数组 dest 的 destPos 位置，复制 length 个元素

4. Math 类

Math 类提供了用于几何学、三角学以及几种一般用途方法的浮点函数，来执行很多数学运算。表 3-7 列出了 Math 类的常用属性和成员方法及其说明。

表 3-7 Math 类的常用属性和成员方法及其说明

属性和成员方法	说明
static double E	自然对数 e
static double PI	圆周率 pi
public static double sin(double a)	返回 a 的正弦值(三角函数)
public static double cos(double a)	返回 a 的余弦值(三角函数)
public static double tan(double a)	返回 a 的正切值(三角函数)
public static double asin(double a)	返回 a 的反正弦值(三角函数)
public static double acos(double a)	返回 a 的反余弦值(三角函数)
public static double atan(double a)	返回 a 的反正切值(三角函数)
public static double exp(double a)	返回欧拉数 e 的 a 次幂
public static double log(double a)	返回自然对数(以 e 为底)
public static double pow (double y,double x)	返回以 y 为底数,以 x 为指数的幂
public static double sqrt(double a)	返回 a 的平方根
public static int abs(int a)	返回 a 的绝对值(有其他数据类型的重载方法)
public static int min(int a,int b)	返回 a 和 b 的最小值(有其他数据类型的重载方法)
public static float ceil(double a)	返回大于或等于 a 的最小整数
public static float floor(double a)	返回小于或等于 a 的最大整数
public static int abs(int a)	返回 a 的绝对值(有其他数据类型的重载方法)
public static int min(int a,int b)	返回 a 和 b 的最小值(有其他数据类型的重载方法)
public static int max(int a,int b)	返回 a 和 b 的最大值(有其他数据类型的重载方法)
public static double random()	返回一个伪随机数,其值介于 0～1 之间
public static double toRadians(doubleangle)	将角度转换为弧度
public static double toDegrees(doubleangle)	将弧度转换为角度

5. 数据类型类

Java 提供了与每一个基本数据类型相应的类,这些类在类中包装基本类型,所以它们通常被称为包装类(Wrapper Class)。使用包装类可以完成数据类型的转换和相应的操作,包装类和基本数据类型的对应关系如表 3-8 所示。

表 3-8 基本数据类型与其所对应的包装类

基本数据类型	包装类	基本数据类型	包装类
byte	Byte	int	Integer
boolean	Boolean	long	Long
short	Short	float	Float
char	Character	double	Double

由于 8 个包装类的使用比较类似,下面以最常用的 Integer 类为例介绍包装类的使用。在 Integer 类内部包含了一些和 int 数据类型操作有关的方法,表 3-9 列出了一些比

较常用的属性和方法。

表 3-9 Integer 类的常用属性和方法

属性和方法	说明
public static int final int MIN_VALUE=－2147483548	int 类型量的最小值(属性)
public static int final int MAX_VALUE=－2147483548	int 类型量的最大值(属性)
public Integer(int arg0)	构造方法,用指定的 int 类型的值创建一个 Integer 对象
public Integer(String arg0)	构造方法,用指定的 String 类型的值创建一个 Integer 对象
public int intValue()	以 int 类型返回该 Integer 对象的值
public long longValue()	以 long 类型返回该 Integer 对象的值
publicdouble doubleValue()	以 double 类型返回该 Integer 对象的值
public static Integer valueOf(int i)	返回一个表示指定的 int 值的 Integer 实例
public static int parseInt(String s)	该方法的作用是将数字字符串转换为 int 数值
public static String toString(int i)	将 int 类型转换为对应的 String 类型

3.8.2 java.util 包中的集合类

java.util 是 Java 语言中另一个使用广泛的包,它包括集合类、时间处理模式、日期时间工具等各种常用工具。集合类中存放的是对象,不同的集合类有不同的功能和特点。下面介绍几个常用的集合类。

1. Random 类

Random 类中实现的随机算法是伪随机,也就是有规则的随机。在进行随机运算时,随机算法的起源数字称为种子数(seed),在种子数的基础上进行一定的变换,从而产生需要的随机数字。相同种子数的 Random 对象,相同次数生成的随机数字是完全相同的。表 3-10 列出了 Random 类的常用方法及简单说明。

表 3-10 Random 类的常用方法及简单说明

方法	说明
public Random()	构造方法,使用一个和当前系统时间对应的相对时间有关的数字作为种子数,然后使用这个种子数构造 Random 对象
public Random(long seed)	构造方法,通过制定种子数 seed 进行创建,seed 只是随机算法的起源数字,和生成的随机数字的区间无关
public boolean nextBoolean()	生成一个随机的 boolean 值,生成 true 和 false 的值概率相等,都是 50%的概率
public double nextDouble()	生成一个随机的 double 值,数值在[0,1.0)之间
public int nextInt()	生成一个随机的 int 值
public int nextInt(int n)	生成一个随机的 int 值,该值在[0,n)的区间

2. Scanner 类

Scanner 类是一个简化文本扫描，可以从字符串、标准输入设备、文件和字节输入流中读取数据。表 3-11 列出了 Scanner 类的常用方法及简单说明。

表 3-11 Scanner 类的常用方法及简单说明

方 法	说 明
public Scanner(File source)	构造方法，从指定文件读取数据
public Scanner(InputStream source)	构造方法，从指定的输入设备、输入流读取数据
public Scanner(String source)	构造方法，从指定字符串读取数据
public int nextInt()	获取下一个输入项，并将输入项标记为一个 int 型整数
public double nextDouble()	获取下一个输入项，并将输入项标记为一个 double 型浮点数
public String next()	返回将空格、Tab 或 Enter 键之前的有效字符串，它不能得到带空格的字符串
public String nextLine()	返回 Enter 键之前的所有字符，它是可以得到带空格的字符串
public boolean hasNext()	判断是否还有下一个输入项
public void useDelimiter(String pattern)	设置不同的分隔符，以 pattern 字符串作为输入字符串的分隔符

3. Date 类和 Calendar 类

Java 中表示日期的类有 Date 和 Calendar 类，在 JDK 1.0 中，Date 类是唯一的一个代表时间的类，但是由于 Date 类不便于实现国际化，所以从 JDK 1.1 版本开始，推荐使用 Calendar 类进行时间和日期处理。Calendar 类是一个抽象类，不能直接使用 new 关键字实例化对象。表 3-12 列出了 Calendar 类的常用属性和方法及简单说明。

表 3-12 实例化 Calendar 类的常用属性和方法及简单说明

属性和方法	说 明
public static final int YEAR	年份(属性)
public static final int MONTH	月份(属性)
public static final int DATE	日期(属性)
public static final int DAY_OF_MONTH	日期，和上面的字段完全相同(属性)
public static final int HOUR	12 小时制的小时数(属性)
public static final int HOUR_OF_DAY	24 小时制的小时数(属性)
public static final int MINUTE	分钟(属性)
public static final int SECOND	秒(属性)
public static final int DAY_OF_WEEK	一周的第几天，周日为第一天(属性)
public static Calendar getInstance()	创建 Calendar 类的对象
public final void set(int field)	设置 Calendar 类中的信息，参数 field 代表需要设置的字段的值
public int get(int field)	返回 Calendar 类中的信息，field 参数和 set 方法相同

4. Vector类

Vector类实现了可动态扩充的对象数组。类似数组,它包含的元素可通过数组下标来访问。但是,在Vector创建之后,Vector可根据增加和删除元素的需要来扩大或缩小。Vector类提供了3个属性、4个构造方法和多种成员方法,表3-13列出了Vector类一些比较常用的属性和方法及简单说明。

表3-13 Vector类的常用属性和方法及简单说明

属性和方法	说明
protected int capacityIncrement	当向量的大小超过容量时,向量容量的增长量(属性)
protected int elementCount	这个Vector对象中的组件数(属性)
Protected Objected[] elementData	存储向量的组件的数组缓冲区
public Vector()	构造一个空向量
public Vector(int initialCapacity)	构造一个包含给定集合中的元素的向量
public Vector(int initialCapacity, int capacityIncrement)	构造一个具有给定的初始容量和容量增量的空向量
public void addElement(Object obj);	在向量的最后增加一个元素
public void insetElementAt(Object obj,int index)	在向量的指定位置插入一个元素
public void removeAllElement()	删除向量中的所有对象
public void removeElement(Object ob);	从向量中删除第一次出现的指定对象
public final int indexOf(Object obj)	从向量头开始搜索obj,返回所遇到的第一个obj对应的下标,若不存在此obj,返回-1
public final synchronized int indexOf(Object obj,int index)	从index所表示的下标处开始搜索obj
public void removeElementAt(int index)	删除向量中一个指定位置上的对象
public final Object firstElement()	返回这个向量的第一个对象
public final Object lastElement()	返回这个向量的最后一个对象
public final Object ElementAt(int index)	返回这个向量中指定位置的对象
public Boolean contains(Object elem)	如果这个对象在对象中,则返回true
public Boolean isEmpty()	测试向量是否为空
public int capacity()	返回这个向量的当前容量
public int size()	返回这个向量的对象个数

5. Hashtable类

数组按顺序存储元素,因此元素的下标可非常方便地获得该元素。但反过来则比较困难,通常需要顺序查找。一般认为,从元素查找元素所对应的存储位置最快方式是采用Hashtable(哈希表)。Hashtable类的实例对象的元素主要由关键字与值两部分组成。表3-14列出了Hashtable类中的常用方法及简单说明。

表 3-14 Hashtable 类的常用方法及简单说明

方法	说明
public Hashtable()	构造一个空的哈希表对象
public Hashtable(int initialcapacity)	构造一个初始容量为 initialcapacity 空哈希表对象
public Hashtable(int initialCapacity,float loadFactor)	构造一个初始容量为 initialcapacity,装载因子为 loadFactor(0.0～0.1 之间的 float 型的浮点数。它是一个百分比,表明了哈希表何时需要扩充)的空哈希表对象
Object get(Object key)	返回包含与 key 相关联的值的对象
Object put(Object key, Object value)	将关键字和值插入散列表中
Object remove(Object key) boolean	删除 key 及其相应的值,返回与 key 相关联的值
public synchronized boolean contains(Object value)	判断 value 是否是哈希表中的一个元素
public synchronized void clear()	清除哈希表
conrainsKey(Object key)	用来检查形参对象是否是一个散列表的键
size()	返回表中元素的个数
isEmpty()	判断表中是否包含有元素

3.9 面向对象编程案例——学生成绩管理系统

1. 案例的任务目标

(1) 理解面向对象编程的思想;掌握类的声明、对象的创建和类成员的访问方法。

(2) 掌握常量成员、数组成员和对象成员的使用方法。

(3) 掌握读写器和普通成员方法的定义方法。

2. 案例的任务分解

与 2.5.3 小节的“学生成绩管理系统”的功能相似,但是采用的是面向对象的编程方法来实现“学生信息的管理”,整个项目包括 3 个类,即学生类、管理类和测试类,从而实现对学生的基本信息和课程信息的录入、显示、查询和排序等功能。

(1) Student 类(学生类):学生信息成员变量的声明和读写器的声明。

(2) Admin 类(管理类):包括各类成员方法,实现对学生各项信息的录入、显示和排序等功能。

(3) AdminStudent 类(测试类):实现创建 Student 类和 Admin 类的对象的创建,从而调用类中的成员方法,实现学生成绩管理的功能。

3. 案例的创建过程

1) 创建项目

运行 Eclipse,依次执行 File→New→Java Project 菜单命令,在弹出的 New Java Project 对话框中输入 Project Name 为 StudentAdmin,单击 Finish 按钮。

2）创建 Student 类

依次执行 File→New→Class 菜单命令，在弹出的 New Java Class 对话框中输入 Name 为 Student，单击 Finish 按钮。

【例 3-23】 Student 类（学生类）的声明。

程序代码如下。

```
1  public class Student {                                    //学生类
2      private int num;                                      //学号
3      private String name;                                  //姓名
4      private int age;                                      //年龄
5      final String[]course={"数学","语文","英语"};          //科目名称常量数组
6      private int score[]=new int[3];                       //成绩数组
7      private int avg;                                      //平均成绩
8      private int sum;                                      //总成绩
9      public int getNum() {                                 //返回学号
10         return num;
11     }
12     public void setNum(int num) {                         //设置学号
13         this.num=num;
14     }
15     public String getName() {                             //返回姓名
16         return name;
17     }
18     public void setName(String name) {                    //设置姓名
19         this.name=name;
20     }
21     public int getAge() {                                 //返回年龄
22         return age;
23     }
24     public void setAge(int age) {                         //设置年龄
25         this.age=age;
26     }
27     public int getScore(int i) {                          //返回指定科目的成绩
28         return score[i];
29     }
30     public void setScore(int[] score) {                   //设置各门课的成绩
31         this.score=score;
32     }
33     public String getCourse(int i) {                      //返回指定科目的名称
34         return course[i];
35     }
36     public int getAvg() {                                 //返回平均分
37         return avg;
38     }
39     public void setAvg() {                                //设置平均分
40         for(int i=0;i<score.length;i++)
41             this.avg+=score[i];
42         this.avg/=3;
```

```
43     }
44     public int getSum() {                              //返回总分
45         return sum;
46     }
47     public void setSum() {                             //设置总分
48         for(int i=0;i<score.length;i++)
49             this.sum+=score[i];
50     }
51     public String toString()                           //重写 toString方法
52     {
53         String msg="\t"+this.num+"\t"+this.name+"\t"+this.age+"\t";
54         for(int i=0;i<score.length;i++)
55             msg=msg+score[i]+"\t";
56         msg=msg+this.avg+"\t"+this.sum+"\t";
57         return msg;
58     }
59 }
```

程序分析如下。

Student 类主要是学生属性的声明和读写器的声明。对于 getScore、setAvg 和 SetSum 读写器由系统自动生成，之后进行修改。因为 Student 类是没有主方法的类，所有不能运行，只能被别的类调用。

3）创建 Admin 类

执行 File→New→Class 菜单命令，在弹出的 New Java Class 对话框中输入 Name 为 Admin，单击 Finish 按钮。

【例 3-24】 Admin 类(学生管理类)的声明。

程序代码如下。

```
1  import java.util.*;
2  public class Admin {//用来管理学生的类
3      static int i;//静态变量 i,用来保存每次录入学生的学号,自动生成
4      static String msg; //显示学生信息的表头字符串
5          public String createMsg()
6      {//--------------------创建各学生信息表格表头字符串-----------
7          String str="";
8          str="\t 学号\t 姓名\t 年龄\t";
9          Student s=new Student();
10         for(int j=0;j<s.course.length;j++)
11             str=str+s.getCourse(j)+"\t";
12         str=str+"平均成绩\t 总成绩";
13         msg=str;
14         return msg;
15     }
16     public void create(String name,int age,Student[] arr)
17     {//--------------------根据学生的姓名和年龄创建学生-------
18         Student stu=new Student();
19         stu.setName(name);
```

```
20          stu.setAge(age);
21          i=this.setIndex(arr);//给每个学生添加自动编号
22          if(i==99999) {
23              System.out.println("所有的学生都已经添加完了,不能再添加了!");
24              return;
25          }
26          stu.setNum(i);
27          arr[i]=stu;
28      }
29      public void print(Student[] arr)
30      {//--------------------输出所有的学生的各项信息-----------
31          System.out.println(this.createMsg());
32          for(int i=0;i<arr.length;i++)
33
34          {
35              if(arr[i]!=null)
36                  System.out.println(arr[i]);
37          }
38      }
39      public int setIndex(Student[] arr)
40      {//--------------------返回 Student类对象数组里元素为空的下标----
41          for(int j=0;j<arr.length;j++)
42          {
43              if(arr[j]==null)
44                  return j;
45          }
46          return 99999;
47      }
48          public void search(int number,Student[] arr)
49      {//---------------------按照编号查询-----------------
50          for(int i=0;i<arr.length;i++)
51          {
52              if(this.exist(number,arr[i])==true)
53              {
54                  System.out.println(arr[i]);
55                  return;
56              }
57          }
58          System.out.println("----没有这个学生!查找失败!-----");
59      }
60      public boolean exist(int number,Student stu)
61      {     //---------------------判断要查找的学生是否存在-------------
62          if(stu!=null)
63          {
64              if(stu.getNum()==number){ return true;}
65              else
66              {return false;}
67          }
68          return false;
```

```
69    }
70    public void update(int number,String name,int age,Student []stuArr)
71    {//-------------------根据编号更新学生的姓名和编号----------
72        for(int i=0;i<stuArr.length;i++)
73        {
74            if(this.exist(number, stuArr[i])==true)
75            {
76                stuArr[i].setName(name);
77                stuArr[i].setAge(age);
78                System.out.println("----更新学生信息成功!-----");
79                return;
80            }
81        }
82        System.out.println("----没有这个学生!更新失败!-----");
83    }
84    public void delete(int number,Student[] arr)
85    {//-------------------根据编号删除一个学生--------------
86        for(int i=0;i<arr.length;i++)
87        {
88            if(this.exist(number, arr[i])==true)
89            {
90                arr[i]=null;
91                this.print(arr);
92                return;
93            }
94        }
95        System.out.println("----没有这个学生!删除失败!-----");
96    }
97    public void input(int number,Student[]arr)
98    {//-----------------根据指定的编号录入学生的各门课成绩---------
99        int grade[]=new int[3];
100       for(int i=0;i<arr.length;i++)
101       {
102           if(this.exist(number, arr[i])==true)
103           {
104               Scanner in=new Scanner(System.in);
105               for(int j=0;j<arr[i].course.length;j++)
106               {
107                   System.out.println("请输入姓名为: "+arr[i].getName()+"
                      的"+arr[i].getCourse(j)+"成绩");
108                   grade[j]=in.nextInt();
109               }
110               arr[i].setScore(grade);
111               arr[i].setAvg();
112               arr[i].setSum();
113               this.print(arr);
114               return;
115           }
116       }
```

```
117         System.out.println("----没有这个学生!录入成绩失败!-----");
118 }
119 public void sort(int coursenum,Student[] arr)
120 {    //------------------根据指定的课程分数进行排序------------
121     for(int i=0;i<arr.length;i++)
122         for(int j=i+1;j<arr.length;j++)
123             if(arr[i]!=null)
124 
125 if(arr[i].getScore(coursenum)<arr[j].getScore(coursenum))
126                 {
127                     Student t=arr[i];
128                     arr[i]=arr[j];
129                     arr[j]=t;
130                 }
131     this.print(arr);
132 }
133 public void sorttotal(Student[] arr)
134 {//----------------------根据总分进行排序-----------------
135     for(int i=0;i<arr.length;i++)
136         for(int j=i+1;j<arr.length;j++)
137             if(arr[i]!=null)
138                 if(arr[i].getSum()<arr[j].getSum())
139                 {
140                     Student t=arr[i];
141                     arr[i]=arr[j];
142                     arr[j]=t;
143                 }
144     this.print(arr);
145 }
146 }
```

程序分析如下。

Admin 类主要实现对 Student 对象的信息录入、查询、删除和排序功能。

4）创建 StudentAdmin 类

执行 File→New→Class 菜单命令，在弹出的 New Java Class 对话框中输入 Name 为 StudentAdmin，并选中 public static void main(String[]args)复选框，单击 Finish 按钮。

【例 3-25】 测试类入口，实现学生的管理。

程序代码如下。

```
1 import java.util.*;
2 public class StudentAdmin{
3     public static void main(String[] args) {//测试类入口
4         Scanner in=new Scanner(System.in);
5         System.out.println("----请定义学生的人数----");
6         int num=in.nextInt();
7         Student[] stuArr=new Student[num];
8         while(true)
9         {
```

```
10          Admin adminStu=new Admin();
11          System.out.println("10: 添加一个学生----");
12          System.out.println("11: 查找一个学生----");
13          System.out.println("12: 根据学生的编号更新学生的基本信息----");
14          System.out.println("13: 根据学生编号删除学生----");
15          System.out.println("14: 根据编号输入学生各门成绩----");
16          System.out.println("15: 根据某门成绩进行排序----");
17          System.out.println("16: 根据总分进行排序----");
18          System.out.println("99: 退出系统----");
19          int select=in.nextInt();
20          if(select==10)
21          {
22              System.out.println("请输入学生姓名");
23              String name=in.next();
24              System.out.println("请输入学生年龄");
25              int  age=in.nextInt();
26              adminStu.create(name, age, stuArr);
27              adminStu.print(stuArr);
28          }
29          else
30              if(select==11)
31              {
32                  System.out.println("执行查找学生基本信息的操作");
33                  System.out.println("请输入学生的编号进行查找");
34                  int number=in.nextInt();
35                  adminStu.search(number,stuArr);
36              }
37              else if(select==12)
38              {
39                  System.out.println("执行更新学生基本信息的操作");
40                  System.out.println("请输入学生的编号");
41                  int number=in.nextInt();
42                  System.out.println("请输入学生的姓名: ");
43                  String name=in.next();
44                  System.out.println("请输入学生的年龄: ");
45                  int age=in.nextInt();
46                  adminStu.update(number,name,age,stuArr);
47              }
48              else if(select==13)
49              {
50                  System.out.println("执行删除学生的操作");
51                  System.out.println("请输入要删除学生的编号");
52                  int number=in.nextInt();
53                  adminStu.delete(number,stuArr);
54              }
55              else if(select==14)
56              {
57                  System.out.println("执行根据编号输入学生各门成绩");
58                  System.out.println("请输入要录入各科成绩的学生编号");
```

```
59                  int number=in.nextInt();
60                  adminStu.input(number,stuArr);
61              }
62              else if(select==15)
63              {
64                  System.out.println("执行根据某门课的成绩排序");
65                  System.out.println("请输入要排序的课程名称: 0:数学 1:语文
                    2:英语");
66                  int coursenum=in.nextInt();
67                  adminStu.sort(coursenum,stuArr);
68              }
69              else if(select==16)
70              {
71                  System.out.println("执行根据总分排序");
72                  adminStu.sorttotal(stuArr);
73              }
74          }
75      }
76  }
```

课后上机训练题目

声明 Employee 类(员工类)、Admin 类(员工管理类)和 EmployeeAdmin 类(测试类),实现以下功能。

(1) Employee 类实现员工基本信息(员工编号、员工姓名、职称、部门名称和工资)声明和相应读写器的声明。

(2) Admin 类包括对员工信息录入、显示、查询、排序和删除等功能的成员方法。

(3) EmployeeAdmin 类提供功能选择菜单,并根据功能调用 Admin 类中相应方法。

第4章 异常处理

任务目标

(1) 了解异常和异常处理的概念。

(2) 掌握Java中异常的分类。

(3) 掌握throw关键字作用及使用方法及异常的传递方法。

(4) 掌握Java的异常处理方式。

(5) 掌握自定义异常类的方法。

4.1 异常的概述

异常(Exception)本质上是程序上的错误,包括程序逻辑错误和系统错误,如使用空的引用、数组下标越界、内存溢出错误等,这些都是意外的情况,背离程序本身的意图。在编写程序的过程中会经常发生错误,包括编译期间和运行期间的错误,在编译期间出现的错误有编译器帮助我们一起修正,然而运行期间的错误便不是编译器力所能及了,并且运行期间的错误往往是难以预料的。假若程序在运行期间出现了错误,如果置之不理,程序便会终止或直接导致系统崩溃,显然这不是希望看到的结果。因此,如何对运行期间出现的错误进行处理和补救呢?Java提供了异常机制来进行处理,通过异常机制来处理程序运行期间出现的错误。通过异常机制,可以更好地提升程序的健壮性。

在程序设计过程中,进行异常处理是非常关键和重要的一部分。一个程序的异常处理框架的好坏直接影响到整个项目的代码质量以及后期维护成本和难度。试想一下,如果一个项目从头到尾没有考虑过异常处理,当程序出错时从哪里寻找出错的根源呢?但是如果一个项目异常处理设计过多,又会严重影响到代码质量以及程序的性能。因此,如何高效简洁地设计异常处理对于一个程序来说是至关重要的。

4.2 异常类——Throwable

异常是一个事件,它发生在程序运行期间,干扰了正常的指令流程。Java 通过 API 中 Throwable 类的众多子类描述各种不同的异常。因而,Java 异常都是对象,是 Throwable 子类的实例,描述了出现在一段编码中的错误条件,当条件生成时,错误将引发异常。图 4-1 描述了 Java 异常类的层次关系。

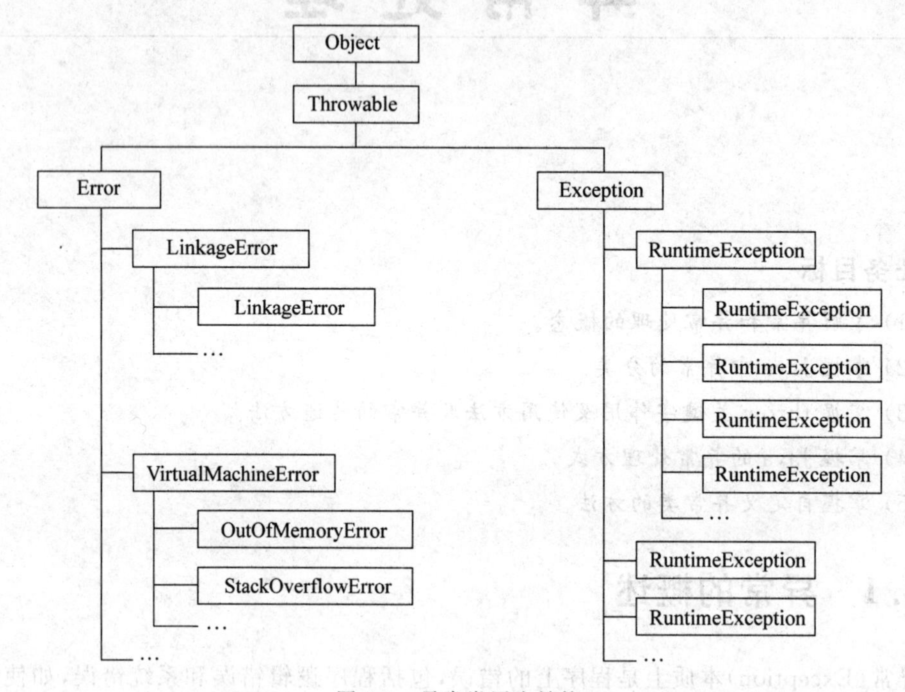

图 4-1 异常类层次结构

Thorwable 类是所有异常和错误的父类,它有两个子类,即 Error 和 Exception,分别表示错误和异常。Error 类包括动态链接失败、虚拟机错误等,这种类型的异常一般不为 Java 程序捕捉和抛出,用户也不需要处理这类异常,而是由 Java 虚拟机(JVM)选择线程终止。Exception 类是可以被捕捉和抛出的异常类,分为运行时异常和非运行时异常类。程序中应当尽可能去处理这些异常。运行时异常都是 RuntimeException 类及其子类异常,如 NullPointerException、IndexOutOfBoundsException 等,这些异常是不检查异常,程序中可以选择捕获处理,也可以不处理,这些异常一般是由程序逻辑错误引起的,程序应该从逻辑角度尽可能避免这类异常的发生;非运行时异常是 RuntimeException 以外的异常,是必须进行处理的异常,如果不处理,程序就不能编译通过,如 IOException、SQLException 等以及用户自定义的 Exception 异常。

4.2.1 Exception 类及其子类

java.lang.Exception 类及其子类中声明了程序中大多数可以处理的异常。本小节主要介绍 Exception 类的两类异常,即运行时异常和非运行时异常。

1. 运行时异常类及其子类

运行时异常类(RuntimeException)包括错误的类型转换、数组越界访问和试图访问空指针等。该类不需要在程序中捕获,而是交给系统去解决,或者程序员可以通过检查数组下标和数组边界等避免该类异常。RuntimeException 类的子类见表 4-1。

表 4-1 RuntimeException 类的子类

RuntimeException 类的子类	异常类型
NullPointerException	空指针引用异常
EmptyStackException	空栈异常
ClassCastException	类型强制转换异常
IllegalArgumentException	传递非法参数异常
ArithmeticException	算术运算异常
ArrayStoreException	向数组中存放与声明类型不兼容对象异常
ArrayIndexOutOfBoundsException	数组下标越界异常
IndexOutOfBoundsException	下标超出范围异常
NegativeArraySizeException	创建一个大小为负数的数组错误异常
NumberFormatException	数字格式异常
SecurityException	安全异常
UnsupportedOperationException	不支持的操作异常
SecurityException	安全异常

2. 运行时异常及其子类

非运行时异常,Java 程序编译时编译器发现的各种异常,这类异常需要用 try-catch 语句捕获和处理;否则无法通过编译检查。相应的异常类如表 4-2 所示。

表 4-2 非运行时异常类

非运行时异常	异常类型	非运行时异常	异常类型
IOException	输入输出异常	InterruptedException	中断异常
FileNotFoundExcetion	文件找不到异常	InterruptedIOException	中断输入输出异常
ClassNotFoundException	类找不到异常	IllegalAccessExeption	非法访问异常
InstantiationException	实例异常	CloneNotSupportedException	复制不支持异常

4.2.2 Error 类及其子类

Error 类及其子类表示运行时错误,通常是由 Java 虚拟机抛出的,JDK 中定义了一些错误类,如 VirtualMachineError、AnnotationFormatError、LinkageError 及 ThreadDeath 等,这些错误是程序本身无法修复的,一般不去扩展 Error 类来创建用户自定义的错误类。Error 类错误和 RuntimeException 类异常的相同之处是:Java 编译器都不去检查它们,当程序运行时它们出现,都会终止运行。此处仅介绍它的两个子类,即

VirtualMachineError 类及其子类和 LinkageError 类及其子类。

1. VirtualMachineError 类的子类

VirtualMachineError(虚拟机)类的子类定义的是系统在 JVM 崩溃或继续操作所需的资源用尽时,抛出该错误。表 4-3 列出了 VirtualMachineError 类的子类。

表 4-3 VirtualMachineError 类的子类

VirtualMachineError 类的子类	错误类型	VirtualMachineError 类的子类	错误类型
InternalError	内部错误	StackOverflowError	堆栈溢出错误
OutOfMemoryError	内存溢出错误	UnknownError	未知错误

2. LinkageError 类的子类

LinkageError(结合错误)类指示一个类在一定程度上依赖于另一个类,但在编译前一个类之后,后一个类发生了不兼容的各种错误。表 4-4 列出了 LinkageError 类的子类。

表 4-4 LinkageError 类的子类

LinkageError 类的子类	错误类型	LinkageError 类的子类	错误类型
ClassCircularityError	类循环错误	ClassFormatError	类格式错误
ExceptionInInitializerError	静态初始化错误	IncompatibleClassChangeError	不兼容类更改错误
NoClassDefFoundError	无法找到定义类错误	UnsatisfiedLinkError	找不到 native 的方法
VerifyError	校验错误		

4.3 Java 异常处理机制

Java 应用程序中,异常处理机制为抛出异常和捕捉异常。Java 异常处理涉及 5 个关键字,分别是 try、catch、finally、throw、throws,分别介绍如下。能够捕捉异常的方法,需要提供相符类型的异常处理器。所捕捉的异常,可能是由于自身语句所引发并抛出的异常,也可能是由某个调用的方法或者 Java 运行时系统等抛出的异常。也就是说,一个方法所能捕捉的异常,一定是 Java 代码在某处所抛出的异常。简单地说,异常总是先被抛出,后被捕捉的。

4.3.1 捕捉异常

1. try-catch-finally 语句格式

在方法抛出异常之后,运行时系统从发生异常的方法开始,依次回查调用栈中的方法,直至找到含有合适异常处理器(异常处理器所能处理的异常类型与方法抛出的异常类型相符,即为合适的异常处理器)的方法并执行。当运行时系统遍历调用栈而未找到合适的异常处理器,则运行时系统终止,意味着 Java 程序的终止。Java 系统通过 try-catch-finally 语句捕获异常。该语句的语法格式如下。

```
try {
    //可能会发生异常的程序代码
} catch (异常类型 1 异常对象 1){
    //捕获并处置 try 抛出的异常类型 1
}
catch (异常类型 2 异常对象 2){
     //捕获并处置 try 抛出的异常类型 2
} [finally {
    //无论是否发生异常,都将执行的语句块
}
```

2. try-catch-finally 语句说明

(1) 关键词 try 后的一对大括号将一块可能发生异常的代码包起来,称为监控区域。运行程序时,若监控区域内没有出现异常,则依次按语句流程执行,后面的 catch 语句不被执行;但监控区域内代码出现异常时,Java 运行时系统立刻终止监控区域内其余代码,并创建异常对象,将异常抛出监控区域之外。

(2) 当 try 语句块中抛出异常后,由 Java 运行时系统试图寻找匹配的 catch 子句以捕获异常。若有匹配的 catch 子句,则运行其异常处理代码,try-catch 语句结束。匹配的原则是:如果抛出的异常对象属于 catch 子句的异常类,或者属于该异常类的子类,则认为生成的异常对象与 catch 块捕获的异常类型相匹配。一旦某个 catch 捕获到匹配的异常类型,将进入异常处理代码。一经处理结束,就意味着整个 try-catch 语句结束。对于有多个 catch 子句的异常程序而言,应该尽量将捕获底层异常类的 catch 子句放在前面,同时尽量将捕获相对高层的异常类的 catch 子句放在后面;否则,捕获底层异常类的 catch 子句将可能会被屏蔽。

(3) finally 块为可选项。若程序中有 finally 块,无论是否捕获或处理异常,finally 块里的语句都会被执行。当在 try 块或 catch 块中遇到 return 语句时,finally 语句块将在方法返回之前被执行。

3. try-catch-finally 规则

(1) 必须在 try 之后添加 catch 或 finally 块。try 块后可同时接 catch 和 finally 块,但至少有一个块。

(2) 必须遵循块顺序:若代码同时使用 catch 和 finally 块,则必须将 catch 块放在 try 块之后。

(3) catch 块与相应的异常类的类型相关。

(4) 一个 try 块可能有多个 catch 块。若如此,则执行第一个匹配块。即 Java 虚拟机会把实际抛出的异常对象依次和各个 catch 代码块声明的异常类型匹配,如果异常对象为某个异常类型或其子类的实例,就执行这个 catch 代码块,不会再执行其他的 catch 代码块。

(5) 可嵌套 try-catch-finally 结构。

(6) 在 try-catch-finally 结构中,可重新抛出异常。

(7) 除了下列情况,总是执行 finally 作为结束:JVM 过早终止(调用 System. exit

(int))；在 finally 块中抛出一个未处理的异常；计算机断电、失火或遭遇病毒攻击。

4. try-catch-finally 语句块的执行顺序

(1) 当 try 没有捕获到异常时：try 语句块中的语句逐一被执行，程序将跳过 catch 语句块，执行 finally 语句块及其后的语句。

(2) 当 try 捕获到异常，catch 语句块里没有处理此异常的情况：当 try 语句块里的某条语句出现异常时，而没有处理此异常的 catch 语句块时，此异常将会抛给 JVM 处理，finally 语句块里的语句还是会被执行，但 finally 语句块后的语句不会被执行。

(3) 当 try 捕获到异常，catch 语句块里有处理此异常的情况：在 try 语句块中是按照顺序来执行的，当执行到某一条语句出现异常时，程序将跳到 catch 语句块，并与 catch 语句块逐一匹配，找到与之对应的处理程序，其他的 catch 语句块将不会被执行，而 try 语句块中，出现异常之后的语句也不会被执行，catch 语句块执行完后，执行 finally 语句块里的语句，最后执行 finally 语句块后的语句。

4.3.2 抛出异常

在 Java 程序中，创建一个异常对象并把它送到运行系统的过程就是抛出异常。通常，Java 中的异常都是由系统抽取出来的，但是程序员自己编写的代码、来自 Java 开发环境包中代码或者 Java 运行时系统，都可以通过 Java 的 throw 语句抛出异常，但是从方法中抛出的任何异常都必须使用 throws 子句。

1. throw 语句

throw 语句总是出现在方法体中，用来抛出一个 Throwable 类型的异常。程序会在 throw 语句后立即终止，它后面的语句执行不到，然后在包含它的所有 try 块中(可能在上层调用方法中)从里向外寻找含有与其匹配的 catch 子句的 try 块。该语句的语法格式如下。

```
throw new 异常类名(提示信息);
```

2. throws 子句

如果一个方法可能会出现异常，但没有能力处理这种异常，可以在方法声明处用 throws 子句来声明抛出异常。throws 子句的语法格式如下。

```
[方法修饰符] 返回类型 方法名(参数表) throws 异常类型表
{
    方法体;
}
```

当方法抛出异常列表的异常时，方法将不对这些类型及其子类类型的异常进行处理，而抛向调用该方法的调用者去处理。将异常抛给调用者后，如果调用者不想处理该异常，可以继续向上抛出，但最终要有能够处理该异常的调用者。

4.3.3 异常处理举例

【例 4-1】 捕捉 throw 语句抛出的“除数为 0”异常。

程序代码如下。

```
1  public class Example4_1 {
2      public static void main(String[] args) {
3          int dividend=6;
4          int divisor=0;
5          try {       //try 监控区域，通过 throw 语句抛出异常
6              if(divisor==0) throw new ArithmeticException();
7              System.out.println("a/b 的值是: "+dividend /divisor);
8          }
9          catch (ArithmeticException e) {     //catch 捕捉异常
10             System.out.println("程序出现异常,除数 divisor 不能为 0。");
11         }
12             System.out.println("程序正常结束。");
13     }
14 }
```

程序运行结果如下。

```
程序出现异常,除数 divisor 不能为 0。
程序正常结束。
```

程序分析如下。

在 try 监控区域第 6 行代码中，通过 if 语句进行判断，当“除数为 0”的错误条件成立时引发 ArithmeticException 异常，创建 ArithmeticException 异常对象，并由 throw 语句将异常抛给 Java 运行时系统，由系统寻找匹配的异常处理器 catch，并运行相应异常处理代码，且 try 监视区域的第 6 行后的代码没有执行。

【例 4-2】 运行时系统自动抛出并捕捉“除数为 0 异常或数组下标越界异常”。

程序代码如下。

```
1  public class Example4_2 {
2      public static void main(String[] args) {
3          int[] arr=new int[3];
4          try {
5              for (int i=0; i<=arr.length; i++) {
6                  arr[i]=i;
7                  System.out.println("arr["+i+"]="+arr[i]);
8                  System.out.println("arr["+i+"]%"+(2-i)+"="+arr[i]%(i-2));
9              }
10         } catch (ArrayIndexOutOfBoundsException e) {
11             System.out.println("arr 数组下标越界异常。");
12         } catch (ArithmeticException e) {
13            System.out.println("除数为 0 异常。");
14         }
15         System.out.println("程序正常结束。");
16     }
```

```
17 }
```

程序运行结果如下。

```
arr[0]=0
arr[0]%2=0
arr[1]=1
arr[1]%1=0
arr[2]=2
除数为 0 异常。
程序正常结束。
```

程序分析如下。

程序可能会出现除数为 0 异常，也可能出现数组下标越界异常。程序运行过程中 ArithmeticException 异常类型是先行匹配的，因此执行相匹配的 catch 语句。如果把第 8 行代码加注释，则程序的运行结果如下。

```
arr[0]=0
arr[1]=1
arr[2]=2
arr 数组下标越界异常。
程序正常结束。
```

【例 4-3】 throws 子句举例，声明方法时抛出异常。

程序代码如下。

```
1  public class Example4_3 {
2      static void popException() throws NegativeArraySizeException {
3          //定义方法并抛出"创建数组时长度为负数"的异常
4          int[] arr=new int[-3];                   //创建数组
5      }
6      public static void main(String[] args) {        //主方法
7          try {                                        //try 语句处理异常信息
8              popException();                          //调用 pop()方法
9          } catch (NegativeArraySizeException e) {     //输出异常信息
10             System.out.println("popException()方法抛出的异常");
11             System.out.println(e.toString());
12         }
13     }
14 }
```

程序运行结果如图 4-2 所示。

```
Console
<terminated> Example4_3 [Java Application] C:\Users\Administrator\MyEclipse 6.0\jre\bin\javaw.ex
popException()方法抛出的异常:
java.lang.NegativeArraySizeException
```

图 4-2 Example4_3 的运行结果

程序分析如下。

popException 方法没有处理 NegativeArraySizeException 异常,而是由主方法 main 来处理。

4.4 用户自定义的异常类

虽然 Java 类库已经提供很多可以直接处理异常的类,但有时为了更加精准地捕获和处理异常以呈现更好的用户体验,需要开发者自定义异常。用户自定义异常类需要从已有的异常类继承,即所有自定义的异常都必须直接或间接地继承 Exception 类。在进行程序开发的过程中,自定义异常类遵循以下 4 个步骤。

(1) 首先创建自定义异常类,语法格式如下。

```
class 自定义异常类名 extends Exception
{
    异常类体
}
```

(2) 在方法中通过关键字 throw 抛出异常对象。

(3) 若是在当前抛出异常的方法中处理异常,可以用 try-catch 语句捕获并处理;若不是,则在方法的声明处通过关键字 throws 指明要抛出给方法调用的异常。

(4) 在出现异常方法的调用中捕获并处理异常。

接下来,通过一个简单的程序来说明自定义异常和使用自定义异常。

【例 4-4】 创建用户自定义异常类,对除数为 0 时的异常进行处理。

程序代码如下。

```
1  class NumeratorIsZeroException extends Exception   //声明用户自定义异常类
2  {
3       public NumeratorIsZeroException(String msg)
4       {
5           super(msg);
6       }
7  }
8  class Number
9  {
10    public int divition(int iNum1,int iNum2)throws NumeratorIsZeroException
11    {
12        if(iNum2==0)
13        {
14            throw new NumeratorIsZeroException("除数分子不能为 0!");
15        }
16        return (iNum1/iNum2);
17    }
18  }
19  public class Example4_4 {
20    public static void main(String[] args) {
```

```
21          Number num=new Number();
22          try
23          {
24              System.out.println("商: "+num.divition(12,0));
25          }
26          catch(NumeratorIsZeroException e)
27          {
28              System.out.println(e.getMessage());
29              e.printStackTrace();
30          }
31      }
32  }
```

程序运行结果如图 4-3 所示。

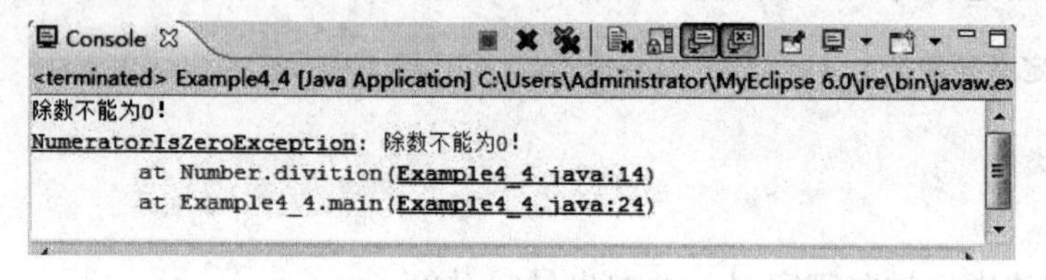

图 4-3　Example4_4 的运行结果

程序分析如下。

(1) 从上述例题代码可以看出,用户可以自定义异常类,用来标识可能抛出的异常,并捕获和处理异常。

(2) 第 28 行代码中的 getMessage(): 输出异常的详细消息字符串。

(3) 第 29 行代码中的 printStackTrace(): 在控制台打印出异常类名、错误信息和出错位置等。

(4) 设计和利用好自定义异常,使得异常的处理更灵活和精准。

课后上机训练题目

编写程序,输入学生的学号、姓名和年龄,自定义异常类,当输入学生的年龄不在 10～30 岁之间时抛出异常,程序将捕获这个异常,并做出相应的处理。

第5章

Java Applet程序

任务目标

(1) 了解 Application 应用程序与 Applet 程序的区别。

(2) 掌握 Applet 程序的生命周期。

(3) 掌握 HTML 中的 Applet 标记、Applet 小程序和网页的结合和如何编写 Applet 小程序。

(4) 掌握 Applet 小程序的执行过程。

5.1 Applet 的运行原理

5.1.1 Applet 概述

1. Applet 和 Application 的区别

Java 程序有两种,即 Application 应用程序和 Applet 程序。前面学习的程序都属于 Application 应用程序。Applet 与 Application 的区别见表 5-1。

表 5-1 Applet 与 Application 的区别

Applet	Application
Applet 基本上是为部署在 Web 上而设计的	应用程序是为作为独立程序工作而设计的
Applet 是通过扩展 java. applet. Applet 类创建的	应用程序则不受这种限制
Applet 通过 appletviewer 或在支持 Java 的浏览器上运行	应用程序使用 Java 解释器运行
Applet 的执行从 init()方法开始	应用程序的执行从 main()方法开始
Applet 必须至少包含一个 public 类,否则编译器就会报告一个错误。在该类中没有 main()方法	对于应用程序,public 类中必须包括 main(),否则无法运行

2. Applet 的安全机制

由于小应用程序是通过网络传递的,从 Web 上下载的 Java Applet 是在称为沙箱

(sandbox)的安全环境中运行。浏览器禁止 Applet 执行下列操作。

(1) 在运行时调用其他程序。

(2) 文件读、写操作。

(3) 装载动态链接库和调用任何本地方法。

(4) 试图打开一个 socket 进行网络通信,但是所连接的主机并不提供 Applet 的主机。

5.1.2 Applet 类的层次

Applet 类位于 java.applet 包,它继承自 java.awt.Panel 类,继承的层次关系如图 5-1 所示。Panel 类用于图形用户界面设计,作为子类的 Applet 类也可以看作一种容器,可以在 Applet 上添加组件,方便用户在 Web 页面中实施信息交互。由于 Applet 类是个可以运行的类,只要编写一个符合上述格式的 Applet 子类,编译成字节码文件后嵌入到 HTML 文件中,就可以在浏览器中执行了。

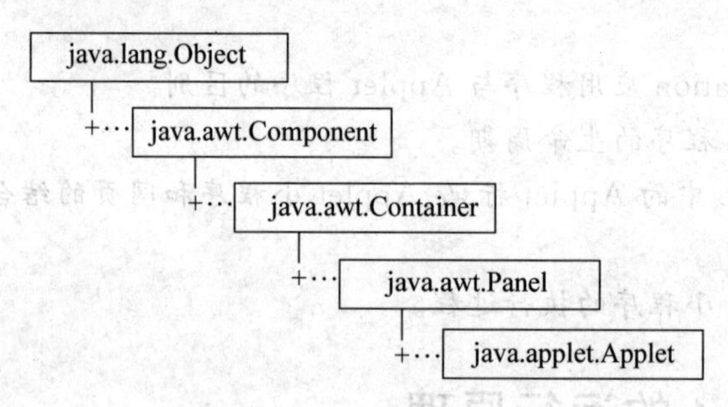

图 5-1 Applet 类的层次关系

5.1.3 Applet 的生命周期

一个 Applet 的执行过程称为这个 Applet 的生命周期。Applet 的生命周期中有 4 个状态,即初始态、运行态、停止态和消亡态。对应生命周期的 4 个状态分别有以下方法:init()、start()、stop()和 destroy(),图 5-2 说明了这 4 种状态的切换流程。下面对这些方法做详细说明。

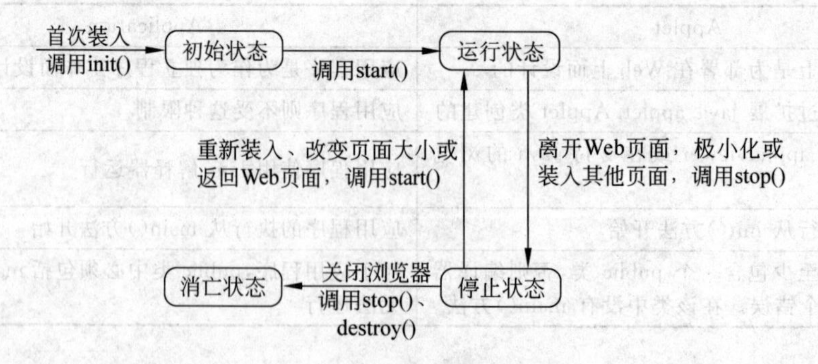

图 5-2 Applet 的生命周期

1. init()方法

init()方法主要是为 Applet 的正常运行做一些初始化工作。当打开或刷新浏览器窗口时，Applet 对象被创建，系统首先调用 init()方法。通常可以在该方法中完成从网页向 Applet 传递参数、加载图像或图片和添加用户界面的基本组件等操作。

2. start()方法

系统在调用完 init()方法之后，将自动调用 start()方法。而且，每当用户离开包含该 Applet 的主页后又再返回时，系统又会再执行一遍 start()方法。这就意味着 start()方法可以被多次执行，而不像 init()方法。因此，可把只希望执行一遍的代码放在 init()方法中。可以在 start()方法中开始一个线程，如继续一个动画、声音等。

3. stop()方法

在用户离开 Applet 所在页面时调用 stop()方法，比如，用户切换 Web 页面从而隐藏一个 Applet，因此，stop()方法也是可以被多次执行的。如果 Applet 中包含线程，或包含动画、声音等程序时，需要多次调用 start()方法和 stop()方法，进行启动线程、播放音频或动画的操作和停止线程、播放音频或动画的操作控制。如果 Applet 中不包含动画、声音等程序，通常也不必实现该方法。

4. destroy()方法

与对象的 finalize()方法不同，Java 在浏览器关闭的时候才调用 destroy()方法。Applet 是嵌在 HTML 文件中的，所以 destroy()方法不关心何时 Applet 被关闭，它在浏览器关闭的时候自动执行。在 destroy()方法中一般可以要求收回占用的非内存独立资源。如果在 Applet 仍在运行时浏览器被关闭，系统将先执行 stop()方法，再执行 destroy()方法。

5.1.4 Applet 图形的显示和刷新

Applet 中图形的显示和刷新由 3 个方法完成，即 paint()、repaint()、update()，它们都是从 java.awt.Component 类继承而来的，表 5-2 给出了这 3 个方法的语法格式和使用说明。使用浏览器刷新 Applet 中要被显示的内容时，通常调用 paint()方法。该方法需要一个 java.awt.Graphics 类的实例作为它的参数，用以在 Applet 的相应区域绘图和显示文本。Applet 图形的显示和刷新由一个独立线程控制，称为 AWT 线程。在出现以下两种情况时，AWT 线程会做出处理。

(1) 在初次显示 Applet，或者调整显示区的大小(如最大化或最小化等)时，AWT 会自动调用 paint()方法；如果 Applet 部分显示内容被其他窗口覆盖，那么其他窗口移开或关闭时，曾被覆盖部分必须重画，此时 AWT 线程也会自动调用 paint()方法。

(2) 程序更新显示内容，可以使用 repaint()方法通知系统要更新显示的内容，此时 AWT 线程会自动调用 update()方法清空当前画面，然后调用 paint()方法绘制新的内容，以实现显示的更新。

表 5-2 Applet 图形的显示和刷新方法

方法的语法格式	方法的使用说明
public void paint(Graphics g)	paint()方法不是 java.applet.Applet 类定义的，而是继承自 java.awt.Container 类。该方法的作用是绘制 Applet 界面，当浏览器窗口放大、缩小或是被别的窗口遮挡又重新显示时，画面都需要重画，都要调用这个方法。该方法的调用时机是 init()→start()→paint()。Graphics 类的对象 g 不是由 new 产生的，而是由系统生成的。进行绘图的具体操作，必须由程序员重写
public void repaint()	repaint()方法反复用于重绘图形，当 Applet 程序对图形做了某些修改后，需通过调用 repaint()方法将变化后的图形显示出来，而 repaint()方法则会自动调用 update()方法，然后再调用 paint()方法将图形重绘
public void update(Graphics g)	update()方法用于更新 Applet 容器，刷新图形。需要先清除背景，再设置前景，再调用 paint()方法绘制图形

5.1.5 Applet 的创建和执行

编写 Applet 时必须注意下列问题。

（1）在 Applet 原程序文件中的开始，必须包含一些包，即有以下语句。

```
import java.applet.*;
```

或

```
import java.applet.Applet;
```

（2）必须有一个类声明为 public，而且文件名必须与类名保持一致，该类必须继承自 java.applet.Applet，完整的声明如下。

```
public class MyFirstApplet extends Applet
```

【例 5-1】 设计一个简单的 Applet 程序。

程序代码如下。

```
1  import java.applet.*;
2  import java.awt.Graphics;
3  import java.awt.Color;
4  public class Example5_1 extends Applet{
5      public String s;
6      public void init()
7      {
8          s=new String("这是两个圆形！");
9      }
10     public void paint(Graphics g)
11     {
12         g.drawString(s, 10, 20);            //绘出字符串
13         g.setColor(Color.blue);             //设置绘图颜色为蓝色
```

```
14         g.fillOval(20,30,60,60);           //绘出图形并填满蓝色
15         g.setColor(Color.red);             //设置绘图颜色为红色
16         g.fillOval(100,30,100,100);        //绘出图形并填充红色
17     }
18 }
```

经过编译，由该源程序产生出字节码文件 Example5_1. class，再用记事本编辑以下的 HTML 文件 Hello5_1. html。

```
<HTML>
      <APPLET CODE=" Example5_1.class" WIDTH=280 HEIGHT=110>
      </APPLET>
</HTML>
```

程序运行结果如下。

在 DOS 环境下，进入保存上述文件的工作目录后，输入 Appletviewer Hello5_1. html 命令，程序运行结果如图 5-3 所示。

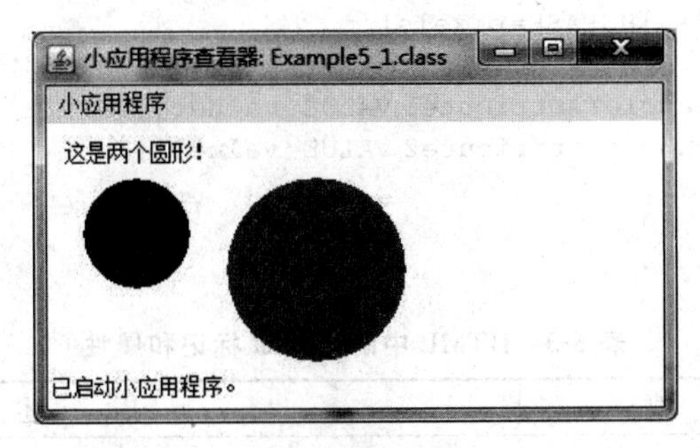

图 5-3 Hello5_1. html 运行结果(使用工具 appletviewer)

在 Windows 环境下，打开文件夹找到 Hello5_1. html 后，双击文件名也能执行出该结果，但两种方法显示界面略有不同。这种使用 IE 浏览器运行小程序的方式被普遍采用。

程序分析如下。

第 2 行代码中使用 import 语句导入类 Graphics，才能使用 paint(Graphics g)方法，第 3 行代码中使用 import 语句导入类 Color，才能使用 setColor(Color c)方法；第 4 行代码中类 Example5_1 继承 Applet，也就继承了该类的属性和方法，包括 paint 方法；第 6～9 行代码是在小程序加载时完成初始化，并对变量赋初值；第 12 行代码的功能是在窗口中显示字符串“这是两个圆形!”，其位置是距离窗口左上角水平向右 10 像素，垂直向下 20 像素。

在网页文件 Hello5_1. html 中，CODE="Example5_1. class"语句是告知浏览器需要运行的 Java Applet 的字节码文件是 Example5_1. class 文件。代码 WIDTH=280 和 HEIGHT=110 是定制了窗口显示区域的宽度和高度。

如果使用 Eclipse 环境运行 Java Applet，可直接单击工具栏中的按钮运行，或者依次执行 Run→Run as→1 Java Applet(Alt+Shift+X,A)菜单命令。

5.2 HTML中的Applet标记和属性

想要在DOS环境或浏览器中执行Java Applet，必须将其字节码文件嵌入到HTML文件，因此一般在HTML中定义如何调用Applet，全部使用信息都定义在HTML文件中的一组特殊标记＜APPLET＞和＜/APPLET＞之间。HTML文件中嵌入Java Applet的语法格式如下，标记中的属性说明见表5-3。

```
<HTML>
  <APPLET
    CODE="AppletFile.class"
    WIDTH=pixels HEIGHT=pixels
    [CODEBASE=codebaseURL]
    [ALT=altrnateText]
    [NAME=appletInstanceName]
    [ALIGN=alignment]
    [VSPASE=pixels][HSPASE=pixels]
    >
    [<PARAM NAME=appletAttribute1 VALUE=value1>]
    [<PARAM NAME=appletAttribute2 VALUE=value2>]
    ⋮
  </APPLET>
</HTML>
```

表5-3 HTML中的Applet标记和属性

属性	值	描述
CODE	appletFile.class	该属性是必选属性。提供了HTML文件中待嵌入的Applet字节码文件名，文件名也可以指定包名，即采用package.appletFile.Class的格式，但不能在此属性中指定文件路径。浏览器默认的情况下到HTML文件所在的服务器目录中查找该Applet文件，如果改变Applet文件默认的URL，则要使用codebase指定文件路径
WIDTH	pixels	该属性是必选属性。定义applet的宽度(以像素为单位)
HEIGHT	pixels	该属性是必选属性。定义applet的高度(以像素为单位)
CODEBASE	codebaseURL	该属性是可选属性。如果Applet文件与HTML文件不在同一个目录下，用此参数指定Applet文件的URL；否则不指定此路径，将默认为与HTML文件同目录
ALT	text	该属性是可选属性。指定了当前浏览器能读取Applet标记但不能执行Java Applet时要显示的替换文本
NAME	unique_name	该属性是可选属性。为Applet指定一个符号名称，可以在相同网页的不同Applet之间传递参数
ALIGN	left、right、top、middle、baseline、texttop、absmiddle、absbottom	该属性是可选属性。指定Applet相对于周围元素的对齐方式

续表

属 性	值	描 述
VSPACE	pixels	该属性是可选属性。定义围绕 Applet 的垂直间隔
HSPACE	pixels	该属性是可选属性。定义围绕 Applet 的水平间隔
PARAM NAME=appletAttribute	VALUE=value	该属性是 Applet 指定参数。在 Applet 中可通过 getParameter()方法得到相应参数。这一系列属性(appletAttribute)的使用方法都相同

5.3 Java Applet 程序案例——简单图形展示

【例 5-2】 设计一个读取 Applet 参数的图形展示小程序。

程序代码如下。

```
1  import java.applet.*;
2  import java.awt.*;
3  import java.util.*;
4  public class Example5_21 extends Applet{
5      String date,str1,str2,str3,str4,str5,str6;
6      public void init(){
7          str1=getParameter("attribute1");
8          str2=getParameter("attribute2");
9          str3=getParameter("attribute3");
10         str4=getParameter("attribute4");
11         str5=getParameter("attribute5");
12         str6=getParameter("attribute6");
13     }
14     public void paint(Graphics g) {
15         g.drawString(str1, 20, 20);
16         g.drawString(str2, 150, 20);
17         g.drawString(str3, 300, 20);
18         g.drawString(str4, 20, 130);
19         g.drawString(str5, 150, 130);
20         g.drawString(str6, 300, 130);
21         g.setColor(Color.blue);                          //绘制蓝色的矩形
22         g.fill3DRect(20, 50, 100, 50, true);
23         g.setColor(Color.green);                         //绘制绿色的圆角矩形
24         g.fillRoundRect(150, 50, 100, 50, 10, 10);
25         int[] xPoints=new int[]{300,350,400};            //所有点的 x 坐标
26         int nPoints=3;                                   //多边形的顶点数
27         int[] yPoints=new int[]{100,50,100};             //所有点的 y 坐标
28         g.setColor(Color.orange);
29         g.fillPolygon(xPoints, yPoints, nPoints);        //绘制橙色的三角形
30         g.setColor(Color.black);
31         g.drawLine(10, 140,430, 140);
32         g.setColor(Color.red);                           //绘制红色的圆形
33         g.fillOval(20, 150, 100, 100);
34         g.setColor(Color.gray);                          //绘制灰色的椭圆形
35         g.fillOval(150, 150, 100, 50);
```

```
36        date="今天的系统时间为: "+new Date().toString();    //绘制灰色的椭圆形
37        g.setColor(Color.black);                           //绘制黑色的弧线
38        g.drawArc(300, 150, 50, 100, 90, 270);
39        g.drawString(date, 20, 300);                       //绘制字符串
40    }
41 }
```

再用记事本编辑以下的 HTML 文件 MyApplet5_2. html。

```
<html>
  <body>
    <applet code=Example5_2.class width="500" height="320">
      <param name=attribute1 value="蓝色的矩形">
      <param name=attribute2 value="绿色的圆角矩形">
      <param name=attribute3 value="橙色的三角形">
      <param name=attribute4 value="红色的圆形">
      <param name=attribute5 value="灰色的椭圆形">
      <param name=attribute6 value="黑色的弧线">
    </applet>
  </body>
</html>
```

程序运行结果如下。

在 DOS 环境下，进入保存上述文件的工作目录后，输入图 5-4 所示的命令，程序运行结果如图 5-5 所示。

图 5-4 运行小程序输入的命令行

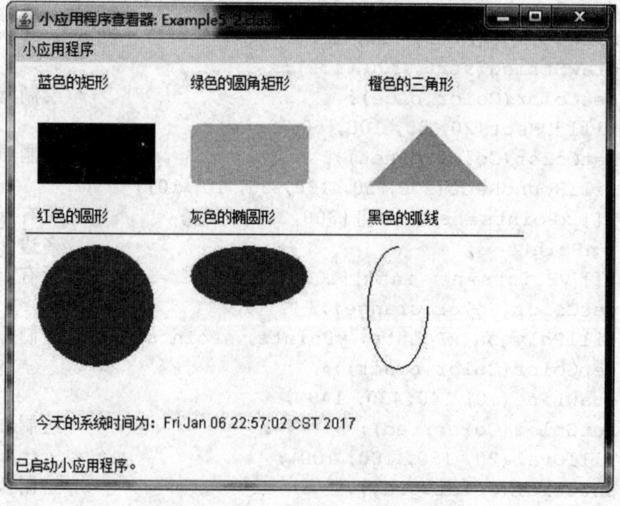

图 5-5 Example5_2 的运行结果

课后上机训练题目

(1) 编写 Applet,显示字符串,字符串及其显示位置通过 HTML 文件中的 PARAM 阐述来传达。

(2) 编写 Applet,在屏幕上绘制 30 条水平直线并且平行,所有的直线在可视范围内。

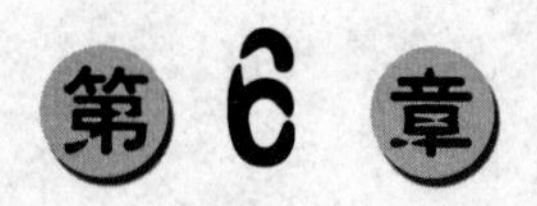

第6章 图形化用户界面编程

任务目标

(1) 了解图形用户界面的概念和特点以及 AWT 和 Swing 的关系。

(2) 掌握 AWT 和 Swing 常用组件。

(3) 掌握 Java 图形用户界面的设计方法和步骤。

(4) 掌握 Java 的事件处理机制。

(5) 掌握窗口菜单的设计。

图形用户界面(Graphical User Interface,GUI)提供了一种更加直观、友好的与用户进行交互的方式。利用 Java 语言进行图形用户界面操作主要由 java. awt 和 javax. swing 两个包中的类库来完成。其中,AWT 包是图形用户界面处理的基本工具包,Swing 包在 AWT 包的基础上进行了升级、扩展,具有更加强大的图形界面开发功能。本章在了解 AWT 包功能的基础上,重点讲解 Swing 的功能。

6.1 AWT 和 Swing

抽象窗口工具包(Abstract Window Toolkit,AWT)是 Java 用于编写图形界面应用程序的工具包,包括建立 GUI 的各种组件与事件处理机制,AWT 可以用在 Java 语言所开发的 Applet 和应用程序中。

Swing 是为了解决 AWT 存在的问题而新开发的工具包,它是以 AWT 为基础,具有更多丰富的组件。从 API 的使用来说,Swing 和 AWT 是兼容的。

使用 Java 语言开发图形用户界面,无论采用 AWT 还是 Swing 技术,都需要导入相应的类库才能完成程序的设计。在程序设计过程中用到很多图形用户界面的组成元素,如标签、按钮、文本框等。基本的 Java 程序的 GUI 设计工具主要包括 3 个概念,即组件(Component)、容器(Container)和布局管理器(LayoutManager)。组件是以图形化的方式显示在屏幕上,和用户进行交互的对象;容器是专门用来容纳组件的,组件不能独立显示，只有将组件放在容器里才能正常显示；布局管理器是将组件合理有序地排列和分布在容器中。

6.1.1 AWT 概述

AWT 出现于 Java 1.0 中，是 Java 初期所内置的一种面向窗口应用的库，是 Java 语言基础类库(Java Foundation Classes，JFC)的核心。AWT 设计目标是构建一个通用的 GUI，使得利用它编写的程序能够运行在所有的平台上，以实现 Sun 公司提出的口号“一次编写，随处运行”。用 java.awt 包的类创建的用户界面在不同的操作平台上有不同的表现，使用不灵活。java.awt 主要由组件类(Component)、事件类(Event)、布局类(FlowLayout)、菜单类(MenuComponet)等组成。AWT 的具体层次结构如图 6-1 所示。

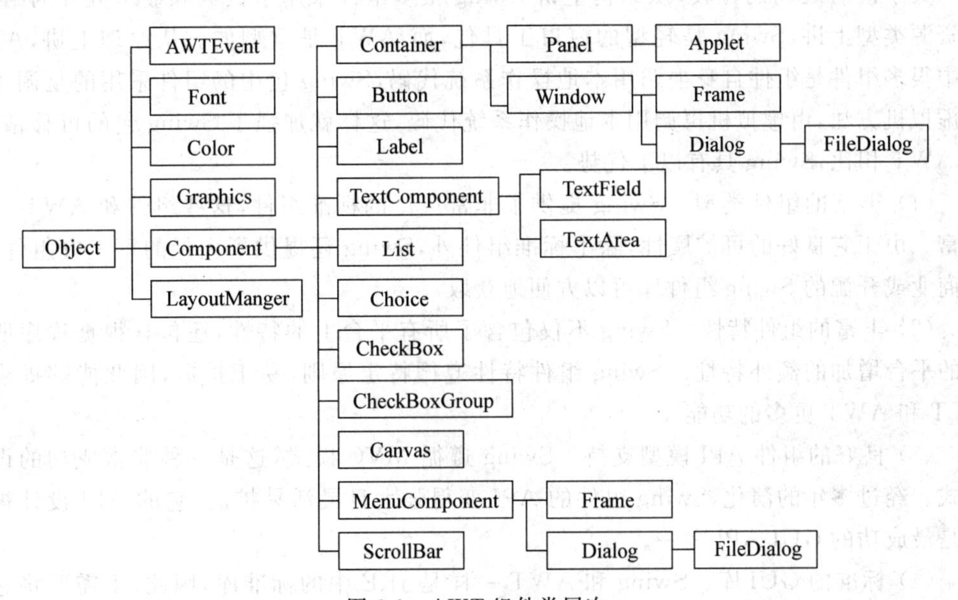

图 6-1 AWT 组件类层次

当利用 AWT 来构建图形用户界面的时候，实际上是在利用本地操作系统所提供的图形库，由此引出一个概念——对等模式(对等体、对等组件)，把它称为 peers。AWT 类库中的各种操作被定义成在一个抽象窗口中进行，抽象窗口使得界面的设计能够独立于界面的实现，使利用 AWT 开发的 GUI 能够适用于所有的平台系统，满足 Java 程序的可移植性要求。由于不同操作系统的图形库所提供的功能是不一样的，AWT 组件创建的图形界面在不同操作系统中会有不同的外观，而且在操作系统存在的功能在另一个操作系统中可能不存在。由于 AWT 是依靠本地方法来实现其功能的，通常把 AWT 组件称为重量级组件。

6.1.2 Swing 概述

Swing 和 AWT 都是 Java 语言中实现图形用户界面的类库，两者都是 JFC 的重要组成部分。Swing 是在 AWT 的基础上构建的一套新的图形界面系统，它提供了 AWT 所能提供的所有功能，并且用纯粹的 Java 代码对 AWT 的功能进行了扩展，它是 Java2 版本中的一个标准包，组件都以 J 开头，如 JFrame、JButton 等。Swing 界面在不同操作系统中外观完全一样，真正做到平台独立。由于在 Swing 中没有使用本地方法来实现图形功能，通常把 Swing 控件称为轻量级控件。

Swing 有一套独立于操作系统的图形界面类库，而 AWT 采用了与特定平台相关的实现，Swing 围绕着 JComponent 的新组件构建，而 JComponent 则由 AWT 的容器类扩展而来。

6.1.3 AWT 与 Swing 的关系

关于两者之间的比较，从结构上讲 Swing 很多组件采用了数据和显示分开的结构；从资源类型上讲，Swing 是轻型的窗口工具包，而 AWT 是重型的。从原理上讲，AWT 包中很多组件是组件自身去调用本地操作系统代码，Swing 包中的组件采用的是调用本地虚拟机方法，由虚拟机再调用本地操作系统代码，这样就加强了 Swing 包的可移植性。与 AWT 相比，Swing 具有以下优势。

(1) 丰富的组件类型。Swing 提供了非常广泛的标准组件，这些组件和 AWT 一样丰富。由于它良好的可扩展性，除了标准组件外，Swing 还提供了大量的第三方组件，许多商业或开源的 Swing 组件库可以方便地获取。

(2) 丰富的组件特性。Swing 不仅包含了所有平台上的特性，还包含根据程序所运行的平台增加的额外特性。Swing 组件特性遵循特定原则，易于扩展，因此能够提供较 SWT 和 AWT 更多的功能。

(3) 良好的组件 API 模型支持。Swing 遵循 MVC 模式，这是一种非常成功的设计模式。经过多年的演化，Swing 组件的 API 变得强大且灵活易扩展，它的 API 设计被认为是最成功的 GUI API 之一。

(4) 标准的 GUI 库。Swing 和 AWT 一样是 JRE 中的标准库，因此，不需要将它们随应用程序一起分发，它们是平台无关的，所以不用担心平台兼容性。

(5) 成熟稳定。Swing 已经经历了多年的锤炼，在 Java 5 之后它变得越来越成熟稳定。由于它完全是由 Java 实现的，因此不会有 SWT 的兼容性问题。Swing 在每个平台上都有相同的性能，不会有明显的性能差异。

虽然 Swing 与 AWT 相比具有很大优势，但并不表明 Swing 可以取代 AWT，相反 Swing 依赖于 AWT。对于学习 Java 语言应遵循以下几点原则。

(1) AWT 是基础，应该在掌握 AWT 的常用组件的基础上学习 Swing 中标准的组件和容器。通常，在 AWT 组件前加“J”即表示 Swing 组件，但是 Swing 也有一些新增的特殊组件，如树(JTree)和表格(JTable)等。

(2) Swing 使用与 AWT 相同的事件模型。处理 Swing 中的事件，除了 java.awt.event 包外，还要用到 javax.swing.event 包。

(3) 尽量不要把 Swing 组件和 AWT 组件混用。因为 Swing 组件可能会被 AWT 组件遮挡。

6.1.4 Swing 组件

组件(JComponent)是构成图形用户界面的基本要素，通过对不同事件的响应来完成和用户的交互或组件之间的交互。Swing 中的组件使用纯 Java 语言编写而成，并且不依赖于本地操作系统的 GUI，可以跨平台运行。Swing 除了拥有与 AWT 类似的按钮(JButton)、标签(JLabel)、复选框(JCheckBox)、菜单(JMenu)等基本组件外，还增加了可以容纳其他组件的容器组件，如 JApplet、面板和窗口等。

1. Swing 组件的分类

Swing 的组件从功能上分可分为表 6-1 所列的 5 类。

表 6-1 Swing 的组件和容器的分类

<table>
<tr><th colspan="2">组件类别</th><th>组件名称</th><th>描述</th></tr>
<tr><td colspan="2" rowspan="3">顶层容器组件</td><td>JFrame</td><td>框架主要用来设计应用程序的图像界面</td></tr>
<tr><td>JApplet</td><td>小应用程序主要用来设计嵌入网页中运行的 Java 程序</td></tr>
<tr><td>JDialog</td><td>对话框通常用来设计具有依赖关系的窗口</td></tr>
<tr><td rowspan="8">中间容器组件</td><td rowspan="5">普通容器组件</td><td>JPanel</td><td>面板通常只有背景颜色的普通容器</td></tr>
<tr><td>JScrollPane</td><td>滚动窗格具有滚动条</td></tr>
<tr><td>JToolbar</td><td>工具条通常将多个组件排成一排或者一列</td></tr>
<tr><td>JSplitPane</td><td>分裂窗格用来装两个组件的容器</td></tr>
<tr><td>JTabbedPane</td><td>选项卡窗格允许多个组件共享相同的界面空间</td></tr>
<tr><td rowspan="3">专用容器组件</td><td>JLayeredPane</td><td>分层窗格给窗格增加了深度的概念</td></tr>
<tr><td>JRootPane</td><td>根窗格一般是自动创建的容器</td></tr>
<tr><td>JInternalFrame</td><td>内部窗格可以在一个窗口内显示若干个类似于框架的窗口</td></tr>
<tr><td colspan="2">基本组件</td><td>JButton、JCombobox、JList、JMenu、JSlider、JTextField</td><td>按钮、组合框、列表框、菜单、滑块、文本字段</td></tr>
<tr><td colspan="2">不可编辑信息组件</td><td>JLabel、JProgressBar、JToolTip 等</td><td>标签、进度条、工具提示等</td></tr>
<tr><td colspan="2">可编辑信息组件</td><td>JColorChooser、JFileChooser、JTabel、JTextArea、JTree 等</td><td>颜色选择器、文件选择器、表格、文本域、树等</td></tr>
</table>

2. 组件的层次结构

JComponent 是一个抽象类，它是除顶层容器外所有 Swing 组件的基类，用于定义 Swing 所有子类组件的一般方法。Swing 的层次结构如图 6-2 所示。

从类的命名可以看出，有很多组件类都是在 AWT 组件基础上构建的，在 Swing 中不但用轻量级的组件替代了 AWT 中的重量级的组件，而且 Swing 的替代组件中都包含一些其他的特性，所以 Swing 组件事实上是对 AWT 的扩展。Swing 组件除了在技术上比 AWT 组件有所提高外，在外观上也有了很大的改观。

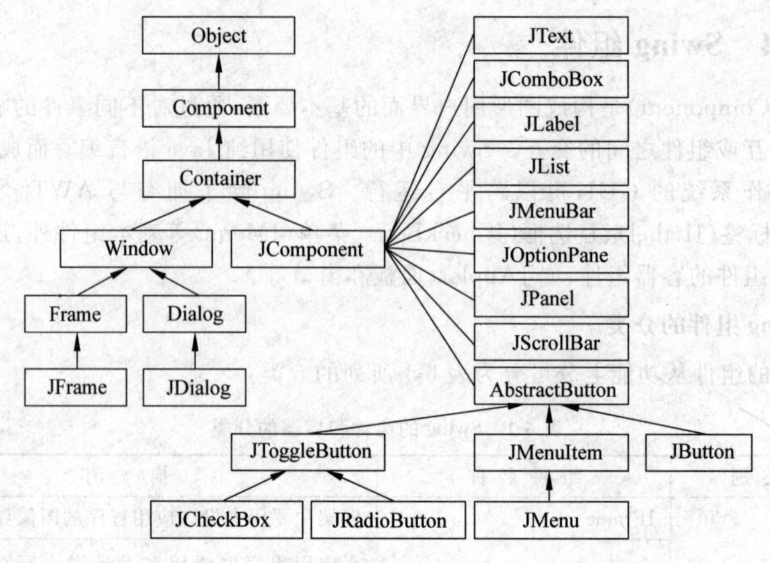

图 6-2 Swing 的层次结构

3. Swing 包中的类的关系

Swing 组件都是 AWT 的 Container 类的直接子类或间接子类。Swing 包是 Java 基础类(Java Foundation Classes,JFC)的重要组成部分,它由许多包组成,如表 6-2 所示。

表 6-2 Swing 包

包	描 述
com. sum. swing. plaf. motif	用户界面代表类,实现 Motif 界面样式
com. sum. java. swing. plaf. windows	用户界面代表类,实现 Windows 界面样式
javax. swing	Swing 组件和使用工具
javax. swing. border	Swing 轻量级组件的边框
javax. swing. colorchooser	JColorChooser 的支持类/接口
javax. swing. event	事件和侦听器类
javax. swing. filechooser	JFileChooser 的支持类/接口
javax. swing. pending	未完全实现的 Swing 组件
javax. swing. plaf	抽象类,定义 UI 代表的行为
javax. swing. plaf. basic	实现所有标准界面样式公共功能的基类
javax. swing. plaf. metal	用户界面代表类,实现 Metal 界面样式
javax. swing. table	JTable 组件
javax. swing. text	支持文档的显示和编辑
javax. swing. text. html	支持显示和编辑 HTML 文档
javax. swing. text. html. parser	HTML 文档的分析器
javax. swing. text. rtf	支持显示和编辑 RTF 文件
javax. swing. tree	JTree 组件的支持类
javax. swing. undo	支持取消操作

其中,swing 包是 Swing 提供的最大包,它包含将近 100 个类和 25 个接口,几乎所有的 Swing 组件都在 swing 包中,只有 JTableHeader 和 JTextComponent 是例外,它们分别在 swing. table 和 swing. text 中。使用 swing 包中的类与使用 awt 类编写的应用程序兼容。

6.2 Swing 的容器组件

Swing 非常强调容器的概念,Swing 中的组件都是加载在容器框架中,这与 AWT 编程中直接加载在容器中不同。在 6.1.4 小节介绍了 Swing 容器组件的分类,使用过程中需要注意,容器中可以放置组件,容器间可以嵌套,使用容器时应该设置合适的布局。Swing 中容器的层次结构如图 6-3 所示。下面介绍顶层容器和普通容器。

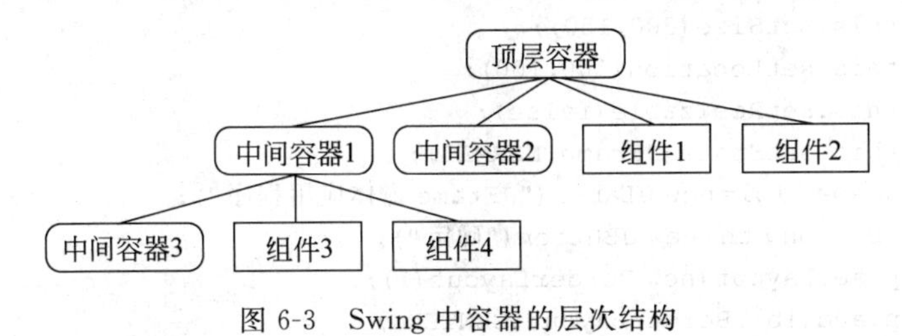

图 6-3 Swing 中容器的层次结构

6.2.1 Swing 顶层容器

1. JFrame 类

JFrame 是一种顶层容器组件,定义在 javax. swing. JFrame 类,是 java. awt. Frame 的子类,用来创建应用程序的窗口,包含边框、标题和用于关闭和图标化窗口的按钮。在其中可以添加需要的其他 Swing 组件。JFrame 是不通过绘制的方式显示的 Swing 组件。JFrame 类的常用方法在表 6-3 列出。

表 6-3 JFrame 类的常用方法

方 法	说 明
JFrame()	构造一个初始时不可见的新窗体
JFrame(Stringtitle)	创建一个新的、初始不可见的、具有指定标题的窗体
void add(Component comp)	添加指定的组件
void setVisible(boolean b)	显示(b 为 true)/隐藏(b 为 false)窗体
void get/setTitle(char s)	设置窗体的标题
Dimension get/setSize(int width,int height)	获取/设置窗体的大小
Dimension get/setLocation(int a,int b)	获取/设置窗体在屏幕上应当出现的位置
void setResizable(boolean resizable)	设置窗体的大小是否可被改变
void get/setState()	获取/设置窗体的最小化、最大化等状态
void setIconImage(Image image)	设置标题栏上左上角的图标

【例 6-1】 使用 JFrame 建立应用程序，在窗体中添加面板组件，在面板组件中添加基本组件。

程序代码如下。

```
1  import java.awt.*;
2  import java.awt.event.*;
3  import javax.swing.*;
4  public class Example6_1 extends JFrame{
5     public Example6_1()
6     {
7        JPanel p=new JPanel();
8        Image icon=Toolkit.getDefaultToolkit().getImage("icon.jpg");
9        this.setIconImage(icon);
10       this.setTitle("JFrame 示例");
11       this.setSize(300,150);
12       this.setLocation(100,100);
13       this.setResizable(false);
14       this.setState(JFrame.NORMAL);
15       JLabel lbl=new JLabel("JFrame 窗体应用程序");
16       JButton btn=new JButton("确定");
17       p.setLayout(new BorderLayout());
18       p.add(lbl,BorderLayout.CENTER);
19       p.add(btn,BorderLayout.SOUTH);
20       this.add(p);
21       this.setVisible(true);
22    }
23    public static void main(String[] args) {
24       Example6_1 frame=new Example6_1();
25    }
26 }
```

程序运行结果如图 6-4 所示。

图 6-4 例 6-1 程序运行结果

程序分析如下。

第 5～22 行代码定义了构造方法，构造方法中完成了对窗体的一系列设置。第 7 行代码创建了一个面板类对象(中间容器)；第 8 行代码创建了一个图像 icon；第 9 行设置了窗体的图标为 icon；第 10 行代码设置了窗体的标题；第 11 行代码设置了窗体的大小；第 12 行代码设置了窗体位置；第 13 行代码设置了窗体的大小不可改变；第 15 行和第 16 行代码分别创建一个标签组件和按钮组件；第 17 行代码把面板的布局设置为边界布局；第 18 行和第 19 行代码分别把标签组件和按钮组件添加到面板组件中；第 20 行代码在当前窗体中添加面板组件；第 21 行代码把窗体设置为显示状态。

2. JApplet 类

JApplet 定义在 javax. swing. Japplet 类，它是 java. applet. Applet 类的子类，JApplet 是 Applet 的一个加强版。JApplet 类使用 BorderLayout 的一个实例作为其内容窗格的

布局管理器，而 BorderLayout 的默认约束条件是 BorderLayout. CENTER。JApplet 的实例可以有一个菜单栏，它是由 setJMenuBar 方法指定的，而 AWT 小应用程序却不能。

前面章节介绍的 Applet 的用法和属性都可以用于 JApplet 中，下面补充介绍 JApplet 类常用的属性和方法。表 6-4 列举了 JApplet 类常用的方法。

表 6-4 JApplet 类常用的方法

方 法	说 明
Container getContentPane()	创建内容窗格对象(普通容器)
public void setBackground(Color c)	设置当前组件的背景色，是 Component 类的方法
public void setBounds(int x, int y, int width, int height);	设置当前组件在容器中的位置及组件大小，是 Component 类的方法
public void setCursor(Cursor cursor)	设置鼠标指向当前组件时的形状
public void setLayout(LayoutManager manager)	设置当前组件布局

【例 6-2】 使用 JApplet 建立的小应用程序，在小程序中添加内容窗格组件，在内容窗格中添加基本组件。

程序代码如下。

```
1  import java.awt.*;
2  import java.applet.*;
3  import javax.swing.*;
4  public class Example6_2 extends JApplet {
5      public void init()
6      {
7          Container c=new Container();
8          JLabel lbl=new JLabel("JApplet 的小程序,页面布局为边界布局");
9          JButton btn=new JButton("确定");
10         c=this.getContentPane();
11         c.setBackground(Color.yellow);
12         lbl.setForeground(Color.blue);
13         c.setCursor(new Cursor(Cursor.HAND_CURSOR));
14         c.setLayout(new BorderLayout());
15         c.add(lbl,BorderLayout.NORTH);
16         c.add(btn,BorderLayout.CENTER);
17     }
18 }
```

程序运行结果如图 6-5 所示。

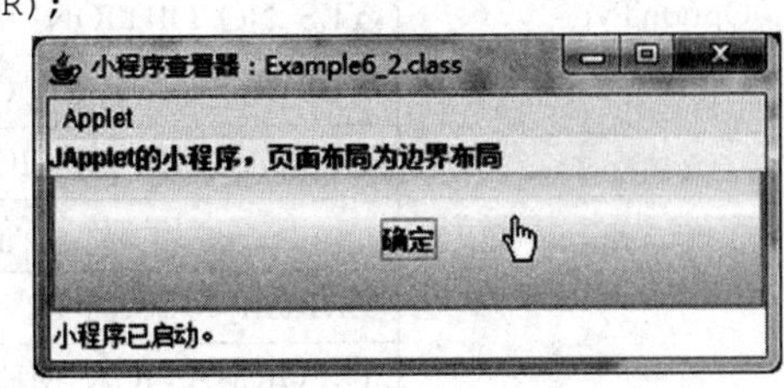

图 6-5 例 6-2 程序运行结果

程序分析如下。

第 4 行代码导入 swing 包；第 7 行代码创建内容窗格对象；第 8 行和第 9 行分别创建一个标签类对象和按钮类对象；第 10 行代码获取到小程序的内容窗格，后面的代码都是在这个窗格中执行的；第 11 行和第 12 行代码分别设置背景为黄色和设置前景为蓝色；第 13 行代码设置鼠标为手形；第 14 行代码设置窗格的布局为边界布局;第 15 行和第 16 行代码分别在窗格的北部添加标签组件和在窗格的中部添加按钮组件。

3. JDialog 类

对话框通常用于接收用户的特定信息或通知用户发生的某种事件。分别介绍两个对话框类,即 JOptionPane 类和 JDialog 类。

1) JOptionPane 类

为了简化常见对话框的编程,经常使用 JOptionPane 类,JOptionPane 类属于 javax.swing 包。JOptionPane 类定义了 4 种标准对话框类型,见表 6-5。

表 6-5 JOptionPane 类的 4 种标准对话框

对话框类型	说 明	显示对话框调用的方法
ConfirmDialog	信息确认对话框。用户单击 Yes 或 No 按钮来确认	showConfirmDialog()
InputDialog	信息输入对话框。提示输入文本	showInputDialog()
MessageDialog	信息显示对话框。	showMessageDialog()
OptionDialog	信息选择对话框。组合其他 3 个对话框类型	showOptionDialog()

其中 showOptionDialog()语法格式如下,该方法体中参数说明如表 6-6 所示。

```
static int showOptionDialog(component parentComponent,object message,Sting
  title, int optionType, int messageType,Icon icon,Object[] options, Object
  initialValue)
```

表 6-6 showOptionDialog 参数表

参数名称	参数取值及说明	
parentComponent	指示对话框的父窗口对象,一般为当前窗口。也可以为 null 即采用默认的 Frame 作为父窗口,此时对话框将设置在屏幕的正中	
message	指示要在对话框内显示的描述性的文字	
title	对话框的标题	
OptionType	取 值	表示按钮组合形式
	DEFAULT_OPTION	“确定”按钮
	YES_NO_OPTION	“是”和“否”按钮
	YES_NO_CANCEL_OPTION	“是”“否”和“取消”按钮
	OK_CANCEL_OPTION	“确定”和“取消”按钮
messageType	取 值	表示图标
	ERROR_MESSAGE	错误信息图标
	INFORMATION_MESSAGE	提示信息图标
	WARNING_MESSAGE	警告信息图标
	QUESTION_MESSAGE	问题信息图标
	PLAIN_MESSAGE	没有图标

续表

参数名称	参数取值及说明
icon	在对话框内要显示的图标
options	列出供用户选择的选项，仅当 options 为 null 时，optionType 才有意义
initialValue	设置默认的选项值

【例 6-3】 分别显示几种常见的标准对话框。

程序代码如下。

```
1  import java.awt.*;
2  import javax.swing.*;
3  import java.applet.*;
4  public class Example5_3 {
5    public static void main(String[] args) {
6        int i;
7        String input;
8        String[]select={"选项 1","选项 2","选项 3"};
9        i=JOptionPane.showConfirmDialog(null, "请单击相应的按钮","信息确认对话
         框", JOptionPane.INFORMATION_MESSAGE);
10       JOptionPane.showMessageDialog(null, "出错!", "信息显示对话框",
         JOptionPane.ERROR_MESSAGE);
11       input=JOptionPane.showInputDialog(null, "请输入信息:","信息输入对话
         框",JOptionPane.QUESTION_MESSAGE);
12       i=JOptionPane.showOptionDialog(null,"请选择选项","信息选择对话框",
         JOptionPane.YES_NO_OPTION, JOptionPane.QUESTION_MESSAGE, null,
         select,select[0]);
13   }
14 }
```

程序运行结果如图 6-6 所示。

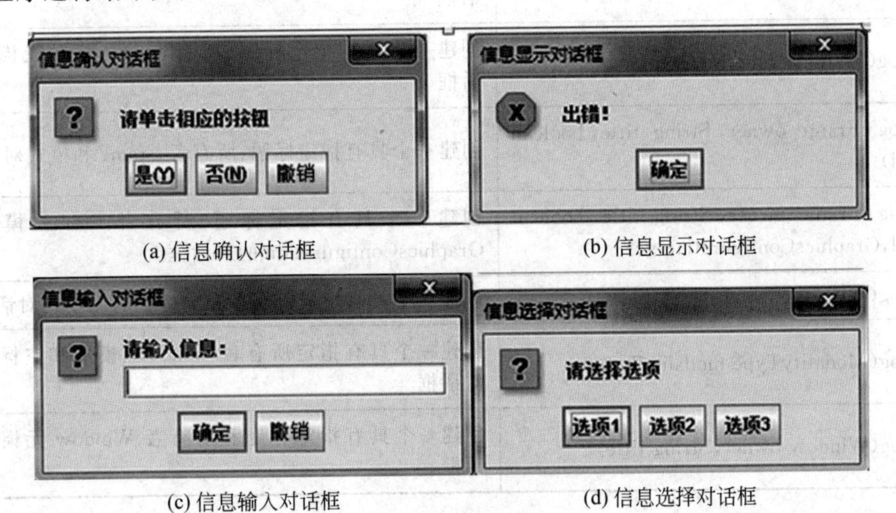

(a) 信息确认对话框　(b) 信息显示对话框

(c) 信息输入对话框　(d) 信息选择对话框

图 6-6　例 6-3 程序运行结果

程序分析如下。

第 8 行代码创建并初始化了一个字符串数组；第 9 行代码调用 showConfirmDialog()方法，显示“信息确认对话框”；第 10 行代码调用 showMessageDialog()方法，显示“信息显示对话框”；第 11 行代码调用 showInputDialog ()方法，显示“信息输入对话框”；第 12 行代码调用 showOptionDialog ()方法，显示“信息选择对话框”。

2）JDialog 类

JDialog 类是对话框类之一，定义在 javax. swing. JDialog 类，是 java. awt. Dialog 的子类，用户可以使用此类创建自定义的对话框。JDialog 与 JFrame 类似，只不过 JDialog 是用来设计对话框的。JDialog 类常用的构造方法如表 6-7 所示，JDialog 类常用的方法如表 6-8 所示。

表 6-7　JDialog 类常用的构造方法

构造方法	说明
JDialog()	创建一个没有标题且没有指定窗体所有者的无模式对话框
JDialog(Dialog owner)	创建一个没有标题但将指定的 Dialog 作为其所有者的无模式对话框
JDialog(Dialog owner,boolean modal)	创建一个具有指定所有者 Dialog 和模式的对话框
JDialog(Dialog owner, String title, boolean modal)	创建一个具有指定标题、模式和指定所有者 Dialog
JDialog(Dialog owner, String title, boolean modal,GraphicsConfiguration gc)	创建一个具有指定标题、所有者 Dialog、模式和 GraphicsConfiguration 的对话框
JDialog(Frame owner,boolean modal)	创建一个具有指定所有者 Frame、模式和空标题的对话框
JDialog(Frame owner,String title)	创建一个具有指定标题、所有者 Frame 和无模式对话框
JDialog(Frame owner, String title, boolean modal)	创建一个具有指定标题、所有者 Frame 和模式对话框
JDialog(Frame owner, String title, boolean modal,GraphicsConfiguration gc)	创建一个具有指定标题、所有者 Frame、模式和 GraphicsConfiguration 的对话框
JDialog(Window owner)	创建一个具有指定所有者和空标题的无模式对话框
JDialog(ModalityType modalityType)	创建一个具有指定所有者 Window、模式和空标题的对话框
JDialog(Window owner,String title)	创建一个具有指定标题和所有者 Window 无模式对话框

表 6-8 JDialog 类常用的方法

方　法	说　明
getContentPane()	返回此对话框的 contentPane 对象
getDefaultCloseOperation()	返回用户在此对话框上启动 close 时所执行的操作
getGraphics()	为组件创建一个图形上下文
getJMenuBar()	返回此对话框上设置的菜单栏
getLayeredPane()	返回此对话框的 layeredPane 对象
remove(Component comp)	从该容器中移除指定组件
repaint(long time, int x, int y, int width, int height)	在 time 毫秒内重绘此组件的指定矩形区域
setContentPane(Container contentPane)	设置 contentPane 属性
setDefaultCloseOperation(int operation)	设置当用户在此对话框上启动 close 时默认执行的操作
setJMenuBar(JMenuBar menu)	设置此对话框的菜单栏
setLayout(LayoutManager manager)	设置 LayoutManager
setTransferHandler(TransferHandler newHandler)	设置 transferHandler 属性,该属性是支持向此组件传输数据的机制
update(Graphics g)	调用 paint(g)

【例 6-4】 使用 JDialog 建立应用程序,并显示对话框。

程序代码如下。

```
1  import java.awt.*;
2  import javax.swing.*;
3  public class Example5_2 extends JDialog{
4      public Example5_2()
5      {
6          setTitle("JDialog示例");
7          setSize(350,120);
8      }
9      public static void main(String[] args) {
10         Example5_2 dialog=new Example5_2();
11         dialog.add(new JLabel("这是一个 JLabel 对象"),BorderLayout.NORTH);
12         dialog.add(new JButton("确定"),BorderLayout.SOUTH);
13         dialog.setVisible(true);
14     }
15 }
```

程序运行结果如图 6-7 所示。

程序分析如下。

第 11 行和第 12 行代码分别在对话框中添加了一个标签和按钮组件,并且把标签放置到对话框的北部,按钮放置到对话框南部。

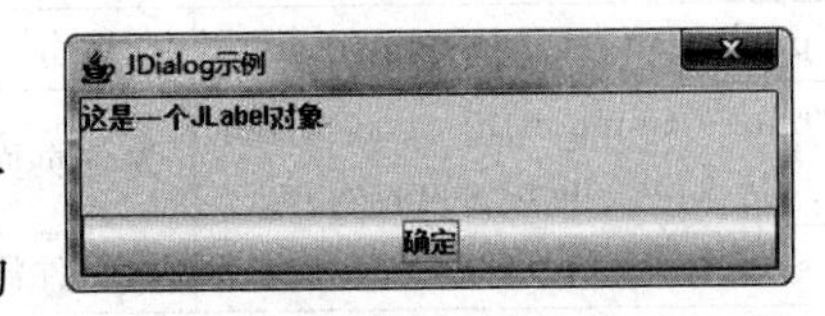

图 6-7 例 6-4 程序运行结果

6.2.2 Swing 普通容器

除了顶层容器组件外，还有其他常用的普通容器组件，如 JPanel、JTabbedPane、JScrollPane、JSplitPane、JToolBar 等。下面分别介绍。

1. JPanel

JPanel 用来创建面板，该类在 javax.swing 包中，可以将许多组件(如 Jbutton、JtextArea、JTextField 等)按照一定的布局加在面板中组织起来并成组显示。JPanel 面板容器可以加入到 JFrame 或 JApplet 等顶层容器中，通常和顶层容器类的 getContentPane()方法一起使用。JPanel 类常用的方法见表 6-9。

表 6-9 JPanel 类常用的方法

方　法	说　明
public JPanel()	创建一个布局为 FlowLayout 的面板
public JPanel(boolean isDoubleBuffered)	创建一个布局为 FlowLayout 并指定缓冲策略的面板。isDoubleBuffered 若为 true，则为双缓冲，可以使用更多的控件实现快速、无闪烁的更新
public JPanel(LayoutManager layout)	创建具有指定布局管理器面板
public JPanel(LayoutManager layout，boolean isDoubleBuffered)	创建具有指定布局管理器和缓冲策略的面板
public Component add(Component comp)	将组件添加到 JPanel 面板中
public void setBackground(Color bg)	设置面板的背景颜色
public void setLayout(LayoutManager mgr)	设置面板的布局管理

2. JTabbedPane

JTabbedPane 用来创建分页面板，以选项卡的形式组织多个面板，一次只能显示一个选项卡页。每个选项卡页都可以容纳一个 JPanel 作为子组件，只要设计好需要添加到选项页的面板即可。JTabbedPane 类常用的方法见表 6-10。

表 6-10 JTabbedPane 类常用的方法

方　法	说　明
public JTabbedPane()	创建一个空的分页面板对象。选项卡布局为 JTabbedPane. TOP
public JTabbedPane(int tabPlacement)	创建一个空的 JTabbedPane 对象，并指定摆放位置。如 JTabbedPane. TOP、JTabbedPane. BOTTOM、JTabbedPane. LEFT、JTabbedPane. RIGHT
public int getTabCount()	获取分页面板上的上分页数
public Component add(String title，Component component)	为分页面板添加具有指定选项卡标题的分页
setSelectedIndex	将组件添加到 JPanel 面板中
public void setSelectedComponent(Component c)	设置分页面板的已选组件。该方法自动将 selectedIndex 设置为对对应于指定组件的索引

3. JScrollPane

JScrollPane 用来创建带滚动条的面板，常用于布置单个组件，并且不可以使用布局管理器。如果需要在 JScrollPane 面板中放置多个控件，需要将多个控件放置到 JPanel 面板上，然后将 JPanel 面板作为一个整体组件添加到 JScrollPane 面板上。该类常用的方法见表 6-11。

表 6-11 JScrollPane 类常用的方法

方法	说明
public JScrollPane ()	创建一个空的面板对象
public JScrollPane(Component view)	创建一个滚动面板，当组件内容大于显示区域时会自动产生水平和垂直滚动条
public JScrollPane(Component view, int vsbPolicy, int hsbPllicy)	创建一个滚动面板，里面含有显示组件，并设置滚动条策略。vsbPolicy 取下列常量值： HORIZONTAL_SCROLLBAR_ALAWAYS：显示水平滚动轴； HORIZONTAL_SCROLLBAR_AS_NEEDED：当组件内容水平区域大于显示区域时出现水平滚动轴； HORIZONTAL_SCROLLBAR_NEVER：不显示水平滚动轴； VERTICAL_SCROLLBAR_ALWAYS：显示垂直滚动轴； VERTICAL_SCROLLBAR_AS_NEEDED：当组件内容垂直区域大于显示区域时出现垂直滚动轴； VERTICAL_SCROLLBAR_NEVER：不显示垂直滚动轴
public JScrollPane(int vsbPolicy, int hsbPolicy)	创建一个指定滚动条策略的空滚动面板

4. JSplitPane

JSplitPane 用来创建带分隔栏的面板，用来将窗口分隔成两个部分。JSplitPane 提供两个常数，可以将窗口设置成水平分隔还是垂直分隔，这两个常数分别是 HORIZONTAL_SPLIT 和 VERTICAL_SPLIT。分隔后的窗口每个窗口只能放一个组件，想要放多个组件的话，可以在上面放一个 JPanel 面板，这样就可以放多个组件。组件可以变化尺寸，并通过一个可移动的分隔栏进行分隔。分隔栏可以使得用户可以通过拖曳分隔栏来调整所包含组件的尺寸。JSplitPane 类常用的方法见表 6-12。

表 6-12 JSplitPane 类常用的方法

方法	说明
public JSplitPane()	创建一个水平方向排列、无连续布局且带分隔栏的面板
public JSplitPane(int newOrientation)	创建一个指定方向切割且无连续布局的带分隔栏的面板。newOrientation 的值为 JSplitPane. VERTICAL_SPLIT 或 JSplitPane. HORIZONTAL_SPLIT

续表

方法	说明
public JSplitPane (int newOrientation, boolean newContinuousLayout)	创建一个具有指定方向和重绘方式的新的带分隔栏的面板。newContinuousLayout 若设为 true,则组件大小会随着分隔线的拖曳而一起改动;若设为 false,则组件大小在分隔线停止改动时才确定
public Component Add(Component comp, Object contraints)	将组件 comp 添加到分隔栏面板的指定位置。Contraints 的取值可以为 JSplitPane. RIGHT、JSplitPane. LEFT、JSplitPane. TOP、JSplitPane. BUTTOM
public void setContinuousLayout (boolean newContinuousLayout)	在调整分隔线位置时面板的重绘方式为连续绘制或非连续绘制
public void setOneTouchExpandable(boolean newValue)	设置 JSplitPane 是否可以展开或收起。要使 JSplitPane 在分隔条上提供一个可以单击的小部件来快速展开或折叠分隔条,把 newValue 设为 true 表示打开此功能
public void setDividerSize(int newSize)	设置分隔条的大小。newSize zh_cn 为给定分隔条的大小的一个整数,以像素为单位
public void setDividerLocation(int location)	设置分隔条的位置。Location 的值以像素为单位

5. JToolBar

JToolBar 用来创建工具栏,JToolBar 是一个存放组件的特殊 Swing 容器,因此可以在工具栏中放置各种组件和容器,一般而言,工具栏中所添加的组件多为按钮。该类的常用方法见表 6-13。

表 6-13 JToolBar 类常用的方法

方法	说明
public JToolBar()	创建新的工具栏,默认的方向为 HORIZONTAL
public JToolBar(int orientation)	创建具有指定 orientation 的新工具栏。Orientation 的值为 HORIZONTAL 或 VERTICAL
public JToolBar(String name)	创建一个具有指定 name 的新工具栏。名称用作浮动式工具栏的标题,默认的方向为 HORIZONTAL
public JToolBar(String name,int orientation)	创建一个具有指定 name 和 orientation 的新工具栏
public JButton add(Action a)	为工具栏添加一个指派动作的新的 JButton
public void addSeparator()	将默认大小的分隔符添加到工具栏的末尾

【例 6-5】 综合使用普通容器组件建立应用程序。

程序代码如下。

```
1  import java.awt.*;
2  import javax.swing.*;
3  public class Example6_3 extends JFrame{
4      public Example6_3 ()
5      {
```

```
6          this.setSize(400,300);
7          this.setVisible(true);
8          this.setTitle("普通容器组件示例-分页、滚动、分隔、工具栏");
9      }
10     public static void main(String[] args) {
11         Example6_3 jf=new Example6_3();
12         JTabbedPane tabp=new JTabbedPane();
13         jf.getContentPane().add(tabp);
14         JScrollPane sclp=new JScrollPane(JScrollPane. VERTICAL_SCROLLBAR
           ALWAYS,JScrollPane.HORIZONTAL_SCROLLBAR_AS_NEEDED);
15         tabp.add("滚动面板",sclp);
16         JLabel lbl1=new JLabel();
17         ImageIcon img1=new ImageIcon ("flower1.jpg");
18         lbl1.setIcon(img1);//设置标签中显示的图片
19         sclp.setViewportView(lbl1);
20         JSplitPane splp=new JSplitPane(JSplitPane.HORIZONTAL_SPLIT);
21         tabp.add("分隔面板",splp);
22         splp.setBorder(BorderFactory.createEtchedBorder());
23         splp.setOneTouchExpandable(true);
24         splp.setDividerSize(20);
25         splp.setDividerLocation(100);
26         JTextArea tta=new JTextArea("分隔面板为左右结构\n 左侧显示文本\n 右侧显
           示片");
27         splp.setLeftComponent(tta);
28         JLabel lbl2=new JLabel();
29         ImageIcon img2=new ImageIcon ("flower2.jpg");
30         lbl2.setIcon(img2);
31         splp.setRightComponent(lbl2);
32         JPanel panel=new JPanel();//创建一个空面板
33         panel.setLayout(new BorderLayout());
34         tabp.add("工具栏",panel);
35         JToolBar toolbar=new JToolBar("工具栏");
36         panel.add(toolbar,BorderLayout.NORTH);
37         JButton btn1=new JButton();
38         JButton btn2=new JButton();
39         JButton btn3=new JButton();
40         ImageIcon imagb1=new ImageIcon("b1.png");
41         ImageIcon imagb2=new ImageIcon("b2.png");
42         ImageIcon imagb3=new ImageIcon("b3.png");
43         btn1.setIcon(imagb1); btn2.setIcon(imagb2); btn3.setIcon(imagb3);
44         toolbar.addSeparator();
45         toolbar.add(btn1); toolbar.add(btn2); toolbar.add(btn3);
46     }
47 }
```

程序运行结果如图 6-8 所示。

程序分析如下。

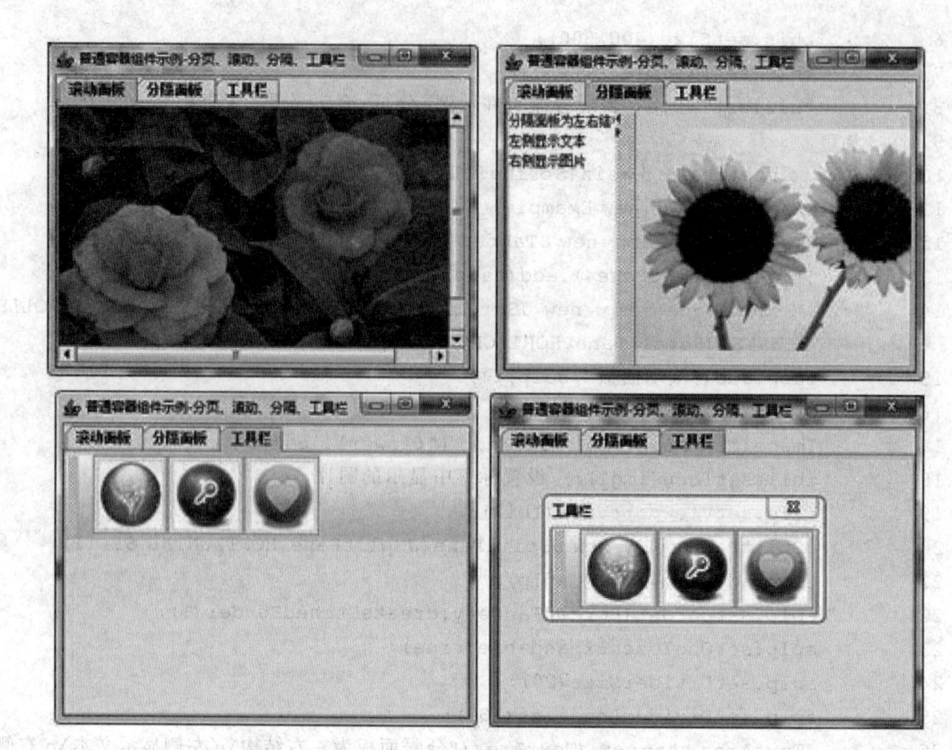

图 6-8 例 6-5 程序运行结果

第 3 行代码指明该应用程序继承自 JFrame 类；第 4～9 行代码为 Example6_3 类的构造方法，在构造方法中，第 6 行代码设置应用程序窗口的大小，第 7 行代码设置窗口为可见，第 8 行代码设置窗口标题栏文本；第 12 行代码创建分页面板 tabp，第 13 行代码获取窗口的容器，并在容器中分页面板 tabp；第 14 行代码创建一个带滚动条的面板 sclp，该面板的水平滚动条总是显示，而垂直滚动条只有必要时才显示；第 15 行代码将滚动面板添加到分页面板的第 1 个选项卡中，并指定选项卡的标签文本为“滚动面板”；第 16～18 行代码创建了一个标签 lbl1，并在标签中显示了图片 img1，第 19 行代码在滚动面板中显示标签 lbl1；第 20 行代码创建了一个带水平分隔条的分隔面板 splp；第 21 行代码将分隔面板添加到分页面板的第 2 个选项卡中，并指定选项卡的标签文本为“分隔面板”；第 22～25 行代码分别设置分隔面板的边框样式、可折叠和展开、分隔条宽度和分隔条的位置；第 26 行代码创建一个文本区域 tta；第 27 行代码设置 tta 为分隔面板左侧的组件；第 31 行代码设置 lbl2 为分隔面板右边的组件；第 32、33 行代码创建一个空面板并设计其布局为边框布局；第 34 行代码将面板添加到分页面板的第 3 个选项卡中，并指定选项卡的标签文本为“工具栏”；第 35 行代码创建一个工具栏 toolbar，它在浮空方式下将在标题栏显示“工具栏”；第 36 行代码将工具栏添加到面板的顶部；第 37～43 行代码分别创建 3 个按钮对象，并为每个按钮都设置类图片作为图标；第 44、45 行代码给工具栏添加分隔线，并在工具栏中添加 3 个按钮。

本节介绍了 Swing 类中常见容器的使用方法，有关 Swing 专用容器 JInternalFrame、JRootPane 等的使用，本书不做介绍，有兴趣的读者请自学。

6.3 Swing 常用组件

JComponent 是 Swing 所有组件的父类，它是一个抽象类，所以不能创建 JComponent 类的对象，但是它包含了数百个方法，Swing 中的每个组件都可以使用这些方法。

6.3.1 标签(JLabel)

JLabel 是 Swing 中创建标签的类，标签中既可以用作文本描述，也可以将它用作图片描述。JLabel 类的常用方法见表 6-14。

表 6-14 JLabel 类的常用方法

方　法	说　明
public JLabel()	创建无图像并且其标题为空的 JLabel 对象
public JLabel(Icon image)	创建具有指定图像的 JLabel 对象
public JLabel(Icon image, int horizontalAlignment)	创建具有指定图像和水平对齐方式的 JLabel 对象
public JLabel(String text)	创建具有指定文本的 JLabel 对象
public JLabel(String text, Icon icon, int horizontal-Alignment)	创建具有指定文本、图像和水平对齐方式的 JLabel 对象
public JLabel(String text, int horizontalAlignment)	创建具有指定文本和水平对齐方式的 JLabel 对象
public void setText(String Text)	设置标签中显示的文本
public String GetText()	获取标签中显示的文本
public void setIcon(Icon icon)	设置标签中显示的图片
public Icon getIcon()	获取标签中显示的图片
public void setHorizontalAlignment(int alignment)	设置标签中文本的水平对齐方式。alignment 有效值包括 JLabel. LEFT、JLabel. CENTER、JLabel. RIGHT、JLabel. LEADING、JLabel. TRAILING
public void setVerticalAlignment(int alignment)	设置标签中文本的垂直对齐方式。alignment 有效值包括 JLabel. BOTTOM、JLabel. TOP、JLabel. CENTER

6.3.2 文本框(JTextField)与密码框(JPasswordField)

1. 文本框(JTextField)

JTextField 是 Swing 中用于创建文本框的类，用来接收用户输入的单行文本信息，并显示这行文本。JTextField 类的常用方法见表 6-15。

表 6-15 JTextField 类的常用方法

方法	说明
public JTextField()	创建一个默认的文本框
public JTextField(String text)	创建一个指定初始化文本信息的文本框
public JTextField(int columns)	创建一个指定列数的文本框
public JTextField(String text ,int columns)	创建一个既指定初始化文本信息,又指定列数的文本框
public void setFont(Font f)	设置文本框中显示信息的字体
public void setScrollOffset(int scrollOffset)	设置文本框的滚动偏移量,scrollOffset 以像素为单位
public void setHorizontalAlignment(int alignment)	设置文本框中文本的水平对齐方式。alignment 有效值包括 JTextField. LEFT、JTextField. CENTER、JTextField. RIGHT、JTextField. LEADING、JTextField. TRAILING
public String getText()	获取文本框中的文本信息

2. 密码框(JPasswordField)

JPasswordField 是 Swing 中用于创建密码框的类,用来接收用户输入的单行文本信息,但是在密码框中并不显示用户输入的真实信息,而是通过一个指定回显示字符作为占位符。JPasswordField 类的常用方法见表 6-16。

表 6-16 JPasswordField 类的常用方法

方法	说明
public JPasswordField()	创建一个默认的密码框。新创建的密码框的默认回显字符为"*"
public JPasswordField(String text)	创建一个指定初始化文本信息的密码框
public JPasswordField(int columns)	创建一个指定列数的密码框
public JPasswordField(String text,int columns)	创建一个既指定初始化文本信息,又指定列数的密码框
public void setEchoChar(char c)	设置密码框的回显字符为指定字符
public char[] getPassword()	获取用户输入的密码文本信息

6.3.3 文本域(JTextArea)

JTextArea 是 Swing 中用于创建文本域的类,用来接收用户输入的多行文本信息,比 JTextField 更进了一步。JTextArea 类的常用方法见表 6-17。

表 6-17 JTextArea 类的常用方法

方法	说明
public JTextArea()	创建一个默认的文本域
public JTextArea(String text)	创建一个指定初始化文本信息的文本域
public JPasswordField(int rows,int columns)	创建一个指定行数和列数的文本域

续表

方 法	说 明
public JPasswordField(String text, int rows, int columns)	创建一个既指定初始化文本信息,又指定行数和列数的文本域
public void setLineWrap(boolean wrap)	设置文本域是否自动换行,默认为 false,即不自动换行
public void append(String str)	将给定文本信息追加到文档结尾
public void insert(String str, int pos)	将指定文本信息插入到指定位置
public void replaceRange(String str, int start, int end)	用给定的文本信息替换从指定的开始位置到结束位置的文本
public int getRows()	获取文本域中行数
public int getLineCount()	获取文本域中所包含文本的行数

6.3.4 按钮(JBotton)

JButton 是 Swing 中用来创建按钮的类,JButton 是继承 AbstractButton 类,而 AbstractButton 本身是一个抽象类,里面定义了许多组件设置的方法与组件事件驱动,JButton 类所提供的方法非常少,大部分都继承自 AbstractButton 抽象类所提供的方法。JButton 类属性的方法与 JLabel 的方法类似,相似的部分不做介绍。只介绍 JButton 类其他常用方法,见表 6-18。

表 6-18 JButton 类其他常用方法

方 法	说 明
public void setPreferredSize (Dimension PreferredSize)	设置按钮的大小。Dimension 类的高度和宽度值是一个整数,表明有多少个像素点
public void setContentAreaFilled(boolean b)	设置按钮是否为透明,b 为 false 是透明的
public void setBorderPainted(boolean b)	设置按钮是否有边框,b 为 false 无边框
public void setBorder(Border border)	设置按钮的边框样式

JButton 类的 setBorder 方法中的参数(Border 类的对象 border)通常由 BorderFactory 类的一系列方法来创建。BorderFactory 类的常用方法见表 6-19。

表 6-19 BorderFactory 类的常用方法

方 法	说 明
public static Border creatBevelBorder(int type)	创建一个立体的边界,并由参数 type 指定为凹陷或凸起,type 可为 BevelBorder. LOWERED 表示凹陷,或是 BevelBorder. RAISED 表示凸起
public static Border createBevelBorder(int type, Color highlight, Color shadow)	创建一个立体的边界,并指定突边与阴影的颜色
public static TitledBorder createTitledBorder (Border border)	创建一个标题边界,但没有标题名称

续表

方　法	说　明
public static TitledBorder createTitledBorder (Border border,String title)	创建一个标题边界,并指定标题名称,标题默认位置是 TitledBorder. DEFAULT_JUSTIFICATION 与 TitledBorder. DEFAULT_POSITION,也就是左上方
public static Border createEtchedBorder()	创建一个四周有凹痕的边界
public static Border createEtchedBorder(Colorhighlight, Color shadow)	创建一个四周有凹痕的边界,并指定突边与阴影的颜色
public static Border createLineBorder (Colorcolor, int thicness)	创建一个线务边界,并指定线条的颜色与宽度
public static CompoundBorder createCompoundBorder()	创建一个复合边界

【例 6-6】 按钮边界设置的应用程序。

程序代码如下。

```
1  import java.awt.*;
2  import javax.swing.*;
3  import javax.swing.border.*;
4  public class Example6_4 extends JFrame{
5      public static void main(String[] args) {
6          Example6_4 f=new Example6_4();
7          Container c=new Container();
8          c=f.getContentPane();
9          JPanel panel=new JPanel();
10         JButton btn1=new JButton("凹陷边界效果");
11         JButton btn2=new JButton("凸起边界效果");
12         JButton btn3=new JButton("复合边界效果");
13         JButton btn4=new JButton("标题边界效果");
14         JButton btn5=new JButton("线务边界效果");
15         JButton btn6=new JButton("凹痕边界效果");
16         Border b1,b2,b3,b4,b5,b6;
17         b1=BorderFactory.createBevelBorder(BevelBorder.LOWERED);
18         b2=BorderFactory.createBevelBorder(BevelBorder.RAISED);
19         b3=BorderFactory.createMatteBorder(5,2,5,2,Color.green);
20         b4=BorderFactory.createTitledBorder("标题边界效果");
21         b5=BorderFactory.createLineBorder(Color.BLUE, 3);
22         b6=BorderFactory.createEtchedBorder(BevelBorder.RAISED,
           Color.YELLOW, Color.GRAY);
23         btn1.setBorder(b1); btn2.setBorder(b2);
24         btn3.setBorder(b3); btn4.setBorder(b4);
25         btn5.setBorder(b5); btn6.setBorder(b6);
26         panel.setLayout(new GridLayout(3,3));
27         panel.add(btn1); panel.add(btn3); panel.add(btn2);
28         panel.add(btn4); panel.add(btn5); panel.add(btn6);
29         c.add(panel);
30         f.setVisible(true);
```

```
31        f.setTitle("按钮边框类型展示");
32        f.setSize(500, 200);
33    }
34 }
```

程序运行结果如图 6-9 所示。

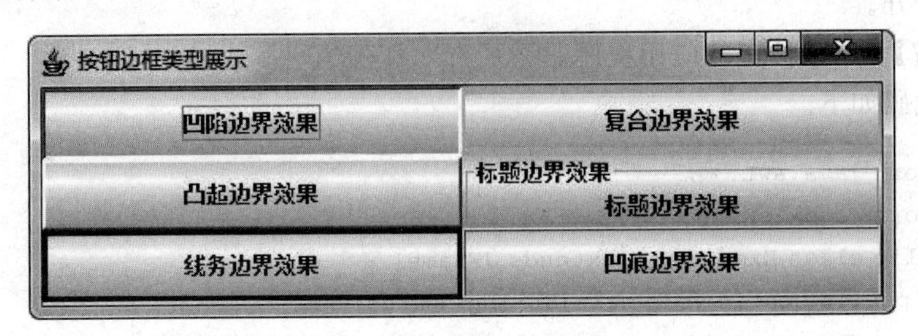

图 6-9 例 6-6 程序运行结果

程序分析如下。

第 3 行代码导入 swing. border 类的包,进行组件边框的相关设置;第 10～15 行代码创建并初始化了 6 个按钮对象;第 16 行代码声明了 6 个边框类对象;第 17～22 行代码分别创建并初始化了 6 个边框类对象;第 23～25 行代码分别设置 6 个按钮对象的边框类型。

6.3.5 单选按钮(JRadioButton)

JRadioButton 是 Swing 中用来创建单选按钮的类,单选按钮为用户提供由两个或多个互斥选项组成的选项集。JRadioButton 类常用方法见表 6-20。

表 6-20 JRadioButton 类常用方法

方　　法	说　　明
public JRadioButton()	创建一个默认的单选按钮,初始状态为未被选中
public JRadioButton(Icon icon)	创建一个有指定图像但没有指定文本的单选按钮
public JRadioButton(String text)	创建一个有指定文本的单选按钮
public JRadioButton(Icon icon,boolean selected);	创建一个有指定图像但没有指定文本的单选按钮,且设置其初始状态(有无被选中)
public JRadioButton (String text, boolean selected);	创建一个有指定文本单选按钮,且设置其初始状态(有无被选中)
JRadioButton(String text,Icon icon);	创建一个有指定文本且有指定图像的单选按钮
public JRadioButton(String text,Icon icon,boolean selected)	创建一个有指定文本且有指定图像的单选按钮,且设置其初始状态(有无被选中)
public boolean isSelected()	获取单选按钮是否被选中
public void setSelected(boolean b)	设置单选按钮的选中状态,true 为选中

为了保证一次只能选中一个单选按钮,需要将单选按钮与按钮组(ButtonGroup)配

合使用。创建 ButtonGroup 类的对象，并调用其 add()方法将单选按钮添加到该按钮组中，使用其 getElements()获得 ButtonGroup 中的全部组件，允许对它们进行迭代，找到其中选中的那个。ButtonGroup 对象为逻辑分组，不是物理分组。还是需要创建面板(JPanel)对象或类似的容器对象，将这组单选按钮添加到其中，以便将这组单选按钮组与其他组件分开。

【例 6-7】 单选按钮的应用程序。

程序代码如下。

```
1  import java.awt.*;
2  import javax.swing.*;
3  public class Example6_4 extends JFrame{
4      public static void main(String[] args) {
5          Example6_4 t=new Example6_4();
6          Container c=t.getContentPane();
7          JRadioButton rbtn1=new JRadioButton("三国演义");
8          JRadioButton rbtn2=new JRadioButton("水浒");
9          JRadioButton rbtn3=new JRadioButton("红楼梦");
10         JRadioButton rbtn4=new JRadioButton("父亲");
11         rbtn1.setSelected(true);
12         JPanel p=new JPanel();
13         ButtonGroup btngroup=new ButtonGroup();
14         p.setBorder(BorderFactory.createTitledBorder("哪个不是四大名著之一"));
15         p.setLayout(new GridLayout(2,2));
16         p.add(rbtn1); p.add(rbtn2); p.add(rbtn3); p.add(rbtn4);
17         c.add(p);
18         btngroup.add(rbtn1); btngroup.add(rbtn2);
19         btngroup.add(rbtn3); btngroup.add(rbtn4);
20         t.setTitle("单项选择题");
21         t.setSize(220,100);
22         t.setVisible(true);
23     }
24 }
```

程序运行结果如图 6-10 所示。

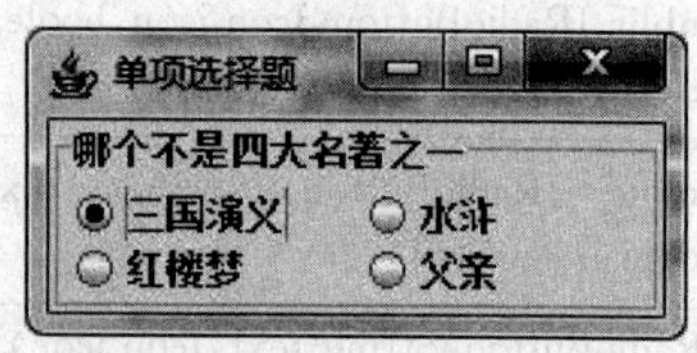

图 6-10 例 6-7 程序运行结果

程序分析如下。

第 6 行代码创建并初始化一个容器类对象 c；第 7～10 行代码创建并初始化了 4 个单选按钮对象；第 11 行代码把第一个单选按钮设置为选中状态；第 12 行代码创建一个面板类对象；第 13 行代码创建一个按钮组对象；第 14 行代码给面板边框创建标题；第 15 行代码把面板的布局设置为 2 行、2 列的网格布局；第 16 行的 4 条语句把 4 个单选按钮分别添加到面板中；第 17 行代码在窗口容器中添加面板；第 18、19 行代码把 4 个单选按钮添加到逻辑按钮组中。

6.3.6 复选框(JCheckBox)

JCheckBox 是 Swing 中用来创建复选框的类，JCheckBox 和 JRadioButton 组件都是向用户呈现选项，二者的区别是：JRadioButton 组件通常组合在一起，向用户呈现带有必选答案的问题，而且这些答案具有强制性(这意味着问题只能有一个答案)；JCheckBox 的不同在于，允许用户随机地选择或取消选择，并允许为问题选择多个答案。JCheckBox 类的构造方法和常用方法与 JRadioButton 类似，不重复介绍，通过一个例子来说明。

【例 6-8】 使用复选框与单选按钮的应用程序。

程序代码如下。

```
1  import java.awt.*;
2  import javax.swing.*;
3  public class Example6_6 extends JFrame{
4     public static void main(String[] args) {
5         Example6_6 f=new Example6_6();
6         Container c=new Container();
7         c=f.getContentPane();
8         ButtonGroup rbtngroup;
9         rbtngroup=new ButtonGroup();
10        JPanel p1,p2;
11        p1=new JPanel();
12        p2=new JPanel();
13        p1.setBorder(BorderFactory.createTitledBorder("请选择性别(单选)"));
14        p2.setBorder(BorderFactory.createTitledBorder("请选择爱好(多选)"));
15        JRadioButton rbtn1=new JRadioButton("男",true);
16        JRadioButton rbtn2=new JRadioButton("女");
17        rbtngroup.add(rbtn1); rbtngroup.add(rbtn2);
18        p1.setLayout(new GridLayout(2,1));
19        p1.add(rbtn1); p1.add(rbtn2);
20        JCheckBox cbx1=new JCheckBox("运动",true);
21        JCheckBox cbx2=new JCheckBox("读书",true);
22        JCheckBox cbx3=new JCheckBox("下棋",true);
23        JCheckBox cbx4=new JCheckBox("旅行",true);
24        p2.setLayout(new GridLayout(2,2));
25        p2.add(cbx1); p2.add(cbx2); p2.add(cbx3); p2.add(cbx4);
26        c.setLayout(new GridLayout(2,1));
27        c.add(p1);c.add(p2);
28        f.setVisible(true);
29        f.setTitle("单选按钮与复选框");
30        f.setSize(new Dimension(300,200));
31    }
32 }
```

图 6-11 例 6-8 程序运行结果

程序运行结果如图 6-11 所示。

程序分析如下。

第 20～23 行代码创建并初始化了 4 个复选框对象，并把 4 个复选框对象的默认状态设置为选中状态。

6.3.7 选择框(JComboBox)

JComboBox 是 Swing 中用来创建组合框的类，用户可以从下拉列表框中选择相应的值，也可以把组合框设置为可编辑状态，这时，用户就可以在组合框中输入相应的值。JComboBox 类提供的常用方法见表 6-21。

表 6-21 JComboBox 类的常用方法

方　法	说　明
public JComboBox ()	创建一个不包含任何选项的组合框
public JComboBox (Object[] items)	创建一个包含选项的组合框，选项为指定数组中的所有元素
public JComboBox (Vector＜?＞ items)	创建一个包含选项的组合框，选项为指定向量中的所有元素
public void addItem(Object anObject)	添加选项到选项列表的尾部
public void insertItemAt(Object anObject, int index)	添加选项到选项列表的指定位置，索引从 0 开始
public void removeItem(Object anObject)	从选项列表中移出指定选项
public void removeItemAt(int anIndex)	移出选项列表中指定索引位置的选项
public void removeAllItems()	移出选项列表中所有的选项
public void setSelectedItem(Object anObject)	设置指定选项为选择框的默认选项
public void setSelectedIndex(int anIndex)	设置指定索引位置的选项为选择框的默认选项
public void setMaximumRowCount(int count)	设置选择框弹出时显示选项的最大行数，默认为 8 行
public void setEditable(boolean aFlag)	设置选择框是否可编辑，当 aFlag 为 true 时表示选择框可编辑，默认为 false 不可编辑

6.3.8 列表框(JList)

JList 是 Swing 中用来创建列表框的类，JList 和 JComboBox 组件从本质上说是类似的，它们都是提供了一组列表数据供用户选择，从表现形式上可以把 JComboBox 看作一个 JList 和一个 JTextField 组成。JList 提供了更多选择，并添加了多选的能力。在 JList 与 JComboBox 之间进行选择时，通常取决于以下两个特性：如果需要多选，或者选择的选项数超过 15 个，那么就应当选择 JList。通常将 JList 放到 JScrollPane 容器中使用。JList 类提供的常用方法见表 6-22。

与 JComboBox 不同，JList 类没有提供任何添加、插入和删除项的方法，在完成 JList 的构造后，唯一可以修改数据的方法是 setListData()，这个方法可以一次指定所有的项。

表 6-22 JList 类的常用方法

方 法	说 明
public JList()	创建一个空的列表框
public JList(ListModel dataModel)	创建一个包含选项的列表框，选项为指定 dataModel 对象中的所有元素
public JList(Object[] listData)	创建一个包含选项的列表框，选项为指定 listData 数组中的所有元素
public JList(Vector<?> listData)	创建一个包含选项的列表框，选项为指定向量中的所有元素
public void setListData(Object[] listData)	用指定数组中的所有元素设置列表框中的选项
public void setListData(Vector<?> listData)	用指定向量中的所有元素设置列表框中的选项
public int get SelectedIndex()	获取列表框中所有选项最小下标
public int[] getSelectedIndices()	获取列表框中所有选项的下标(按升序排列)
public void setSelectionMode(int selectionMode)	设置列表框的选择模式，SelectionMode 值为以下值： ListSelectionModel. SINGLE_SELECTION：一次只能选择一个列表索引； ListSelectionModel. SINGLE_INTERVAL_SELECTION：只允许选择连续范围内的多个项，可通过按住 Shift 键的方式选择； ListSelectionModel. MULTIPLE_INTERVAL_SELECTION：列表框的默认模式，既可选择连续范围内的多个项，也可选择不连续的多个项
public void setVisibleRowCount(int visibleRowCount)	设置列表框的可见行数

【例 6-9】 使用选择框和列表框的应用程序。

程序代码如下。

```
1  import java.awt.*;
2  import javax.swing.*;
3  public class Example6_7 extends JFrame{
4      public static void main(String[] args) {
5          Example6_7 f=new Example6_7();
6          Container c=new Container();
7          c=f.getContentPane();
8          JPanel p1=new JPanel();
9          JPanel p2=new JPanel();
10         p1.setBorder(BorderFactory.createTitledBorder("个人信息 "));
11         p1.setLayout(new GridLayout(5,2));
12         JLabel lbl1=new JLabel("姓名");
13         JLabel lbl2=new JLabel("性别");
14         JLabel lbl3=new JLabel("籍贯");
15         JLabel lbl4=new JLabel("爱好");
16         JTextField txt1=new JTextField(10);
```

```
17          JButton btn1=new JButton("确定");
18          JButton btn2=new JButton("取消");
19          ButtonGroup btnGroup=new ButtonGroup();
20          JRadioButton rbtn1=new JRadioButton("男");
21          JRadioButton rbtn2=new JRadioButton("女");
22          btnGroup.add(rbtn1); btnGroup.add(rbtn2);
23          p2.setLayout(new GridLayout(1,2));
24          p2.add(rbtn1); p2.add(rbtn2);
25          String[] citys={"北京","天津","上海","广州","深圳","南京","重庆"};
26          String[] hobbies={"运动","读书","下棋","旅行","摄影","收藏"};
27          JComboBox combox=new JComboBox(citys);
28          JList list=new JList();
29          list.setListData(hobbies);
30          list.setSelectionMode(ListSelectionModel.MULTIPLE_INTERVAL_
            SELECTION);
31          p1.add(lbl1);p1.add(txt1); p1.add(lbl2); p1.add(p2);
32          p1.add(lbl3);p1.add(combox); p1.add(lbl4); p1.add(list);
33          p1.add(btn1);p1.add(btn2);
34          c.add(p1);
35          f.setVisible(true);
36          f.setTitle("标签 文本域 按钮 单选按钮 选择框 列表框 ");
37          f.setSize(300, 300);
38      }
39  }
```

程序运行结果如图 6-12 所示。

程序分析如下。

第 25、26 行代码创建并初始化了 2 个字符数组；第 27 行代码使用字符数组 citys 中的数据元素来创建选择框；第 29、30 行代码创建了一个空列表框，使用指定的字符数组 hobbies 来设置列表框的选项，设置列表框的选择模式为不连续的多行选择模式。

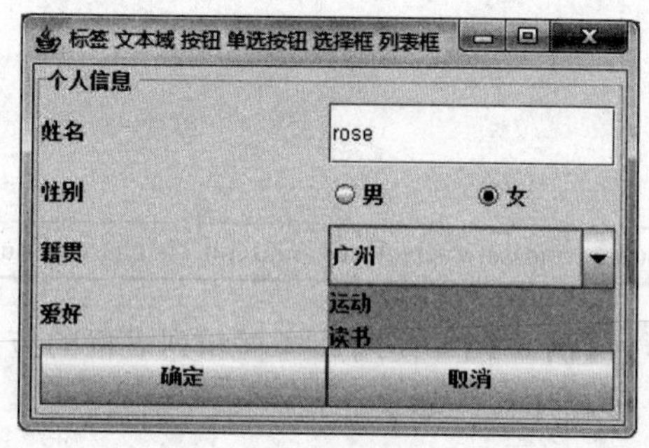

图 6-12　例 6-9 程序运行结果

6.4 Swing 高级组件

6.4.1 表格(JTable)

JTable 是 Swing 中用来创建表格的类，是 Swing 新增加的组件，该类主要功能是把数据以二维表格的形式显示出来。这个类是从 AbstractTableModel 类中继承而来的，其中有几个方法一定要重写，如 getColumnCount() 方法、getRowCount() 方法、getColumnName()方法和 getValueAt()方法。因为 JTable 会从这个对象中自动获取表格显示所必需的数据，AbstractTableModel 类封装了表格(行、列)设置、内容的填写、赋值、表格单元更新的检测等以及一切跟表格内容有关的属性及其操作。JTable 类生成的对象以 TableModel 对象为参数，并负责将 TableModel 对象中的数据以表格的形式显示出来，通常利用 DefaultTableModel 来创建 JTable，并将 JTable 组件添加到 JScrollPane 容器中来滚动显示数据。JTable 类的常用方法见表 6-23。

表 6-23 JTable 类的常用方法

方 法	说 明
public JTable()	创建默认的 JTable，使用默认的数据模型、列模型和选择模型对其进行初始化
public JTable(int numRows,int numColumns)	使用 DefaultTableModel 创建具有空单元格，包含 numRows 行和 numColumns 列的 JTable
public JTable(Object[][] rowData, Object[] columnNames)	用来指定的二维数组 rowData 中的数据，其列名称为 columnNames 来创建 JTable
public JTable(TableModel dm)	创建 JTable，使用 dm 作为数据模型、默认的列模型和默认的选择模型对其进行初始化
public JTable(TableModel dm, TableColumnModel cm)	创建一个 JTable，设置数据模式与字段模式，并有默认的选择模式
public JTable(TableModel dm, TableColumnModel cm,ListSelectionModel sm)	创建一个 JTable，设置数据模式、字段模式、与选择模式
public JTable(Vector rowData,Vector columnNames)	创建一个 JTable，用来显示指定 Vector(rowData)中的值，其列名称为 columnNames
public void addColumn(TableColumn aColumn)	将 aColumn 追加到此 JTable 的列模型所保持的列数组的结尾
public void removeColumn(TableColumn aColumn)	从此 JTable 的列数组中移除 aColumn
public int getColumnCount()	返回列模型中的列数
Public Color getGridColor()	返回用来绘制网格线的颜色
public int getSelectedColumnCount()	返回选定的列数
public int getSelectedColumns()	返回所有选定列的索引
public paramString()	返回此表的字符串表示形式
public void selectAll()	选择表中的所有行、列及单元格
public void setSelectionMode(int selectionMode)	设置表的选择模式为允许单个选择、单个连续单元格选择或多个连续选择中的一种
public void setRowHeight(int rowHeight)	将所有单元格的高度设置为 rowHeight(以像素为单位)、重新验证并重新绘制 JTable
public void setAutoResizeMode(int mode)	设置列是否可随容器组件大小变化自动调整宽度，mode 的取值通常为以下值： JTable. AUTO_RESIZE_OFF JTable. AUTO_RESIZE_NEXT_COLUMN JTable. AUTO_RESIZE_SUBSEQUENT_COLUMNS JTable. AUTO_RESIZE_LAST_COLUMN JTable. AUTO_RESIZE_ALL_COLUMNS

【例 6-10】 使用两种方式创建表格的应用程序。

程序代码如下。

```
1  import java.awt.*;
2  import javax.swing.*;
3  import javax.swing.table.*;
4  public class Example6_8 extends JFrame{
5     public static void main(String[] args) {
6        Example6_8 f=new Example6_8();
7        Container c=new Container();
8        c=f.getContentPane();
9        c.setLayout(new GridLayout(4,1));
10       JLabel lbl1=new JLabel("使用 Object 对象和字符数组初始化表格");
11       JLabel lbl2=new JLabel("使用 DefaultTableModel 对象和字符数组初始化表格");
12       String[] columnHead={"学号","姓名", "成绩"};
13       Object[][] data=
14       {
15             {new String("1"),"tom", new Integer(66)},
16             {new String("2"),"rose", new Integer(85)},
17             {new String("3"),"john", new Integer(66)},
18             {new String("4"),"hans", new Integer(85)},
19             {new String("5"),"peter", new Integer(66)},
20             {new String("6"),"merry", new Integer(85)}
21       };
22       JTable t1=new JTable(data, columnHead);
23       t1.setAutoResizeMode(JTable.AUTO_RESIZE_OFF);
24       t1.setSelectionMode(ListSelectionModel.MULTIPLE_INTERVAL_SELECTION);
25       t1.setRowHeight(12);
26       DefaultTableModel tableModel=new DefaultTableModel();
27       tableModel.setDataVector(data, columnHead);
28       tableModel.addColumn("性别");
29       int rowcount=(int)tableModel.getRowCount();
30       for(int i=0;i<rowcount;i++)
31             tableModel.setValueAt("男", i, 3);
32       tableModel.addRow(new Object[]{"7","coco",87,"女"});
33       JTable t2=new JTable(tableModel);
34       t2.setSelectionMode(ListSelectionModel.SINGLE_SELECTION);
35       JScrollPane pane1=new JScrollPane(t1);
36       JScrollPane pane2=new JScrollPane(t2);
37       c.add(lbl1); c.add(pane1); c.add(lbl2); c.add(pane2);
38       f.setVisible(true);
39       f.setSize(350,300);
40       f.setTitle("表格示例");
41    }
42 }
```

程序运行结果如图 6-13 所示。

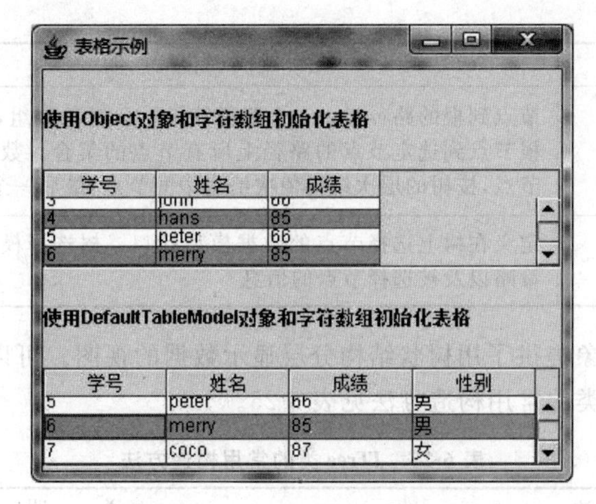

图 6-13 例 6-10 程序运行结果

程序分析如下。

第 3 行代码引入了 swing.table 包；第 12 行代码创建并初始化了一个字符型一维数组 columnHead；第 13～21 行代码行创建了并初始化一个 Object 类型的二维数组 data；第 22 行使用指定的二维数组 data 中的数据，其列名称为 columnHead 来创建表格 t1；第 23～25 行代码分别设置表格 t1 的列不可随容器组件大小变化自动调整宽度，设置表格 t1 的单元格选取模式为多行间隔选取，设置表格 t1 的行高；第 26～33 行代码创建一个表格模型类对象，使用指定的二维数组 data 中的数据、其列名称 columnHead 为 tableModel 设置数据，为 tableModel 添加名为“性别”的列，获得 tableModel 对象中数据的行数，使用循环语句为新增加的列赋值为“男”，为 tableModel 对象添加一行数据，使用表格模型对象 tableModel 创建并初始化表格对象 t2；第 34 行代码设置表格 t2 的单元格选取模式为单行选取；第 37 行代码中的 4 条语句分别将标签 lbl1 和表格 t1 添加到滚动面板 pane1，标签 lbl2 和表格 t2 和添加到滚动面板 pane2。

6.4.2 树(JTree)

JTree 是 Swing 中用来创建分层显示数据的组件的类，树可以用图形的方式显示众多节点以及它们之间的关系，最常见的树就是目录树。所有组成树的节点都称为节点(Node)。有关树 JTree 有几个比较重要的类和接口，见表 6-24。

表 6-24 JTree 的类和接口

类名和接口名	说　明
JTree	显示树的核心基本类
TreeModel	用来构建树的模型接口
DefaultTreeNode	默认的树模型接口的实现
TreeNode	创建树节点的接口
DefaultMutableTreeNode	默认的树节点的实现类

续表

类名和接口名	说　明
TreePath	节点到根的路径类。一个路径就是一个对象数组，对应于数据模型中从根节点到选定节点的路径上所有节点的集合。数组中第一个元素是根节点，按树的层次结构依次给出中间节点，最后一个元素就是选定节点
TreeSelectionModel	定义在树上选择节点的数据模型接口。树选择模型决定了选择节点的策略以及被选择节点的信息

在Java中，树对象提供了用树状结构分层显示数据的视图。可以扩展和收缩视图中的单个子树。JTree类的常用构造方法见表6-25。

表6-25　JTree类的常用构造方法

构造方法	说　明
public JTree(HashTable ht)	散列表中的每个元素是树的一个子节点
public JTree(Object obj[])	对象数组obj中的每一个元素都是树的子节点
public JTree(TreeModel newModel)	利用TreeModel建立树
public JTree(TreeNode root)	利用TreeNode建立树
public JTree(TreeNode root, boolean asksAllowsChildren)	利用TreeNode建立树，并决定是否允许子节点的存在
public JTree(Vector value)	利用Vector建立树，不显示root node

【例6-11】 使用两种方式创建目录树的应用程序。

程序代码如下。

```
1  import java.awt.*;
2  import java.util.*;
3  import javax.swing.*;
4  import javax.swing.tree.*;
5  class Course  {
6      private String name;
7      public Course (String n) {
8          name=n;
9      }
10     public String toString() {
11         return name;
12     }
13 }
14 public class Example6_9 extends JFrame{
15     public static void main(String[] args) {
16         Example6_9 f=new Example6_9();
17         Container c=new Container();
18         c=f.getContentPane();
19         c.setLayout(new GridLayout(1,2));
20         DefaultMutableTreeNode node1=new DefaultMutableTreeNode("公共课");
21         node1.add(new DefaultMutableTreeNode(new Course ("高等数学")));
```

```
22         node1.add(new DefaultMutableTreeNode(new Course ("大学物理")));
23         node1.add(new DefaultMutableTreeNode(new Course ("大学英语")));
24         DefaultMutableTreeNode node2=new DefaultMutableTreeNode("专业课");
25         node2.add(new DefaultMutableTreeNode(new Course ("数据结构")));
26         node2.add(new DefaultMutableTreeNode(new Course ("软件工程")));
27         node2.add(new DefaultMutableTreeNode(new Course ("C#程序设计")));
28         node2.add(new DefaultMutableTreeNode(new Course ("Java程序设计")));
29         DefaultMutableTreeNode node3=new DefaultMutableTreeNode("选修课");
30         node3.add(new DefaultMutableTreeNode(new Course ("计算机组装与维修")));
31         DefaultMutableTreeNode top=new DefaultMutableTreeNode("计算机专业课
           程体系结构");
32         top.add(node1); top.add(node2); top.add(node3);
33         top.add(new DefaultMutableTreeNode(new Course ("就业指导课")));
34         JTree tree1=new JTree(top);
35         JScrollPane scrollPane1=new JScrollPane();
36         scrollPane1.setBorder(BorderFactory.createTitledBorder
             ("DefaultMutableTreeNode"));
37         scrollPane1.setViewportView(tree1);
38         c.add(scrollPane1);
39         String[] s1={"课程学习资料","大学生竞赛资料","社团活动资料","英语四六级
           学习资料"};
40         String[] s2={"本机磁盘(C:)","本机磁盘(D:)","本机磁盘(E:)",
           "本机磁盘(F:)"}
41         String[] s3={"百度","当当网","淘宝网","天猫超市"};
42         Hashtable hashtable1=new Hashtable();
43         Hashtable hashtable2=new Hashtable();
44         hashtable1.put("我的文档",s1); hashtable1.put("我的电脑",s2);
45         hashtable1.put("收藏夹",hashtable2);
46         hashtable2.put("经常浏览网站列表",s3);
47         JTree tree2=new JTree(hashtable1);
48         JScrollPane scrollPane2=new JScrollPane();
49         scrollPane2.setBorder(BorderFactory.createTitledBorder
             ("Hashtable"));
50         scrollPane2.setViewportView(tree2);
51         c.add(scrollPane2);
52         f.setVisible(true); f.setSize(500,300); f.setTitle("JTree示例");
53     }
54 }
```

程序运行结果如图 6-14 所示。

程序分析如下。

第 4 行代码引入了 swing.tree 包；第 5～13 行代码创建了一个类 Course，并添加成员变量、构造方法和 toString()方法；第 20～23 行代码创建并初始化了一个默认树节点对象 node1，然后在 node1 分支节点中分别添加 3 个子节点；第 24～28 行代码创建并初始化了一个默认树节点对象 node2，然后在 node2 分支节点中分别添加 4 个子节点；第 29、30 行代码创建并初始化了一个默认树节点对象 node3，然后在 node3 分支节点中添加一个子节点；第 31～33 行代码创建并初始化了一个默认树节点对象 top，然后在 top 分支

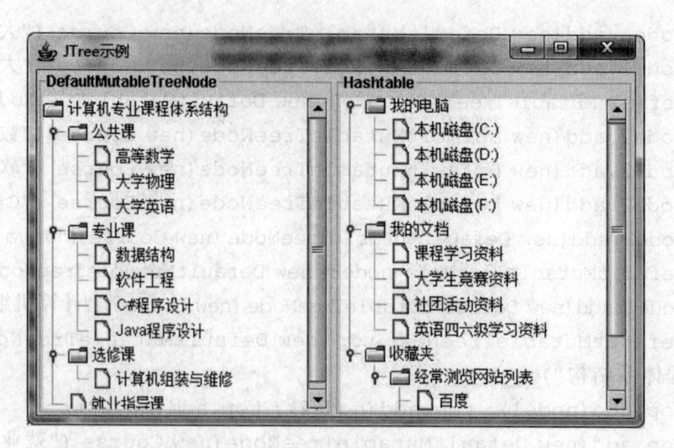

图 6-14 例 6-11 程序运行结果

节点中分别添加 node1、node2、node3 分支节点和一个默认树节点；第 34 行代码使用默认树节点 top 创建树 tree1；第 35～38 行代码创建一个滚动面板 scrollP，ane1，设置 scrollPane1 的边框标题，显示的组件为 tree1，最后将滚动面板 scrollPane1 加入到窗口中；第 39～41 行代码创建 3 个字符型数组；第 42～46 行代码分别创建两个哈希表 hashtable1 和 hashtable2，put(key，value)方法用于映射指定键在此哈希表中指定的值 key 是哈希表的键，value 是哈希表的值；第 47 行代码使用哈希表 hashtable1 创建树 tree2。

6.4.3 菜单(JMenuBar)

JMenuBar、JMenu、JMenuItem 和 JPopupMenu 是在 Swing 中开发菜单系统的主要的 3 个类。JMenuBar 叫作菜单栏，JMenu 叫作菜单，在一个 JMenuBar 中可以含有多个 JMenu，但在一个窗口中只能有一个 JMenuBar，JMenuItem 叫作菜单项，是 JMenu 中的项，一个 JMenu 中可以包含多个 JMenuItem。JPopupMenu 是 Swing 提供的另一种菜单，通常称为弹出式菜单。与其他形式菜单不同的是，JPopupMenu 并不固定在菜单栏中，而是能够自由浮动，每一个 JPopupMenu 都与相应的控件相关联，该控件称作调用者(Invoker)。

1. 菜单栏(JMenuBar)

使用 JMenuBar 的构造方法创建了一个菜单栏后，还要使用 setJMenuBar 方法将它设置成窗口的菜单栏。JMenuBar 类根据 JMenu 添加的顺序从左到右显示，并建立整数索引。JMenuBar 类的常用方法见表 6-26。

表 6-26 JMenuBar 类的常用方法

方 法	说 明
public void add(JMenu c)	将指定的菜单添加到菜单栏的末尾
public int getMenu(int index)	获取菜单栏中指定位置的菜单
public int getMenuCount()	获取菜单栏上的菜单数
public void setHelpMenu(JMenu menu)	设置用户选择菜单栏中的“帮助”选项时显示的帮助菜单

续表

方　　法	说　　明
public void getHelpMenu()	获取菜单栏的帮助菜单
public void setSelected(Component sel)	设置当前选择的组件,更改选择模型
public boolean isSelected()	如果当前已选择了菜单栏的组件,则返回 true

2. 菜单(JMenu)

在添加完菜单栏后,并不会显示任何菜单,所以还需要在菜单栏中添加菜单,当创建完菜单后,使用 JMenuBar 类的 add 方法将新创建的菜单添加到菜单栏中。JMenu 类的常用方法见表 6-27。

表 6-27　JMenu 类的常用方法

方　　法	说　　明
public JMenu ()	创建一个空的菜单
public JMenu(Action a)	创建一个菜单,菜单属性由相应的动作来提供
public JMenu(String s)	用给定的字符串创建一个菜单
public JMenu(String s,Boolean b)	用给定的字符串创建一个菜单。如果布尔值为 false,那么当释放鼠标按钮后菜单项会消失;如果布尔值为 true,那么当释放鼠标按钮后,菜单项仍将显示
public boolean isSelected()	如果当前菜单是被选中的,则返回 true
public void setSelected(boolean b)	设置菜单的选择状态
public void setMenuLocation(int x,int y)	设置弹出菜单的位置
public void add(JMenuItem menuItem)	将某个菜单项追加到此菜单的末尾,并返回添加的菜单项
public void add(Component c)	将组追加到此菜单的末尾,并返回添加的控件
public void add(Component c,int index)	将指定控件添加到此容器的给定位置上,如果 index 等于 −1,则将组件件追加到末尾
public void add(String s)	创建具有指定文本的菜单项,并将其追加到此菜单的末尾
public void addSeparator()	将新分隔符追加到菜单的末尾
public void insert(String s,int pos)	在给定的位置插入一个具有指定文本的新菜单项
public void insert(JMenuItem mi,int pos)	在给定的位置插入指定的 JMenuItem
public void insertSeparator(int index)	在指定的位置插入分隔符
public JmenuItem getItem(int pos)	获得指定位置的 JMenuItem,如果位于 pos 的组件不是菜单项,则返回 null
public int getItemCount()	获得菜单上的项数,包括分隔符
public void remove(JMenuItem item)	从此菜单移除指定的菜单项,如果不存在弹出菜单,则此方法无效
public void remove(int pos)	从此菜单移除指定索引处的菜单项
public boolean isTopLevelMenu()	如果菜单是“顶层菜单”,则返回 true

3. 菜单项(JMenuItem)

接下来的工作是往菜单中添加内容。在菜单中可以添加不同的内容,可以是菜单项(JMenuItem),可以是一个子菜单(JMenu),也可以是分隔符()。在构造完后,使用JMenu类的add方法添加到菜单中。子菜单的添加是直接将一个子菜单添加到母菜单中,而分隔符的添加只需要将分隔符作为菜单项添加到菜单中。JMenuItem类的主要方法见表6-28。

表 6-28 JMenuItem 类的主要方法

方　法	说　明
public JMenuBar()	创建一个菜单栏
public void setJMenuBar()	对象数组obj中的每一个元素都是树的子节点
public JTree(TreeModel newModel)	利用TreeModel建立树
JTree(TreeNode root)	利用TreeNode建立树

4. 弹出式菜单(JPopupMenu)

JPopupMenu是一种特殊的菜单,与其他形式菜单不同的是,JPopupMenu并不固定在菜单栏中,而是能够自由浮动,JPopupMenu的弹出位置由鼠标指针和系统判断决定。每一个JPopupMenu都与相应的组件相关联,该组件称作调用者。JPopupMenu类的主要方法见表6-29。

表 6-29 JPopupMenu 类的主要方法

方　法	说　明
public JPopupMenu()	创建一个空的弹出式菜单
public JPopupMenu(String title)	创建一个带指定标题的弹出式菜单
public Component getInvoker()	返回作为此弹出菜单的"调用者"的组件
public void setInvoker(Component invoker)	设置弹出菜单的调用者,即弹出菜单在其中显示的控件
public void getLabel()	返回弹出菜单的标签
public void setLabel(String label)	设置弹出菜单的标签
public void show(Component invoker,int x,int y)	在调用者的坐标空间中的位置x、y处显示弹出菜单
public int getComponentIndex(Component c)	返回指定控件的索引
public void setPopupSize(Dimension d)	使用Dimension对象设置弹出菜单的大小。此操作等效于setPreferredSize(d)
public void setPopupSize(int width,int height)	将弹出菜单的大小设置为指定的宽度和高度。此操作等效于setPreferredSize(new Dimension(width,height))
public void getComponent()	返回此JPopupMenu组件
isPopupTrigger(MouseEvent e)	如果当前系统将MouseEvent视为弹出菜单触发器,则返回true

【例 6-12】 使用菜单栏的应用程序。

程序代码如下。

```
1  import java.awt.*;
2  import javax.swing.*;
3  public class Example6_10 extends JFrame{
4      public void CreateMenu()
5      {
6          JMenuBar menuBar=new JMenuBar();
7          this.setJMenuBar(menuBar);
8          JMenu file=new JMenu("文件");
9          JMenu edit=new JMenu("编辑");
10         JMenu option=new JMenu("选项");
11         JMenu help=new JMenu("帮助");
12         menuBar.add(file); menuBar.add(edit);
13         menuBar.add(option); menuBar.add(help);
14         file.add(new JMenuItem("打开")); file.add(new JMenuItem("新建"));
15         file.add(new JMenuItem("保存")); file.add(new JMenuItem("关闭"));
16         edit.add(new JMenuItem("剪切")); edit.add(new JMenuItem("复制"));
17         edit.add(new JMenuItem("粘贴"));
18         option.add(new JMenuItem("改变标题"));
19         option.addSeparator();
20         JMenu change=new JMenu("改变前景色");
21         option.add(change);
22         change.add(new JMenuItem("红色")); change.add(new JMenuItem("黄色"));
23         change.add(new JMenuItem("蓝色"));
24         option.addSeparator();
25         option.add(new JMenuItem("改变背景色"));
26         this.setTitle("菜单");
27         this.setSize(300,200);
28         this.setLocation(400,400);
29         this.setVisible(true);
30     }
31     public static void main(String[] args) {
32         Example6_10 f=new Example6_10();
33         f.CreateMenu();
34     }
35 }
```

程序运行结果如图 6-15 所示。

程序分析如下。

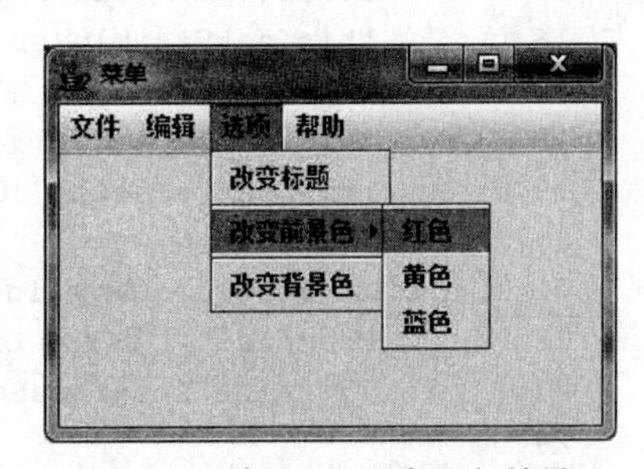

图 6-15 例 6-12 程序运行结果

第 4 行代码添加一个方法 CreateMenu()用来创建菜单;第 6、7 行代码创建了一个菜单栏并将该菜单栏设置为当前窗口的菜单栏;第 8～11 行代码分别创建了 4 个菜单“文件”“编辑”“选项”和“帮助”;第 12、13 行代码分别将 4 个菜单添加到菜单栏中;第 14、15 行代码在“文件”菜单下分别添加 4 个菜单项;

第 19 行代码在“选项”菜单下添加一个分隔线；第 20、21 行代码创建了一个菜单“改变前景色”并把它添加到“选项”菜单中，作为子菜单。

6.4.4 进度条(JProgressBar)

JProgressBar 是 Swing 中用来创建进度条的类，该类的主要方法见表 6-30。

表 6-30 JProgressBar 类的主要方法

方　　法	说　　明
public JProgressBar()	创建一个进度条
public void setMaximum(int n)	设置进度条最大值
public void setMinimum(int n)	设置进度条最小值
public void setValue(int n)	设置进度条初始值
public void setOrientation(int newOrientation)	设置进度条的方向，newOrientation 的取值为 JProgressBar. HORIZONTAL 或 JProgressBar. VERTICAL
public void setStringPainted(boolean b)	设置进度条上是否显示具体进度
public void setPreferredSize(Dimension preferredSize)	设置进度条的大小，注意不是 setsize

【例 6-13】 使用进度条的应用程序。

程序代码如下。

```
1  import java.awt.*;
2  import javax.swing.*;
3  public class Example6_11 extends JFrame{
4      public void CreateJProgressBar()
5      {
6          JProgressBar jpb=new JProgressBar();
7          JButton jbtn=new JButton("开始");
8          jpb.setOrientation(JProgressBar.HORIZONTAL);
9          jpb.setMaximum(100); jpb.setMinimum(0);
10         jpb.setValue(0);
11         jpb.setStringPainted(true);
12         jpb.setPreferredSize(new Dimension(400,50));
13         Container c=new Container();
14         c=this.getContentPane();
15         c.add(jpb,BorderLayout.CENTER); c.add(jbtn,BorderLayout.SOUTH);
16         this.setVisible(true);
17         this.setSize(500,100);
18         this.setTitle("进度条");
19         this.setLocation(400,400);
20     }
21     public static void main(String[] args) {
22         Example6_11 f=new Example6_11();
23         f.CreateJProgressBar();
24     }
25 }
```

程序运行结果如图 6-16 所示。

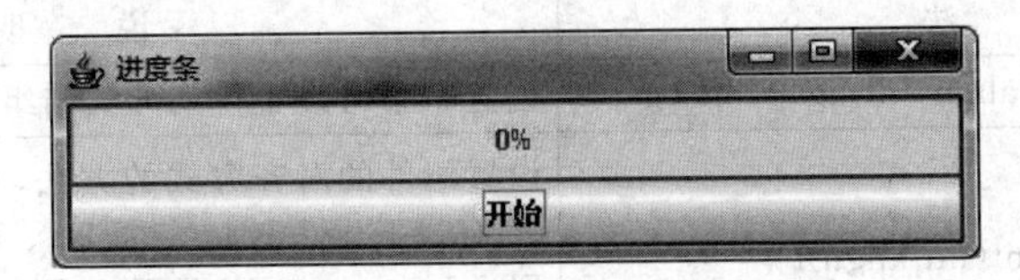

图 6-16 例 6-13 程序运行结果

6.5 布局管理器

Java 中的容器只负责加入组件，即调用容器的 add 方法向其内部加入组件。容器可以通过 container. getComponent()方法获得容器内组件的数目，并且可以通过 container. getComponent(i)获得相应组件的引用。这样布局管理器 LayoutManager 类就可以通过这些信息来实际布局具体的每个组件。

在 java. awt 包中有许多布局管理器，负责处理组件在应用程序中的摆放位置，以及在应用程序改变尺寸或者删除、添加组件时对组件进行相应处理。使用这些功能强大的布局管理器可以很方便地设计出使用方便、美观的图形界面。Java 中所有的布局管理器都要实现 java. awt. LayoutManager，这些布局类分别是 FlowLayout 流式布局管理器、GridLayout 网格布局管理器、GridBagLayout 网格包布局管理器、BorderLayout 边界布局管理器、CardLayout 卡片布局管理器。

6.5.1 BorderLayout 布局管理器

BorderLayout 边框布局管理器位于 java. awt. BorderLayout 包中，是一种非常简单、实用的布局管理器，将整个窗口划分为 5 个部分，即东(BorderLayout. EAST)、西(BorderLayout. WEST)、南(BorderLayout. SOUTH)、北(BorderLayout. NORTH)、中(BorderLayout. CENTER)5 个区域，将添加的组件按指定位置放置。

6.5.2 FlowLayout 布局管理器

FlowLayout 流式布局管理器是最简单的布局。它将所有的组件从左到右、从上至下安排。它会尽量将组件放在同一行并居中显示，当空间不足时，就移到下一行。FlowLayout 布局管理器的功能比 BorderLayout 更强，可以设置组件的间距和对齐方式，该类常用的方法见表 6-31。

表 6-31 FlowLayout 类常用的方法

方 法	说 明
public FlowLayout()	创建一个默认为居中对齐、组件彼此有 5 单位的水平与垂直间距的 FlowLayout
public FlowLayout(int align)	创建一个可设置排列方式且组件彼此有 5 单位的水平与垂直间距的 FlowLayout

续表

方　　法	说　　明
public FlowLayout(int align,int hgap,int vgap)	创建一个可设置排列方式与组件间距的 FlowLayout
public void setAlignment(int align)	设置组件的对齐方式的方法，其值 align 表示对齐方式有：FlowLayout. LEFT、FlowLayout. RIGHT、FlowLayout. CENTER、FlowLayout. LEADING、FlowLayout. TRAILING
public void setHgap(int hgap)	设置组件的水平间距
public void setVgap(int hgap)	设置组件的垂直间距
public int getHgap(int hgap)	获得组件之间的水平间距和组件与容器边框之间的水平间距
public int getVgap(int hgap)	获得组件之间的垂直间距和组件与容器边框之间的垂直间距

6.5.3 GridLayout 布局管理器

GridLayout 布局管理器是一个既灵活又规范的布局管理器，其布局基于网格结构，组件位置十分明确。GridLayout 布局管理器的使用方法为：首先，将整个显示区域分为若干个大小相等的单元格，可以在单元格中添加组件，并指明组件占用哪几个单元格及在单元格中的具体位置。该类的常用方法见表 6-32。

表 6-32　GridLayout 类的常用方法

方　　法	说　　明
public GridLayout()	创建一个默认为一行一列的 GridLayout
public GridLayout(int rows,int cols)	一个指定行(rows)和列(cols)的 GridLayout
public GridLayout(int rows, int cols, int hgap,int vgap)	创建一个指定行(rows)和列(cols)，且组件间水平间距为 hgap、垂直间距为 vgap 的 GridLayout
public void setRows(int rows)	设置网格布局的行数，有与之对应的 getRows()方法
public void setColumns(int cols)	设置网格布局的列数，有与之对应的 getColumns()方法
public void setHgap(int hgap)	设置单元格内组件间的水平间距，有与之对应的 getHgap()方法
public void setVgap(int Vgap)	设置单元格内组件间的垂直间距，有与之对应的 getVgap()方法

6.5.4 GridBagLayout 布局管理器

GridBagLayout 以表格形式布置容器内的组件，将每个组件放置在每个单元格内，而一个单元格可以跨越多个单元格合并成一个单元格，即多个单元格可以组合成一个单元格，从而实现组件的自由布局。该类的构造方法非常简单，GridBagLayout()创建一个默认的 GridBagLayout，每一个单元格都有各自的属性，而这些属性由 GridBagConstraints

类的成员变量来定义，且 GridBagConstraints 中的所有成员变量都是 public 类型的。GridBagConstraints 类的成员变量见表 6-33。GridBagConstraints 的构造方法有两个，分别如下。

(1) GridBagConstraints()：创建一个默认的 GridBagConstraints。

(2) GridBagConstraints(intgridx, int gridy, int gridwidth, int gridheight, double weightx, double weighty, int anchor, int fill, Insets insets, int ipadx, int ipady)：创建一个指定其参数值的 GridBagConstraints。

表 6-33 GridBagConstraints 类的成员变量

成员变量	说明
int gridx 和 int gridy	设置组件所处行与列的起始坐标
int gridwidth 和 int gridheight	设置组件横向与纵向的单元格跨越个数
double weightx 和 double weighty	设置窗口变大时的缩放比例
int anchor	设置组件在单元格中的对齐方式。由以下常量来定义：GridBagConstraints. CENTER、GridBagConstraints. EAST、GridBagConstraints. WEST、GridBagConstraints. SOUTH、GridBagConstraints. NORTH、GridBagConstraints. SOUTHEAST、GrisBagConstraints. SOUTHWEST、GridBagConstraints. NORTHEAST、GridBagConstraints. NORTHWEST
int fill	当某个组件未能填满单元格时，可由此属性设置横向、纵向或双向填满。由以下常量来定义：GridBagConstraints. NONE、GridBagConstraints. HORIZONTAL、GridBagConstraints. VERTICAL、GridBagConstraints. BOTH
Insets insets	设置单元格的间距。Insets(int top, int left, int bottom, int right)包括 4 个方向
int ipadx 和 int ipady	将单元格内的组件的最小尺寸横向或纵向扩大

6.5.5 CardLayout 布局管理器

CardLayout 以层叠的方式布置组件，同一时刻只能从这些组件中选出一个来显示，如同一副“扑克牌”，每次只能显示最上面的一张，这个被显示的组件占据所有的容器空间。CardLayout 类的常用方法见表 6-34。

表 6-34 CardLayout 类的常用方法

方法	说明
public CardLayout()	创建一个组件距容器左右边界和上下边界的距离为默认值 0 个像素的 CardLayout
public CardLayout(int horizontalGap, int vertiacalGap)	创建一个组件距容器左右边界和上下边界的距离为指定值的 CardLayout
public void first(Container parent)	弹出容器布局中的第一张卡片

续表

方　　法	说　　明
public void next(Container parent)	弹出容器布局中当前卡片的下一张卡，若当前已经是最后一张，则该方法的执行结果为显示第一张卡片
public void previous(Container parent)	弹出容器布局中当前卡片的上一张卡，若当前已经是第一张，则该方法的执行结果为显示最后一张卡片
public void last(Container parent)	弹出容器布局中的最后一张卡片
public void show(Container parent,String name)	弹出容器布局中指定 name 的组件卡片

【例 6-14】 综合应用 5 种布局管理器的应用程序。

程序代码如下。

```
1  import java.awt.*;
2  import javax.swing.*;
3  public class Example6_12 extends JFrame{
4      public static void main(String[] args) {
5          Example6_12 f=new Example6_12();
6          Container c=new Container();
7          GridLayout gridLayout=new GridLayout(2,2);
8          c=f.getContentPane();
9          c.setLayout(gridLayout);
10         JPanel p1=new JPanel(new BorderLayout());
11         JPanel p2=new JPanel(new FlowLayout());
12         JPanel p3=new JPanel(new GridBagLayout());
13         p1.setBorder(BorderFactory.createTitledBorder("BorderLayout"));
14         p2.setBorder(BorderFactory.createTitledBorder("FlowLayout"));
15         p3.setBorder(BorderFactory.createTitledBorder("GridBagLayout"));
16         JButton btn1=new JButton("NORTH"); JButton btn2=new JButton("SOUTH");
17         JButton btn3=new JButton("EAST"); JButton btn4=new JButton("WEST");
18         JButton btn5=new JButton("CENTER");
19         p1.add(btn1,BorderLayout.NORTH); p1.add(btn2,BorderLayout.SOUTH);
20         p1.add(btn3,BorderLayout.EAST); p1.add(btn4,BorderLayout.WEST);
21         p1.add(btn5,BorderLayout.CENTER);
22         for(int i=0;i<7;i++)
23         {
24             JButton btn=new JButton("Button"+i);
25             p2.add(btn);
26         }
27         JButton btn=new JButton("first");
28         GridBagConstraints gbc=new GridBagConstraints();
29         gbc.gridx=0; gbc.gridy=0;
30         gbc.gridwidth=1; gbc.gridheight=1;
31         gbc.weightx=0; gbc.weighty=0;
32         gbc.anchor=GridBagConstraints.NORTHWEST;
33         gbc.fill=GridBagConstraints.NONE;
34         gbc.insets=new Insets(0,0,0,0);
35         gbc.ipadx=0; gbc.ipady=0;
```

```
36        p3.add(btn,gbc);
37        gbc.gridx=1;  gbc.gridy=0;
38        gbc.gridwidth=GridBagConstraints.REMAINDER;
39        gbc.gridheight=1;
40        gbc.weightx=1; gbc.weighty=0;
41        gbc.anchor=GridBagConstraints.CENTER;
42        gbc.fill=GridBagConstraints.HORIZONTAL;
43        gbc.insets=new Insets(5,5,5,5);
44        gbc.ipadx=0; gbc.ipady=0;
45        btn=new JButton("second");
46        p3.add(btn,gbc);
47        gbc.gridx=0; gbc.gridy=1;
48        gbc.gridwidth=1; gbc.gridheight=GridBagConstraints.REMAINDER;
49        gbc.weightx=0; gbc.weighty=1;
50        gbc.anchor=GridBagConstraints.CENTER;
51        gbc.fill=GridBagConstraints.VERTICAL;
52        gbc.insets=new Insets(0,0,0,0);
53        gbc.ipadx=10; gbc.ipady=10;
54        btn=new JButton("three");
55        p3.add(btn,gbc);
56        CardLayout cardlayout=new CardLayout();
57        JPanel p4=new JPanel(cardlayout);
58        p4.setBorder(BorderFactory.createTitledBorder("CardLayout"));
59        for (int i=0;i<5;i++)
60        {
61           JButton button=new JButton("Button"+i);
62           p4.add("button"+i,button);
63        }
64        cardlayout.last(p4);
65        c.add(p1); c.add(p2); c.add(p3); c.add(p4);
66        f.setVisible(true);
67        f.setTitle("GridLayout");
68        f.setSize(600, 300);
69     }
70  }
```

程序运行结果如图 6-17 所示。

程序分析如下。

第 7 行代码创建了一个 2 行、2 列的 GridLayout 网格布局管理器对象 gridLayout；第 9 行代码将当前窗口容器布局设置为 gridLayout；第 10～15 行代码分别创建了 3 个面板并设置 3 个面板的边框标题和布局方式；第 16～18 行代码分别创建 5 个按钮，并把这 5 个按钮放置在 North、South、West、East 和 Center 的 5 个位置；第 22～26 行代码使用循环语句创建了 7 个按钮，并依次把这 7 个按钮添加到 FlowLayout 流式布局的面板 p2 中；第 27～36 行代码：首先创建一个按钮，然后创建一个 GridBagConstraints 类的对象 gbc 并设置该对象的各项属性，最后将按钮以 gbc 模式添加到 GridBagLayout 网格布局的面板 p3 中；第 56、57 行代码创建一个 CardLayout 卡片布局的对象，并使用该布局对象

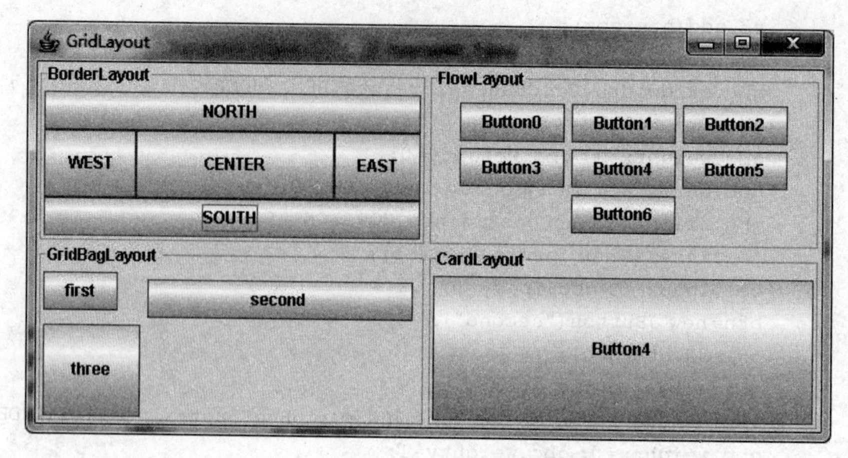

图 6-17 例 6-14 程序运行结果

创建并初始化面板对象 p4;第 59～63 行代码使用循环语句创建 5 个按钮,并分别添加到面板 p4 中;第 64 行代码设置面板 p4 中当前显示的组件为最后一个。

6.6 事件处理

事件表达了系统、应用程序及用户之间的动作和响应。利用事件处理机制可以实现用户与程序之间的交互。图形用户界面通过事件机制响应用户和程序的交互。产生事件的组件称为事件源。如当用户单击某个按钮时就会产生动作事件,该按钮就是事件源。要处理产生的事件,需要在特定的方法中编写处理事件的程序。这样,当产生某种事件时就会调用处理这种事件的方法,从而实现用户与程序的交互,这就是图形用户界面事件处理的基本原理。

6.6.1 事件类和事件监听器

Java 事件由事件类和监听器接口组成,监听器接口是继承自 java.util.EventListener 的类,事件类继承自 java.util.EventObject 的类。自定义一个事件前,必须提供一个事件的监听器接口以及一个事件类。JDK 中也提供了许多事件监听器接口的最简单的实现类,称之为事件适配器(Adapter)类。用事件适配器来处理事件,可以简化事件监听器编写,因为很多基本的事件系统已经定义好了,只要学会调用即可。表 6-35 列出了 7 个适配器(Adapter)类和与之对应的监听器接口。

表 6-35 适配器(Adapter)类和与之对应的监听器接口

监听器接口名称	适配器名称	监听器接口名称	适配器名称
ComponentListener	ComponentAdapter	MouseListener	MouseAdapter
ContainerListener	ContainerAdapter	MouseMotionListener	MouseMotionAdapter
FocusListener	FocusAdapter	WindowListener	WindowAdapter
KeyListener	KeyAdapter		

每个事件类都提供两个常用的方法，即 getID 方法（返回事件的类型）和 getSource 方法（返回事件源的引用）。当多个事件源触发的事件由一个共同的监听器处理时，可以通过 getSource 方法判断当前的事件源是哪一个组件。

Java 将所有组件可能发生的事件进行分类，具有共同特征的事件被抽象为一个事件类 AWTEvent，其中包括 ActionEvent 类（动作事件）、MouseEvent 类（鼠标事件）、KeyEvent 类（键盘事件）等。表 6-36 列出了常用 Java 事件类、处理该事件的接口及接口中的方法。

表 6-36 常用 Java 事件类、处理该事件的接口及接口中的方法

事件类/接口名称	接口方法及说明
ActionEvent 动作事件类 ActionListener 接口	actionPerformed(ActionEvent e)：单击按钮、选择菜单项或在文本框中按回车键时
AdjustmentEvent 调整事件类 AdjustmentListener 接口	adjustmentValueChanged(AdjustmentEvent e)：当改变滚动条滑块位置时
ComponentEvent 组件事件类 ComponentListener 接口	componentMoved(ComponentEvent e)：组件移动时 componentHidden(ComponentEvent e)：组件隐藏时 componentResized(ComponentEvent e)：组件缩放时 componentShown(ComponentEvent e)：组件显示时
ContainerEvent 容器事件类 ContainerListener 接口	componentAdded(ContainerEvent e)：添加组件时 componentRemoved(ContainerEvent e)：移除组件时
FocusEvent 焦点事件类 FocusListener 接口	focusGained(FocusEvent e)：组件获得焦点时 focusLost(FocusEvent e)：组件失去焦点时
ItemEvent 选择事件类 ItemListener 接口	itemStateChanged(ItemEvent e)：选择复选框、选项框、单击列表框、选中带复选框菜单时
KeyEvent 键盘事件类 KeyListener 接口	keyPressed(KeyEvent e)：键按下时 keyReleased(KeyEvent e)：键释放时 keyTyped(KeyEvent e)：击键时
MouseEvent 鼠标事件类 MouseListener 接口	mouseClicked(MouseEvent e)：单击鼠标时 mouseEntered(MouseEvent e)：鼠标进入时 mouseExited(MouseEvent e)：鼠标离开时 mousePressed(MouseEvent e)：鼠标键按下时 mouseReleased(MouseEvent e)：鼠标键释放时
MouseEvent 鼠标移动事件类 MouseMotionListener 接口	mouseDragged(MouseEvent e)鼠标拖放时 mouseMoved(MouseEvent e)鼠标移动时
TextEvent 文本事件类 TextListener 接口	textValueChanged(TextEvent e)：文本框、多行文本框内容修改时
WindowEvent 窗口事件类 WindowListener 接口	windowOpened(WindowEvent e)窗口打开后 windowClosed(WindowEvent e)窗口关闭后 windowClosing(WindowEvent e)窗口关闭时 windowActivated(WindowEvent e)窗口激活时 windowDeactivated(WindowEvent e)窗口失去焦点时 windowIconified(WindowEvent e)窗口最小化时 windowDeiconified(WindowEvent e)最小化窗口还原时

一个事件监听器对象负责处理一类事件,一类事件的每一种发生情况分别由事件监听器对象中的一个方法来具体处理。在事件源和事件监听器对象中进行约定的接口类,称为事件监听器接口。事件监听器接口类的名称与事件类的名称是相对应的,如 MouseEvent 事件类的监听器接口名为 MouseListener。事件监听器编写事件监听器类有各种写法,监听器类的声明方法如下。

(1) 将事件监听器作为单独的类。

(2) 将事件监听器作为组件的内部类。

(3) 直接使用已有类(通常是包含事件源的组件)作为事件监听器。

(4) 使用匿名内部类。

监听器类的实现方法如下。

(1) 一个监听器类实现多个组件的监听者对象。通过类中的实例字段来区分不同的监听器对象。

(2) 一个监听器对象作为多个组件的监听器。在事件的响应方法中通过事件源区分不同的事件。

6.6.2 事件处理机制

JDK 1.1 之后 Java 采用的是"事件源—事件监听者"模型,引发事件的对象称为事件源,而接收并处理事件的对象是事件监听者(或者称为事件监听器)。一个事件源可以对应多个监听者,一个监听者可以对应多个事件源。引入事件处理机制后的编程基本方法如下。

(1) 在程序的首部添加代码行 import. java. awt. event. *。这个包专门用来实现 AWT 组件的处理事件。

(2) 实现事件监听者的接口。方法:对事件处理者增加声明:implements XXXListener()。这里,XXX 表示事件所对应的接口。

(3) 事件源(如按钮等组件)设置某种事件的监听者:事件源. addXXListener (XXListener 代表某种事件监听者)。

(4) 事件监听者所对应的类实现事件所对应的接口 XXListener,并重写接口中的全部方法。

这样就可以处理图形用户界面中的对应事件了。要删除事件监听者可以使用语句:事件源. removeXXListener。

当将一个类用作事件监听器时,已经设置好一个特定的事件类型,它会用该类进行监听。接下来的操作是:一个匹配的监听器必须被加入该组件中。组件被创建后,可以在组件上调用表 6-37 所列出的方法来将监听器与它联系起来。

表 6-37 常用组件添加监听器的方法

添加监听器调用的方法	对应的组件类型
addActionListener()	可用于 Button、Check、TexyField 等组件
addAdjustmentListener()	可用于 ScrollBar 组件

续表

添加监听器调用的方法	对应的组件类型
addFocusListener()	可用于所有可视化组件
addItemListener()	可用于 Button、CheckBox 等组件
addKeyListener()	可用于所有可视化组件
addMouseListener()	可用于所有可视化组件
addMouseMotionListener()	可用于所有可视化组件
addWindowsListener()	可用于 Window、Frame 等组件

【例 6-15】 以按钮组件为例编写程序，当单击按钮后，在文本框中和状态栏中显示提示信息。

程序代码如下。

```
1  import java.awt.*;
2  import java.awt.event.*;
3  import javax.swing.*;
4  import java.applet.*;
5  public class Example6_13 extends JApplet implements ActionListener{
6      Panel p1=new Panel();
7      TextField txt=new TextField();
8      Button btn=new Button("显示提示信息");
9      public void init(){
10         p1.setLayout(new GridLayout(2,1));
11         p1.add(txt); p1.add(btn);
12         this.add(p1);
13         this.setSize(400, 100);
14         btn.addActionListener(this);
15     }
16     public void actionPerformed(ActionEvent e){
17         txt.setText(btn.getLabel()+"为：您单击了按钮组件");
18         showStatus("按钮的单击事件");
19     }
20 }
```

程序运行结果如图 6-18 所示。

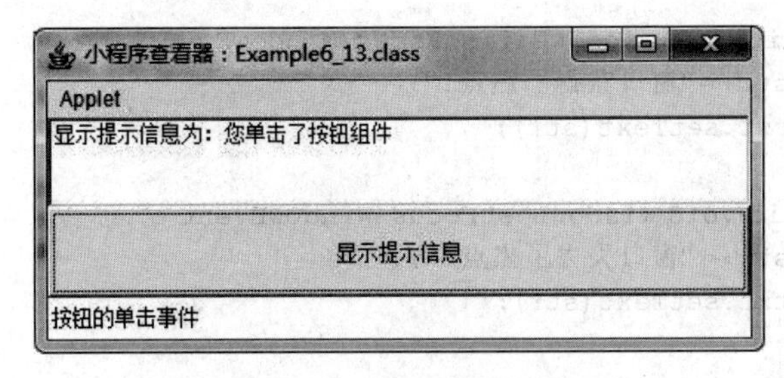

图 6-18 例 6-15 程序运行结果

程序分析如下。

第2行代码引入AWT处理事件的包；第5行代码声明implements ActionListener以示该类实现了事件的接口ActionListener；第6～8行代码分别创建了面板、文本框和按钮组件；第14行代码调用addActionListener方法，设置文本框的监听者是该组件所在的小程序；第16～18行代码是具体的对接口中方法actionPerformed(ActionEvent e)的实现，当用户单击按钮后，就会在文本框中显示提示信息。

可以将第17～19行代码删除，将第15行代码改为如下代码。

```
btn.addActionListener(new ActionListener({
public void actionPerformed(ActionEvent e){...}
});
```

6.6.3 焦点事件

焦点事件发生在任何组件在图形化用户界面上获得或失去焦点时。为了处理焦点事件，类必须实现FocusListener接口。每个产生一个焦点事件的组件上要调用addXXXFocusListener方法，该接口中有以下两种方法。

(1) public void XXXfocusGained(FocusEvent evt)：获得焦点。

(2) public void XXXfocusLost(FocusEvent evt)：失去焦点。

在这两种方法中捕获的对象上可以使用getSourse的方法返回事件源的引用。

【例6-16】 以窗口为例编写程序，当显示或最小化窗口后，在文本框中显示状态信息。

程序代码如下。

```
1  import java.awt.*;
2  import java.awt.event.*;
3  import javax.swing.*;
4  public class Example6_14 extends JFrame implements WindowFocusListener {
5      JTextField txt=new JTextField();
6      String str=new String();
7      public Example6_14() {
8          this.add(txt);
9          this.addWindowFocusListener(this);
10     }
11         public void windowGainedFocus(WindowEvent e) {
12             str+="窗口获得了焦点!";
13             txt.setText(str);
14         }
15         public void windowLostFocus(WindowEvent e) {
16             str+="窗口失去了焦点!";
17             txt.setText(str);
18         }
19     public static void main(String[] args) {
20         Example6_14 f=new Example6_14();
21         f.setVisible(true);
```

```
22          f.setSize(600, 80);
23          f.setTitle("窗口焦点事件");
24      }
25  }
```

程序运行结果如图 6-19 所示。

图 6-19 例 6-16 程序运行结果

程序分析如下。

第 2 行代码引入 AWT 处理事件的包；第 4 行代码声明 implements WindowFocusListener以示该类实现了窗口焦点事件的接口 WindowFocusListener；第 9 行代码调用 addWindowFocusListener 方法，设置窗口的监听者为窗口；第 11～14 行代码是对接口中的获得焦点 windowGainedFocus(WindowEvent e)方法的实现，当窗体获得焦点后在文本框中显示提示信息为“窗口获得了焦点!”；第 15～18 行代码是对接口中的失去焦点 windowLostFocus(WindowEvent e)方法的实现，当窗体失去焦点后在文本框中显示提示信息为“窗口失去了焦点!”。

6.6.4 选项事件

Swing 包中的许多组件，如 JCheckBox、JComboBox、JCheckBoxMenuItem，提供了“选中”和“未选”两种状态。希望对操作中产生的这两种状态能进行相应处理。这就属于选项事件处理。与选项事件处理相关的有事件类 ItemEvent 和监听器接口 ItemListener。

具体实现选项事件的过程如下。

(1) 组件通过方法 addItemListener()注册到 ItemListener 对象中。允许监听器在程序运行过程中监听组件是否有鼠标键事件 ItemEvent 对象发生。

(2) 实现 ItemListener 接口的所有方法，提供事件发生的具体处理办法。每个产生一个项目事件的组件上要调用 addItemListener 方法。该接口中有唯一的方法。

```
public void itemStateChanged(ItemEvent e)
```

在这个方法中捕获的对象上可以使用以下的方法。

① getItem()：确定在哪个项目上发生了事件。

② getStateChange()：用来判断该项目是否被选中，返回整数值。

③ ItemEvent.DESELECTED：没被选中。

④ ItemEvent.SELECTED：已被选中。

【例 6-17】 复选框、单选按钮和组合框的选项事件示例。

程序代码如下。

```
1  import javax.swing.*;
```

```
2  import java.awt.*;
3  import java.awt.event.*;
4  public class Example6_15 extends JFrame implements ActionListener,
   ItemListener{
5      String address,hobby,user,sex,str;
6      JPanel p1=new JPanel(new GridLayout(6,2));
7      JPanel p11=new JPanel(new GridLayout(1,2));
8      JPanel p12=new JPanel(new GridLayout(1,4));
9      JLabel lbl1=new JLabel("用户名"); JLabel lbl2=new JLabel("密码");
10     JLabel lbl3=new JLabel("性别"); JLabel lbl4=new JLabel("籍贯");
11     JLabel lbl5=new JLabel("爱好");
12     JTextField txtName=new JTextField(10);
13     JPasswordField txtPassword=new JPasswordField(10);
14     ButtonGroup rbtngroup=new ButtonGroup();
15     JRadioButton rbtn1=new JRadioButton("男");
16     JRadioButton rbtn2=new JRadioButton("女");
17     JCheckBox cbx1=new JCheckBox("运动");
18     JCheckBox cbx2=new JCheckBox("读书");
19     JCheckBox cbx3=new JCheckBox("购物");
20     JCheckBox cbx4=new JCheckBox("旅行");
21     JButton btn1=new JButton("确定");
22     JButton btn2=new JButton("取消");
23     JComboBox combox;
24     public Example6_15()
25     {
26         Container c=new Container();
27         c=this.getContentPane();
28         String[] address={"北京","上海","天津","重庆","辽宁","黑龙江","河
           北","山西","陕西","甘肃","江苏"};
29         rbtngroup.add(rbtn1);
30         rbtngroup.add(rbtn2);
31         combox=new JComboBox(address);
32         txtPassword.setEchoChar('#');
33         p1.add(lbl1); p1.add(txtName);
34         p1.add(lbl2); p1.add(txtPassword);
35         p1.add(lbl3); p11.add(rbtn1); p11.add(rbtn2);
36         p12.add(cbx1); p12.add(cbx2); p12.add(cbx3); p12.add(cbx4);
37         p1.add(p11);
38         p1.add(lbl4); p1.add(combox);
39         p1.add(lbl5); p1.add(p12);
40         p1.add(btn1); p1.add(btn2);
41         c.add(p1);
42         btn1.addActionListener(this);
43         cbx1.addItemListener(this);
44         cbx2.addItemListener(this);
45         cbx3.addItemListener(this);
46         cbx4.addItemListener(this);
47         rbtn1.addItemListener(this);
48         rbtn2.addItemListener(this);
```

```
49          this.setVisible(true);
50          this.setSize(430, 220);
51          this.setTitle("用户注册示例");
52      }
53      public void actionPerformed(ActionEvent e)
54      {
55          user="用户名: "+txtName.getText()+"\n";;
56          str=user+sex+"\n"+=ddress+"\n"+hobby+"\n";
57          if(e.getSource()==btn1)
58              JOptionPane.showMessageDialog(null, str);
59      }
60      public void itemStateChanged(ItemEvent e)
61      {
62          hobby="爱好: ";
63          address="籍贯: ";
64          sex="性别: ";
65          if(e.getStateChange()==e.SELECTED)
66          {
67              if(rbtn1.isSelected())
68                  sex+=rbtn1.getText();
69              if(rbtn2.isSelected())
70                  sex+=rbtn2.getText();
71              if(cbx1.isSelected())
72                  hobby+=cbx1.getText()+",";
73              if(cbx2.isSelected())
74                  hobby+=cbx2.getText()+",";
75              if(cbx3.isSelected())
76                  hobby+=cbx3.getText()+",";
77              if(cbx4.isSelected())
78                  hobby+=cbx4.getText()+",";
79              address+=combox.getSelectedItem().toString();
80          }
81      }
82      public static void main(String[] args) {
83          Example6_15 f=new Example6_15();
84      }
85  }
```

程序运行结果如图 6-20 所示。

图 6-20 例 6-17 程序运行结果

程序分析如下。

第 4 行代码声明“implements ActionListener, ItemListener”，以示该类实现 ActionListener 接口和 ItemListener 接口；第 44 ～ 50 行代码分别给按钮添加 ActionListener 侦听器，给两个单选按钮、4 个复选框和组合框添加 ItemListener 侦听器；第 55～61 行代码是对 ActionListener 接口中 actionPerformed(ActionEvent e)方法的实现，当单击“确定”按钮时，显示消息框及相应信息；第 62～83 行代码是对 ItemListener 接口中 itemStateChanged(ItemEvent e)方法的实现，当单选按钮、复选框和组合框状态发生改变时，分别获得各个被选中组件的文本信息。

6.6.5 键盘事件

前面的 ActionListener 接口只有一个方法。如果接口中有多个方法，就需要使用适配器来简化编程。下面以键盘事件为例说明适配器的使用。键盘事件 KeyEvent 涉及的接口是 KeyListener，该接口相应的适配器是 KeyAdapter。键盘事件监听器 KeyListener 有 3 个方法。

(1) 某个键被按下时触发的事件

```
void keyPressed(KeyEvent e);
```

(2) 某个键被抬起释放时触发的事件

```
void keyReleased(KeyEvent e);
```

(3) 某个键被按下又抬起释放时触发的事件

```
void keyTyped(KeyEvent e);
```

键盘事件类 KeyEvent 的主要方法如下。

(1) 得到按键对应的字符

```
char getKeyChar();
```

(2) 得到按键对应的扫描码

```
int getKeyCode();
```

(3) 将扫描码转化为说明字符串

```
static String getKeyText(int keyCode);
```

组件所在的类为了能够处理这些事件必须实现接口 KeyListener，每个产生键盘事件的组件上要调用方法 addKeyListener()添加键盘监听器。

【例 6-18】 复选框、单选按钮和组合框的选项事件示例。

程序代码如下。

```
1  import javax.swing.*;
2  import java.awt.*;
3  import java.awt.event.*;
```

```
4  public class Example6_16 extends JFrame{
5      JLabel lblIn=new JLabel("输入方：");
6      JLabel lblOut=new JLabel("接收方：");
7      JTextField txtIn=new JTextField(20);
8      JTextField txtOut=new JTextField(20);
9      public Example6_16()
10     {
11         Container c=this.getContentPane();
12         JPanel pane=new JPanel(new GridLayout(4,1));
13         pane.add(lblIn);pane.add(txtIn);
14         pane.add(lblOut);pane.add(txtOut);
15         c.add(pane);
16         txtIn.addKeyListener(new TextKeyListener());
17         this.setVisible(true);
18         this.setSize(300, 160);
19         this.setTitle("键盘事件");
20     }
21     class TextKeyListener extends KeyAdapter{
22         public void keyTyped(KeyEvent e)
23         {
24             txtOut.setText(txtIn.getText());
25         }
26     }
27     public static void main(String[] args) {
28         Example6_16 f=new Example6_16();
29     }
30 }
```

程序运行结果如图 6-21 所示。

图 6-21　例 6-18 程序运行结果

程序分析如下。

第 16 行代码给文本框 txtIn 添加 KeyListener 监听器，并以内部类 TextKeyListener 作为事件监听器；第 21～26 行代码定义内部类 TextKeyListener，并让该类实现 KeyAdapter 适配器，然后实现该接口内的 keyTyped 方法来给文本框 txtOut 传值。

6.6.6 鼠标事件

任何组件上都可以发生鼠标事件，如鼠标进入组件和退出组件，在组件上方单击鼠标、拖动鼠标等都发生鼠标事件，即组件可以成为发生鼠标事件的事件源。鼠标事件的类型是 MouseEvent，即当发生鼠标事件时，MouseEvent 类自动创建一个事件对象。MouseEvent 类常用方法见表 6-38。

表 6-38　MouseEvent 类常用方法

方　法	说　明
public int getX()	获取鼠标在事件源坐标系中的 x 坐标
public int getY()	获取鼠标在事件源坐标系中的 y 坐标
public int getModifiers()	获取鼠标的左键或右键。鼠标的左键和右键分别使用 InputEvent 类中的常量 BUTTON1_MASK 和 BUTTON3_MASK 来表示
public int getClickCount()	获取鼠标被单击的次数
public Object getSource()	获取发生鼠标事件的事件源

编写处理鼠标事件的程序，通常需要实现两个接口，即 MouseListener 和 MouseMontionListener。

1. MouseListener 接口

要编写对鼠标移动事件的处理，需要实现 MouseListener 接口，该接口要实现的 5 个方法见表 6-39。

表 6-39　MouseListener 接口的方法

方　法	说　明
public void mousePressed(MouseEvent e)	对应于鼠标按键按下事件
public void mouseReleased(MouseEvent e)	对应于鼠标按键释放事件
public void mouseClicked(MouseEvent e)	结合上述两种方法，直接报告鼠标单击事件，用于无须区分按下或释放的情况
public void mouseEntered(MouseEvent e)	对应于鼠标移动进入组件
public void mouseExited(MouseEvent e)	对应于鼠标移出组件

MouseListener 接口的适配器为类 MouseAdapter，可以利用实现 MouseListener 接口的方法或继承 MouseAdapter 适配器的方法来处理 MouseEvent 事件。事件源获得监视器的方法是 addMouseListener(监视器)方法。

2. MouseMontionListener 接口

要编写对鼠标单击拖动事件的处理，需要实现 MouseMotionListener 接口，该接口要实现有两种方法。

(1) public abstract void mouseDragged(MouseEvent e)：负责处理鼠标拖动事件。当在事件源拖动鼠标时，监视器发现这个事件后将自动调用接口中的这个方法对事件做出处理。

(2) public abstract void mouseMoved(MouseEvent e)：负责处理鼠标移动事件。当在事件源移动鼠标时，监视器发现这个事件后将自动调用接口中的这个方法对事件做出处理。

MouseMotionListener 接口的适配器为 MouseMotionAdapter，同样可以利用实现 MouseMotionListener 接口的方法或继承 MouseMotionAdapter 适配器的方法来处理 MouseMotionEvent 事件。事件源获得监视器的方法是 addMouseMotionListener(监视

器）方法。

【例 6-19】 编写程序，响应鼠标的不同动作，当鼠标拖动时，以小的实心点形成拖动轨迹。

程序代码如下。

```
1  import javax.swing.*;
2  import java.awt.*;
3  import java.awt.event.*;
4  public class Example6_17 extends JApplet implements MouseMotionListener{
5      int x=-1,y=-1;
6      public void init()
7      {
8          this.showStatus("鼠标位置是：");
9          this.setSize(400, 200);
10         this.addMouseListener(new MouseHandle());
11         this.addMouseMotionListener(this);
12     }
13     public void mouseDragged(MouseEvent e)
14     {
15         x=e.getX();
16         y=e.getY();
17         repaint();
18     }
19     public void mouseMoved(MouseEvent e){}
20     public void update(Graphics g)
21     {
22         if(x!=-1 && y!=-1)
23         {
24             g.setColor(Color.RED);
25             g.fillOval(x, y, 3, 3);
26         }
27     }
28     class MouseHandle implements MouseListener
29     {
30         public void mousePressed(MouseEvent e)
31         {
32             showStatus("鼠标按下,位置是："+e.getX()+","+e.getY());
33         }
34         public void mouseReleased(MouseEvent e)
35         {
36             showStatus("鼠标松开,位置是："+e.getX()+","+e.getY());
37         }
38         public void mouseEntered(MouseEvent e)
39         {
40             showStatus("鼠标进来,位置是："+e.getX()+","+e.getY());
41         }
42         public void mouseExited(MouseEvent e)
```

```
43          {
44              showStatus("鼠标离开!");
45          }
46          public void mouseClicked(MouseEvent e)
47          {
48              if(e.getClickCount()==2)
49                  showStatus("鼠标进来双击,位置是: "+e.getX()+","+e.getY());
50          }
51      }
52  }
```

程序运行结果如图 6-22 所示。

程序分析如下。

第 4 行代码声明 implements MouseMotionListener 以示该类实现了接口 MouseMotionListener；第 10 行代码调用 addMouseListener 方法给小程序窗口添加 MouseListener 侦听器，是一个新创建的 MouseHandle 类对象；第 11 行代码调用 addMouseMontionListener 方法给小程序窗口添加 MouseMontionListener 监听器，侦听者设置为窗口对象；第 13～18 行代码声明 mouseDragged() 方法，表示当鼠标按钮按下并拖曳时，获取鼠标位置并调用 repaint() 方法，该方法可以产生类似动画的绘制效果；第 19 行代码声明 mouseMoved()方法，虽然是个空方法，但是不能缺少；第 28～51 行代码声明并定义了 MouseHandle 类，然后让该类实现 MouseListener 接口中的 5 个方法，监听 JApplet 应用程序中的鼠标事件，捕获鼠标事件后，将相应的应用信息显示在小程序的状态栏中。

图 6-22 例 6-19 程序运行结果

6.6.7 窗口事件

窗口事件发生在用户打开或关闭一个如 Frame 或 Window 的窗口时。任何组件都可以产生这些事件，实现窗口事件，类必须实现 WindowListener 接口。接口 WindowListener 中的 7 个方法见表 6-40。

表 6-40 WindowListener 接口的方法

方 法	说 明
public void windowActivated (WindowEvent e)	窗口被激活时
public void windowClosed (WindowEvent e)	窗口已关闭时
public void windowClosing (WindowEvent e)	窗口正在关闭时
public void windowDeactivated (WindowEvent e)	窗口失效时
public void windowDeiconified (WindowEvent e)	窗口正常化时
public void windowIconified (WindowEvent e)	窗口最小化时
public void windowOpened (WindowEvent e)	窗口被打开时

【例 6-20】 编写程序在文本域组件中显示窗口的各种状态信息。

程序代码如下。

```
1 import java.awt.*;
2 import java.awt.event.*;
3 import javax.swing.*;
4 public class Example6_18 extends JFrame {
5     JTextArea txtArea=new JTextArea();
6     public Example6_18()
7     {
8         this.add(txtArea);
9         this.setBounds(100,100,300,160);
10        this.setVisible(true);
11        this.setResizable(false);
12        this.addWindowListener(new WindowHandle());
13    }
14    class WindowHandle implements WindowListener{
15        public void windowActivated(WindowEvent e)
16        {
17            txtArea.append("窗口被激活了!\n");
18        }
19        public void windowClosed (WindowEvent e)
20        {
21            txtArea.append("窗口被关闭了!\n");
22        }
23        public void windowClosing (WindowEvent e)
24        {
25            txtArea.append("窗口正在被关闭!\n");
26        }
27        public void windowDeactivated (WindowEvent e)
28        {
29            txtArea.append("窗口没有被激活了!\n");
30        }
31        public void windowDeiconified (WindowEvent e)
32        {
33            txtArea.append("窗口正常,没有被图标化!\n");
34        }
35        public void windowIconified (WindowEvent e)
36        {
37            txtArea.append("窗口被图标化了!\n");
38        }
39        public void windowOpened (WindowEvent e)
40        {
41            txtArea.append("窗口正在被打开!\n");
42        }
43    }
```

```
44      public static void main(String[] args){
45          Example6_18 f=new Example6_18();
46      }
47  }
```

程序运行结果如图 6-23 所示。

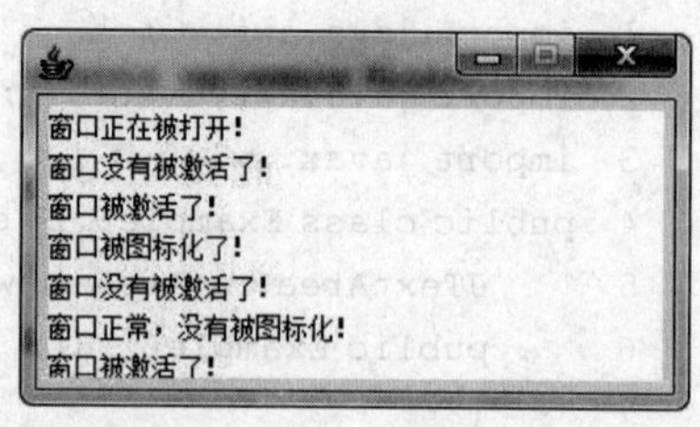

图 6-23　例 6-20 程序运行结果

程序分析如下。

第 12 行代码 addWindowListener(new WindowHandle())给当前窗体添加窗口监听器,监听器设置为新创建的 WindowHandle 类;第 14～43 行代码声明并定义了类 WindowHandle,让该类实现 WindowListener 接口,然后分别让该类实现 WindowListener 接口中的 7 个方法,来监视窗口的状态变化情况。

6.7　图形用户接口案例——计算器

1. 案例的任务目标

(1) 主要掌握按钮组件的使用方法。

(2) 掌握窗口的网格布局的使用。

(3) 掌握使用 addActionListener 语句给按钮组件添加监听器的方法。

(4) 掌握实现 ActionListener 接口中 actionPerformed()方法,从而处理按钮的相关事件。

2. 案例的任务分解

整个项目的开发过程分为以下步骤。

(1) 组件的创建和选定布局管理器。主要是添加按钮和文本框组件,并给相应的数字按钮和运算符按钮添加监听器。

(2) 实现相关接口中的方法。

3. 案例的创建过程

1) 创建项目

运行 Eclipse,执行 File→New→Java Project 菜单命令,在弹出的 New Java Project 对话框中输入 Project Name 为 Calculator,单击 Finish 按钮。

2) 创建 Calculator 类

执行 File→New→Class 菜单命令,在弹出的 New Java Class 对话框中输入 Name 为 Calculator,单击 Finish 按钮。

【例 6-21】　给 Calculator 类添加成员变量和构造方法。

程序代码如下。

```
1  import javax.swing.*;
2  import java.awt.*;
```

```
3 import java.awt.event.*;
4 import java.awt.Color;
5 public class Caculator extends JFrame implements ActionListener{
6     JPanel p1,p2;
7     JTextField t1;
8     StringBuffer str;
9     double x,y;      //x和y都是运算数
10    int z; //Z表示单击了哪一个运算符:0表示"+",1表示"-",2表示"*",3表示"/"
11    JButton b[]=new JButton[12];
12    JButton b1,b2,b3,b4,b5,b6,b7,b8;
13    public Caculator()
14    {
15        p1=new JPanel();
16        p2=new JPanel();
17        t1=new JTextField(30);
18        t1.setEditable(false);
19        t1.setHorizontalAlignment(JTextField.RIGHT);
20        str=new StringBuffer();
21        p2.add(t1);
22        p2.setLayout(new GridLayout(2,1));
23        for(int i=0;i<10;i++)
24        {
25          String s=""+i;
26          b[i]=new JButton(s);
27          b[i].addActionListener(this);
28        }
29        b[10]=new JButton("-/+");  b[11]=new JButton(".");
30        b1=new JButton("/"); b2=new JButton("Back");
31        b3=new JButton("*"); b4=new JButton("C");
32        b5=new JButton("+"); b6=new JButton("Sqrt");
33        b7=new JButton("-"); b8=new JButton("=");
34        for(int i=0;i<12;i++)
35          b[i].setForeground(Color.blue);
36        b1.setForeground(Color.red); b3.setForeground(Color.red);
37        b5.setForeground(Color.red); b7.setForeground(Color.red);
38        b2.setForeground(Color.GREEN); b4.setForeground(Color.GREEN);
39        b6.setForeground(Color.red); b8.setForeground(Color.GREEN);
40        p1.add(b[7]); p1.add(b[8]); p1.add(b[9]); p1.add(b1); p1.add(b2);
41        p1.add(b[4]); p1.add(b[5]); p1.add(b[6]); p1.add(b3); p1.add(b4);
42        p1.add(b[1]); p1.add(b[2]); p1.add(b[3]); p1.add(b5); p1.add(b6);
43        p1.add(b[0]); p1.add(b[10]); p1.add(b[11]);p1.add(b7);p1.add(b8);
44        p1.setLayout(new GridLayout(4,5,5,5));
45        b[10].addActionListener(this);b[11].addActionListener(this);
46        b1.addActionListener(this); b2.addActionListener(this);
47        b3.addActionListener(this); b4.addActionListener(this);
48        b5.addActionListener(this); b6.addActionListener(this);
49        b7.addActionListener(this); b8.addActionListener(this);
50        str=new StringBuffer();
51        this.add(p2);
```

```
52          this.add(p1);
53          this.setTitle("计算器");
54          this.setLayout(new FlowLayout());
55          setDefaultCloseOperation(JFrame.EXIT_ON_CLOSE);
56          setVisible(true);
57          setSize(400,260);
58      }
59  }//与例 6-22 第 177 行的}是重复的,标识 Caculator 类结束,最终程序去掉此行
```

代码分析如下:

第 5 行代码 extends JFrame implements ActionListener 的作用是让 Caculator 类继承 JFrame 类,并实现 ActionListener 接口;第 6～12 行代码声明了窗体中要添加的组件对象,其中第 8 行代码声明了一个 StringBuffer 类的对象,也用来代表字符串,只是由于 StringBuffer 的内部实现方式和 String 不同,所以 StringBuffer 在进行字符串处理时不生成新的对象,在内存使用上要优于 String 类,第 11 行代码创建了一个长度为 12 的按钮类数组,分别代表 0～9 的数字键、"."(小数点)和"－/＋"(正负号);第 12 行代码声明的 8 个按钮类的对象代表计算器的运算符键和功能键。第 13 行代码创建 Caculator 类的构造方法;第 17～19 行代码创建文本框 t1,设置文本为只读,并设置文本框文字为右对齐;第 23～28 行代码用循环语句对 10 个数字按钮的初始化,并给这 10 个按钮添加活动监听器,监听者设置为当前窗口;第 34～39 行代码分别对运算符按钮、操作数按钮和功能按钮设置不同的前景色;第 40～44 行代码分别把按钮按照 4 行、5 列的布局添加到面板 p1 中,并设置按钮间的水平和垂直间距为 5 像素;第 45～49 行代码分别给运算符按钮、功能按钮、小数点按钮和正负号按钮添加活动监听器,监听者设置为当前窗口。

【例 6-22】 实现 ActionListener 接口中的 actionPerformed(ActionEvent e)方法。

程序代码如下。

```
59  public void actionPerformed(ActionEvent e)//续接例 6-21 的第 58 行
60      {
61          try
62          {
63          if(e.getSource()==b4)
64          {
65              t1.setText("0");
66              str.setLength(0);
67          }
68          else if(e.getSource()==b[10])
69          {
70              x=Double.parseDouble(t1.getText().trim());
71              t1.setText(""+(-x));
72          }
73          else if(e.getSource()==b5)
74          {
75              x=Double.parseDouble(t1.getText().trim());
76              str.setLength(0);
77              y=0d;
```

```
78              z=0;
79          }
80          else if(e.getSource()==b7)
81          {
82              x=Double.parseDouble(t1.getText().trim());
83              str.setLength(0);
84              y=0d;
85              z=1;
86          }
87          else if(e.getSource()==b3)
88          {
89              x=Double.parseDouble(t1.getText().trim());
90              str.setLength(0);
91              y=0d;
92              z=2;
93          }
94          else if(e.getSource()==b1)
95          {
96              x=Double.parseDouble(t1.getText().trim());
97              str.setLength(0);
98              y=0d;
99              z=3;
100         }
101         else if(e.getSource()==b8)
102         {
103             str.setLength(0);
104             switch(z)
105             {
106               case 0: t1.setText(""+(x+y)); break;
107               case 1: t1.setText(""+(x-y)); break;
108               case 2: t1.setText(""+(x*y)); break;
109               case 3: t1.setText(""+(x/y)); break;
110             }
111         }
112         else if(e.getSource()==b[11])
113         {
114             if(t1.getText().trim().indexOf('.')!=-1)
115             {  }
116             else
117             {
118                 if(t1.getText().trim().equals("0"))
119                 t1.setText(str.append(e.getActionCommand()).toString());
120                 else if(t1.getText().trim().equals(""))
121                     { }
122                 else
123                 t1.setText(str.append(e.getActionCommand()).toString());
124             }
125             y=0d;
126         }
```

```
127             else if(e.getSource()==b6)
128             {
129                 x=Double.parseDouble(t1.getText().trim());
130                 if(x<0)
131                     t1.setText("数字格式异常");
132                 else
133                     t1.setText(""+Math.sqrt(x));
134                 str.setLength(0);
135                 y=0d;
136             }
137             else
138             {
139                 if(e.getSource()==b[0])
140                 {
141                     if(t1.getText().trim().equals("0"))
142                     {}
143                     else
144                       t1.setText(str.append(e.getActionCommand()).toString());
145                       y=Double.parseDouble(t1.getText().trim());
146                 }
147                 else if(e.getSource()==b2)
148                 {
149                       if(!t1.getText().trim().equals("0"))
150                       {
151                         if(str.length()!=1)
152                           t1.setText(str.delete(str.length()-1,str.length
                            ()).toString);
153                         else
154                         {
155                           t1.setText("0");
156                           str.setLength(0);
157                         }
158                       }
159                       y=Double.parseDouble(t1.getText().trim());
160                 }
161                 else
162                 {
163                     t1.setText(str.append(e.getActionCommand()).toString());
164                     y=Double.parseDouble(t1.getText().trim());
165                 }
166             }
167         }
168         catch(NumberFormatException e1){ t1.setText("数字格式异常");
169         }
170         catch(StringIndexOutOfBoundsException e1){
171           t1.setText("字符串索引越界");
172         }
173     }
```

```
174    public static void main(String[] args) {
175        Caculator ca=new Caculator();
176    }
177  }//与例 6-21 第 5 行的{是一对,标识 Caculator 类的结束
```

程序的运行结果如图 6-24 所示。

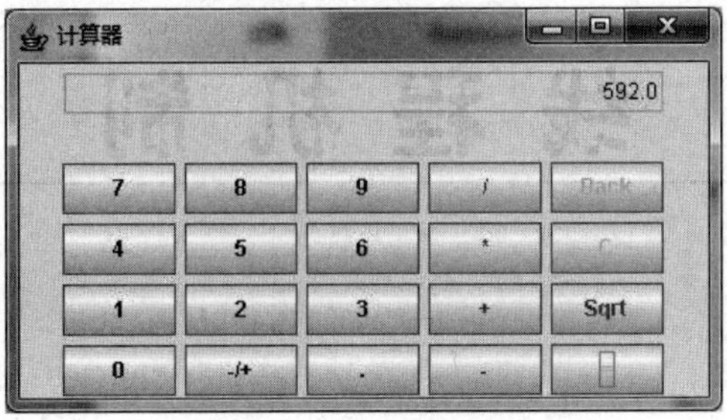

图 6-24　计算器运行界面

代码分析如下。

第 63～67 行代码判断是否单击了“C”按钮，如果单击此按钮，则把文本框的内容清空；第 68～72 行代码判断是否单击了“－/＋”按钮，如果单击此按钮，则把文本框取反；第 73～79 行代码判断是否单击了“＋”按钮，如果单击了此按钮，获得 x 的值、设置 z 为 0 并清空 y 的值；第 80～100 行代码分别判断是否单击了“－”“＊”和“/”按钮，与“＋”相似；第 101～110 行代码判断是否单击了“＝”按钮，如果单击了此按钮，则根据 z 值进行判断并在文本框 t1 中显示运算结果；第 112～126 行代码判断是否单击了“.”按钮，如果单击了此按钮，则首先判断在输入的操作数字符串中是否已经输入了小数点，如果已有小数点则不做任何操作，否则将小数点追加到操作数字符串末尾；第 127～136 行代码判断是否单击“sqrt”按钮，如果单击了此按钮，则首先判断当前操作数是否是负数，如果是负数则显示出错信息，否则计算该操作数的平方根；第 139～146 行代码判断是否单击了“0”按钮，如果当前 t1 文本框中就是 0，则不做任何操作，否则在字符串 str 末尾追加数字 0，并在文本框中显示 str 字符串；第 147～160 行代码判断是否单击“back”按钮，如果单击了此按钮，则首先判断当前文本框 t1 的字符串是否为“0”，若为“0”，则把 str 清空，把 t1 赋值为“0”，否则把文本框 t1 的内容末尾字符去掉；第 161～165 行代码判断是否单击 1～9 数字按钮，如果单击了此按钮，则获得该按钮的文本字符，并将字符追加到 str 字符串末尾，显示在 t1 中，把操作数 y 赋值为 t1 的内容。

课后上机训练题目

(1) 编写程序包含标签、组合框和文本框，当用户在组合框中选择发生改变时，在文本框中显示用户在组合框中所选择的列表项的文本。

(2) 编写图形界面的应用程序，该程序包含一个菜单项，选择“退出”命令可以关闭应用程序的窗口并结束程序。

第7章 线程机制

任务目标

(1) 理解线程和进程的基本概念。
(2) 掌握线程的创建和启动方法。
(3) 掌握线程的调度和控制方法。
(4) 理解多线程的互斥和同步的实现原理以及多线程的应用。

7.1 线程简介

现在的操作系统是多任务操作系统。多线程是实现多任务的一种方式。多线程技术是Java平台的一个重要技术优势。基于Java多线程技术可以在应用程序中创建多个可执行代码单元,让CPU同时执行这些代码单元。当然多线程编程的难度要大于普通编程,且代码难以调试,错误是随机出现的。对应有Bug的代码,并不是每次运行都会出现错误。

7.1.1 线程的概念

线程是程序运行的基本单位。当操作系统在执行一个程序时,会在系统中创建一个进程,而在这个进程中,必须至少创建一个线程(该线程称为主线程)来作为此程序运行的入口点。因此,在操作系统中运行的任何程序都至少拥有一个线程,当然也可以创建多个线程来共同完成复杂的任务。

进程和线程是现代操作系统中两个必不可少的运行模型。在操作系统中可以有多个进程,这些进程包括系统进程(由操作系统内部创建的进程)和用户进程(由用户创建的进程);一个进程可以拥有一个或多个线程。进程是操作系统分配资源的基本单位,不同的进程之间拥有不同的资源及内存地址空间。由同一进程创建的多个线程共享该进程的资源,在相同的内存空间内运行。

多个线程在操作系统的管理下并发执行，从而大大提高了程序的运行效率。虽然从宏观上看是多个线程同时执行，但实际上能同时执行的最大线程数取决于CPU的核心数。对于单核心CPU，在同一时刻只能运行一个线程，因此操作系统会让多个线程轮流占用CPU，这种方式称为线程调度。由于操作系统分配给每个线程的时间片非常短，切换很频繁，给人“同时”执行的感觉，感受不到在线程之间的轮换执行的停顿感。

7.1.2 Runnable 接口和 Thread 类

Java 类支持多线程，通过 java.lang.Thread 类来实现，Thread 类中的相关方法可以启动线程、终止线程、挂起线程等。

在 Java 中要想实现多线程，有两种手段：一种是继承 Thread 类，重写 Thread 的 run()方法，将线程运行的逻辑放在其中；另一种是通过实现 Runnable 接口实例化 Thread 类。

1. Runnable 接口

Runnable 接口中声明了一个 run()方法。Runnable 接口中的 run()方法只是一个未实现的方法。一个线程对象必须实现 run()方法完成线程的所有活动，已实现的 run()方法称为该对象的线程体。任何实现 Runnable 接口的对象都可以作为一个线程的目标对象。

2. Thread 类

Thread 类将 Runnable 接口中的 run()方法实现为空方法，并定义许多用于创建和控制线程的方法。格式如下。

```
public class Thread extends Object implements Runnable
```

Thread 类的构造方法、静态方法和实例方法见表 7-1。

表 7-1 Thread 类的构造方法、静态方法和实例方法

方 法	说 明
public Thread()	
public Thread(String name)	
public Thread(Runnable target)	
public Thread(Runnable target,String name)	
public Thread(ThreadGroup group,Runnable target)	
public Thread(ThreadGroup group,String name)	
public Thread(ThreadGroup group,Runnable target,String name)	
public static Thread currentThread()	返回当前执行线程的引用对象
public static intactiveCount()	返回当前线程组中活动线程个数
public static enumerate(Thread[] tarray)	将当前线程组中的活动线程复制到 tarray 数组中，包括子线程
public final String getName()	返回线程名
public final void setName(String name)	设置线程的名字为 name

续表

方 法	说 明
public void start()	启动已创建的线程对象
public final boolean isAlive()	返回线程是否启动的状态
public final ThreadGroup getThreadGroup()	返回当前线程所属的线程组名
public String toString()	返回线程的字符串信息

7.2 线程的实现

7.2.1 继承 Thread 类创建线程

通过继承 Thread 类创建并启动线程的方法有以下几个步骤。

(1) 通过继承 Thread 类的方式定义自己的线程类，即定义 Thread 的子类。

(2) 重载 run()方法，run()方法体就代表线程需要完成的任务，也称线程执行体，在 run()方法中实现线程的功能。

(3) 创建自定义的线程类的实例，即创建了自定义线程类的对象。

(4) 调用线程对象的 start()方法来启动该线程。

需要注意的是，尽管线程的功能在 run()方法中实现，但不要直接调用该方法，而应该调用 start()方法，start()方法会启动一个新的线程并执行 run()方法。若直接调用 run()方法，该方法只能在当前线程内执行，不会启动线程。

【例 7-1】 通过继承 Thread 类的方式定义一个能打印当前线程名和字符串的线程类，该类通过构造方法接收一个字符串，在运行时每行打印 5 次，共打印 20 行。创建并运行 3 个该线程的实例。

程序代码如下。

```
1   class ThreadList extends Thread
2   {
3       private String key;
4       public void run()
5       {
6           for(int i=0;i<20;i++)
7           {
8               for(int j=0; j<5; j++)
9               {
10                  System.out.print(Thread.currentThread().getName()+key);
11                  System.out.print(" ");
12              }
13              System.out.println();
14          }
15      }
16      public ThreadList(String key)
17      {
18          super();
```

```
19         this.key=key;
20     }
21 }
22 public class Example7_1 {
23     public static void main(String[] args) {
24         ThreadList t0=new ThreadList("T0");
25         ThreadList t1=new ThreadList("T1");
26         ThreadList t2=new ThreadList("T2");
27         t0.start();
28         t1.start();
29         t2.start();
30     }
31 }
```

程序运行结果如图 7-1 所示。

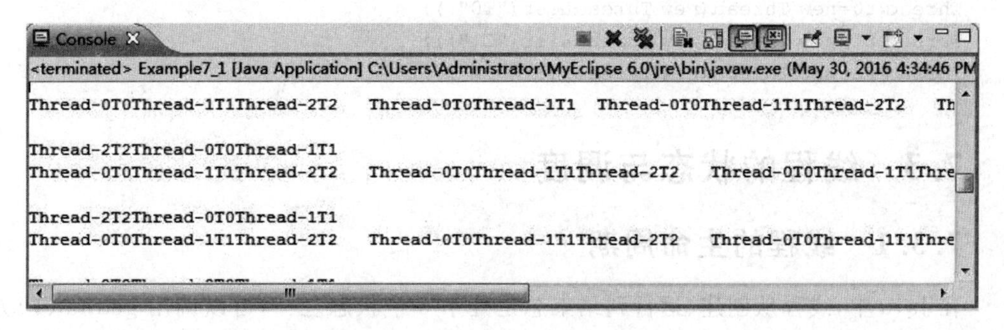

图 7-1 例 7-1 程序运行结果片段

程序分析如下。

第 1～21 行代码通过继承 Thread 类的方式定义了一个线程类 ThreadList,第 4～15 行代码重载了 run()方法,线程的主要功能在 run()方法中实现,第 6 行代码的外层循环 20 次,用于将线程信息打印 20 行,第 8 行代码的内层循环 5 次,用于在每行打印线程信息 5 次;第 16～21 行代码是线程类 ThreadList 的构造方法;第 22～29 行代码是主程序,创建了 3 个 ThreadList 类的实例,在构造方法中分别传递字符串 t0、t1 和 t2,然后通过 start()方法启动每一个线程。图 7-1 是程序执行结果的一个片段,完整的执行结果有 20 行。通过图 7-1 可以看出,执行结果并不是很有规则的 20 行字符串,而是有的行多,有的行少,有的字符串后面没有空格。这就是多线程程序的特点,在线程执行过程中,随时都会被切换出 CPU,然后另一个线程被调入 CPU 执行。本例中程序每次的执行结果几乎是不可能完全相同的,因为每一次执行程序,线程间切换的时机都不同。

7.2.2 实现 Runnable 接口创建线程

因为 Java 不能多重继承,所以继承 Thread 类后就不能继承别的类了,所以如果有一个类,它已继承了某个类,又想实现多线程,就可以通过实现 Runnable 接口来实现。实现 Runnable 接口来创建并启动多线程步骤如下。

(1) 通过实现 Runnable 接口的方式定义自己的线程类。

(2) 重载 Runnable 接口的 run()方法,该 run()方法的方法体同样是该线程的线程执行体。

(3) 创建自定义的线程类的实例,即创建自定义线程类的对象。

(4) 创建一个 Thread 类的对象,用第(3)步创建的线程类的实例来实例化 Thread 类的对象。该 Thread 对象才是真正的线程对象。

(5) 调用 Thread 类对象的 start()方法来启动线程。

若要用 Runnable 接口实例来实现例 7-1,需要修改以下几处代码。

(1) 将第 1 行代码修改为实现 Runnable 接口。

```
class ThreadList implements Runnable
```

(2) 将第 24～26 行代码修改为用 ThreadList 类的对象来实例化 Thread 类的对象。

```
Thread t0=new Thread(new ThreadList("T0"));
Thread t1=new Thread(new ThreadList("T1"));
Thread t2=new Thread(new ThreadList("T2"));
```

7.3 线程的状态与调度

7.3.1 线程的生命周期

在 Java 中,线程从创建、运行到结束总是处于 6 个状态之一,可以调用 getState()方法查看线程的当前状态。图 7-2 展示了线程的状态转换关系。

1. 新建状态(New)

当用 new 操作符创建一个线程对象时,如 new Thread(r),线程还没有开始运行,此时线程处在新建状态。在此状态下,可以对该对象进行一些初始化设置,为将来作为线程运行做准备。

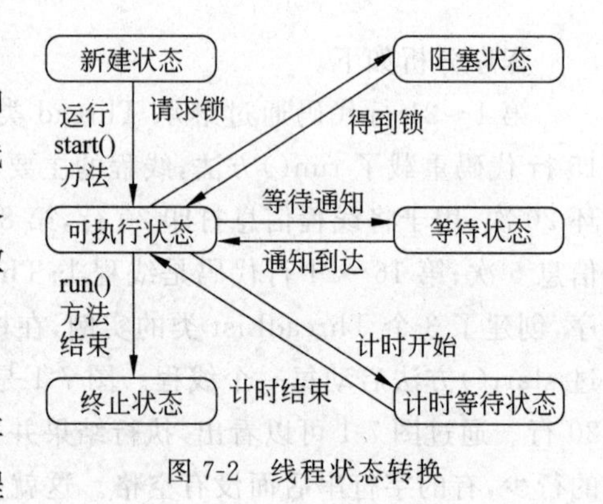

图 7-2 线程状态转换

2. 可执行状态(Runnable)

一个新创建的线程并不自动开始运行,要执行线程必须调用线程的 start()方法。当线程对象调用 start()方法时即启动了线程,start()方法创建线程运行的系统资源,并调度线程运行 run()方法。当 start()方法返回后,线程就处于就绪状态。

处于可执行状态的线程并不一定立即运行 run()方法,线程还必须同其他线程竞争 CPU 时间,只有获得 CPU 时间才可以运行线程。因为在单 CPU 的计算机系统中,不可能同时运行多个线程,一个时刻仅有一个线程处于运行状态。因此,此时可能有多个线程处于可执行状态。对多个处于可执行状态的线程是由 Java 运行时系统的线程调度程序(thread scheduler)来调度的。

3. 阻塞状态(Blocked)

阻塞状态是正在运行的线程没有运行结束,暂时让出 CPU,这时其他处于就绪状态的线程就可以获得 CPU 时间,进入运行状态。线程运行过程中,可能由于各种原因进入阻塞状态。

(1) 线程通过调用 sleep()方法进入睡眠状态。

(2) 线程调用一个在 I/O 上被阻塞的操作,即该操作在输入输出操作完成之前不会返回到它的调用者。

(3) 线程试图得到一个锁,而该锁正被其他线程持有。

(4) 线程在等待某个触发条件。

4. 等待状态(Waiting)

为了实现同步,线程执行时需要检测一些条件,只有满足条件才能继续执行,若条件未满足,则进入等待状态。当线程调用 wait()方法后会进入等待队列(进入这个状态会释放所占有的所有资源,与阻塞状态不同),进入这个状态后,是不能自动唤醒的,必须依靠其他线程调用 notify()或 notifyAll()方法才能被唤醒,这些线程在重新检测条件是否得到了满足。

5. 计时等待状态(Timed_Waiting)

某些方法拥有计时参数,调用这些方法可以使线程进入计时等待状态。当计时结束时,线程变为可执行状态。调用 Thread. sleep(time)方法可以使线程进入计时等待状态。sleep()方法是静态方法,必须通过 Thread 类直接调用,参数是等待时长,以毫秒为单位。

6. 终止状态(Terminated)

有两个原因会导致线程终止。

(1) run()方法正常退出而自然终止。

(2) 一个未捕获的异常终止了 run()方法而使线程异常终止。

为了确定线程当前是否是可运行或者被阻塞,需要使用 isAlive()方法。如果是可运行或被阻塞,这个方法返回 true;如果线程仍旧是 new 状态且不是可运行的,或者线程终止了,则返回 false。

7.3.2 线程的优先级和调度策略

1. 线程的优先级

线程的优先级是为了在多线程环境中便于系统对线程的调度,优先级高的线程将优先执行。默认情况下,线程创建时线程的优先级继承自创建它的那个线程;线程创建后,可通过调用 setPriority()方法改变优先级。在设置优先级时,线程的优先级可以是 1~10 的正整数,也可以使用在 Thread 类中预定义的 3 个优先级常量。

(1) MIN_PRIORITY:线程的最低优先级,其值为整数 1。

(2) MAX_PRIORITY:线程的最低优先级,其值为整数 10。

(3) NORM_PRIORITY:线程的默认优先级,其值为整数 5。

需要注意的是，Java 中线程优先级高度依赖操作系统的具体实现，在不同的操作系统中，Java 成立线程优先级的方式并不一样。在 Windows 系统中，操纵系统本身只支持整数 1～7 作为优先级，因此，Java 线程的优先级 1～10 会被映射到 1～7 的整数范围内，即某些不同的 Java 优先级会被映射为相同的 Windows 优先级。在 Linux 系统中，Sun 公司的虚拟机会忽略优先级设置，所有的线程优先级相同。

操纵系统进行线程调度时，会优先选择级别高的线程，因此对优先级的使用需谨慎对待，设置不当会导致某些线程永远得不到运行。另外，不能依靠线程的优先级来决定线程的执行顺序。通常情况下，不要修改线程的默认优先级。

2. 线程的调度策略

一般来说，只有在当前线程停止或由于某种原因被阻塞，较低优先级的线程才有机会运行。由于很多计算机都是单 CPU 的，所以一个时刻只能有一个线程运行。在单 CPU 机器上多个线程是按照某种顺序执行的，这称为线程的调度(Scheduling)。实际的调度策略会随系统的不同而不同，通常线程调度可以采用两种策略调度处于就绪状态的线程。

1) 抢占式调度策略

Java 运行时系统的线程调度算法是抢占式的(Preemptive)。Java 运行时系统支持一种简单的固定优先级的调度算法。如果一个优先级比其他任何处于可运行状态的线程都高的线程进入就绪状态，那么运行时系统就会选择该线程运行。新的优先级较高的线程抢占(Preempt)了其他线程。但是 Java 运行时系统并不抢占同优先级的线程。换句话说，Java 运行时系统不是分时的(Time-slice)。然而，基于 Java Thread 类的实现系统可能是支持分时的，因此编写代码时不要依赖分时。当系统中处于就绪状态的线程都具有相同优先级时，线程调度程序采用一种简单的、非抢占式的轮转的调度顺序。

2) 时间片轮转调度策略

有些系统的线程调度采用时间片轮转(Round-robin)调度策略。这种调度策略是从所有处于就绪状态的线程中选择优先级最高的线程分配一定的 CPU 时间运行。该时间过后再选择其他线程运行。只有当线程运行结束、放弃(Yield)CPU 或由于某种原因进入阻塞状态，低优先级的线程才有机会执行。如果有两个优先级相同的线程都在等待 CPU，则调度程序以轮转的方式选择运行的线程。

7.4 线程状态的切换

7.4.1 线程的启动和终止

一个线程在其生命周期中可以从一种状态改变到另一种状态。当一个新建的线程调用它的 start()方法后即进入就绪状态，处于就绪状态的线程被线程调度程序选中就可以获得 CPU 时间，进入运行状态，该线程就开始执行 run()方法。

控制线程的结束稍微复杂一点。如果线程的 run()方法是一个确定次数的循环，则循环结束后，线程运行就结束了，线程对象即进入终止状态。如果 run()方法是一个不确定循环，早期的方法是调用线程对象的 stop()方法，然而由于该方法可能导致线程死锁，因此从 1.1 版开始,不推荐使用该方法结束线程。只能向该线程发消息,请求该线程终止。收到消息后,线程可以自行决定是立刻终止还是继续运行。

若线程 t1 想要终止线程 t2,则 t1 应该调用 t2 的 interrupt()方法,向 t2 发消息。

每个线程都有一个内部状态,称为中断状态(Interrupted Status),该状态的初始值为 false。当调用了 interrupt()方法后,该状态被设置为 true。若线程 t2 同意 t1 的终止请求,只需在 run()方法中调用 isInterrupted()方法来检测该状态,若为 true 则自我终止。

【例 7-2】 自定义一个线程类,打印从 0 到 100 的整数,相邻两整数的打印时间间隔为 0.5s。在主程序中启动该线程,在 5s 后终止该线程。

程序代码如下。

```
1  class TestThreadInterrupt extends Thread{
2      public void run() {
3          try
4          {
5              int i=1;
6              while(i<=100&&!Thread.currentThread().isInterrupted()){
7
8                  System.out.print(" "+i);
9                  i++;
10                 Thread.sleep(500);
11             }
12         }catch(InterruptedException e)
13         {
14             System.out.println(e.toString());
15         }finally{
16             System.out.println("\n线程终止!");
17         }
18     }
19 }
20 public class Example7_2 {
21     public static void main(String[] args) throws Exception {
22         TestThreadInterrupt thread=new TestThreadInterrupt();
23         thread.start();
24         thread.sleep(5000);
25         thread.interrupt();
26     }
27 }
```

程序运行结果如图 7-3 所示。

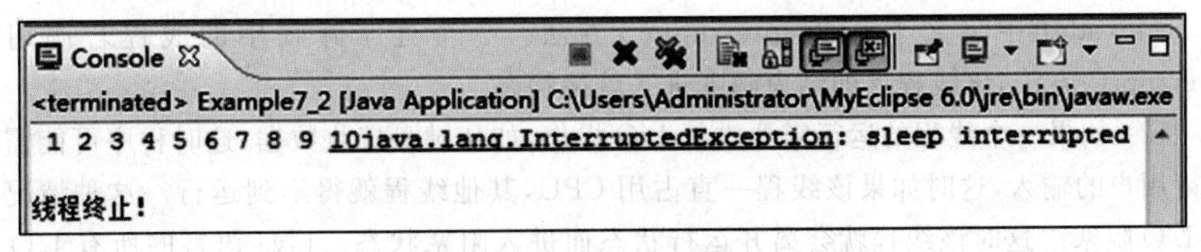

图 7-3 例 7-2 程序运行结果

程序分析如下。

第2～18行代码为线程的run()方法，打印显示1～100的整数，且可以被终止；第6行代码通过循环打印数字，循环中带检测中断状态，并限制循环不能超过100次；第10行代码调用Thread类的sleep()方法使线程休眠0.5s，Thread.sleep()是让线程休眠，在这种睡眠状态下，可能调用interrupt来终止线程，这样就会抛出InterruptException，只有捕获异常进行处理，才能正确地终止线程，所以该语句必须放在try语句块中；第12～14行代码处理InterruptedException异常，并显示可抛出异常的描述信息；第15～17行代码为finally块，在线程结束后打印显示提示信息。第22行代码创建一个TestThread-Interrupt线程类的对象thread；第23行代码启动该线程，第24行代码让主线程休眠5s，在此期间线程thread保持运行，以每0.5s的间隔打印整数；第25行代码要求thread终止，线程thread响应该请求，立刻终止。如果去掉第25行代码将显示完整的1～100的整数。

7.4.2 线程的就绪和阻塞

处于运行状态的线程除了可以进入终止状态外，还可能进入就绪状态和阻塞状态。下面分别讨论这两种情况。

1. 运行状态到就绪状态

处于运行状态的线程如果调用了yield()方法，那么它将放弃CPU时间，使当前正在运行的线程进入就绪状态。这时有几种可能的情况：如果没有其他的线程处于就绪状态等待运行，该线程会立即继续运行；如果有等待的线程，此时线程回到就绪状态与其他线程竞争CPU时间，当有比该线程优先级高的线程时，高优先级的线程进入运行状态，当没有比该线程优先级高的线程时，但有同优先级的线程，则由线程调度程序来决定哪个线程进入运行状态，因此线程调用yield()方法只能将CPU时间让给具有同优先级的或高优先级的线程而不能让给低优先级的线程。

一般来说，在调用线程的yield()方法时可以使耗时的线程暂停执行一段时间，使其他线程有执行的机会。

2. 运行状态到阻塞状态

有多种原因可使当前运行的线程进入阻塞状态，进入阻塞状态的线程当相应的事件结束或条件满足时进入就绪状态。使线程进入阻塞状态有多种原因。

(1) 线程调用了sleep()方法，线程进入睡眠状态，此时该线程停止执行一段时间。当时间到时该线程回到就绪状态，与其他线程竞争CPU时间。

Thread类中定义了一个interrupt()方法。一个处于睡眠中的线程若调用了interrupt()方法，该线程立即结束睡眠进入就绪状态。

(2) 如果一个线程的运行需要进行I/O操作，如从键盘接收数据，这时程序可能需要等待用户的输入，这时如果该线程一直占用CPU，其他线程就得不到运行。这种情况称为I/O阻塞。这时该线程就会离开运行状态而进入阻塞状态。Java语言的所有I/O方法都具有这种行为。

(3) 有时要求当前线程的执行在另一个线程执行结束后再继续执行，这时可以调用join()方法实现，join()方法有下面3种格式。

① public void join() throws InterruptedException：使当前线程暂停执行，等待调用该方法的线程结束后再执行当前线程。

② public void join(long millis) throws InterruptedException：最多等待millis毫秒后，当前线程继续执行。

③ public void join(long millis,int nanos) throws InterruptedException：可以指定多少毫秒、多少纳秒后继续执行当前线程。

上述方法使当前线程暂停执行，进入阻塞状态。当调用线程结束或指定的时间过后，当前线程进入就绪状态，调用t.join()方法，将使当前线程进入阻塞状态，当线程t执行结束后，当前线程才能继续执行。

(4) 线程调用了wait()方法，等待某个条件变量，此时该线程进入阻塞状态。直到被通知(调用了notify()或notifyAll()方法)结束等待后，线程回到就绪状态。

(5) 如果线程不能获得对象锁，也进入就绪状态。

7.5 线程的同步

默认情况下，操作系统对线程进行随机调度，线程的执行顺序无法预测。当访问共享资源或完成某些复杂任务时，线程随机执行会导致结果的不正确。在特定的情况下，必须使线程有序地执行，这种方式称为线程的同步。

7.5.1 资源冲突

前面程序中的线程都是独立的、异步执行的线程。但在很多情况下，多个线程需要共享数据资源，这就涉及线程的同步与资源共享的问题。线程的同步就会出现多个线程共同享用一个资源的现象，在带来方便的同时也带来了访问资源冲突这个严重的问题。下面的例子说明，多个线程共享资源，如果不加以控制可能会产生冲突。

【例7-3】 两个线程共享一个NumberChange类的对象num后，产生冲突。

程序代码如下。

```
1  class NumberChange{
2      private int x=0;
3      private int y=0;
4      void increase(){
5          x++;
6          y++;
7      }
8      void testEqual(){
9          System.out.println(x+","+y+":"+(x==y));
10     }
11 }
12 class Counter extends Thread{
```

```
13      private NumberChange num;
14      Counter(NumberChange num){
15          this.num=num;
16      }
17      public void run(){
18          while(true){
19              num.increase();
20          }
21      }
22  }
23  public class Example7_3{
24      public static void main(String[] args){
25          NumberChange num=new NumberChange();
26          Thread count1=new Counter(num);
27          Thread count2=new Counter(num);
28          count1.start();
29          count2.start();
30          for(int i=0;i<50;i++){
31              num.testEqual();
32              try{
33                  Thread.sleep(10);
34              }catch(InterruptedException e){ }
35          }
36      }
37  }
```

程序运行结果如图 7-4 所示。

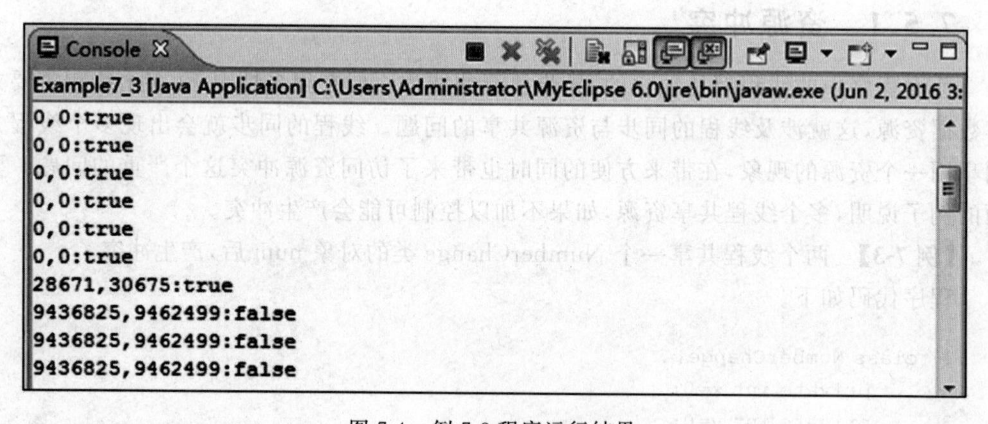

图 7-4 例 7-3 程序运行结果

程序分析如下。

上述程序在 Example7_3 类的 main()方法中创建了两个线程类 Counter 的对象 count1 和 count2，这两个对象共享一个 NumberChange 类的对象 num。两个线程对象开始运行后，都调用同一个对象 num 的 increase()方法来增加 num 对象的 x 和 y 的值。在 main()方法的 for()循环中输出 num 对象的 x 和 y 的值。程序输出结果有些 x、y 的值相等，大部分 x、y 的值不相等。出现上述情况的原因是：两个线程对象同时操作一个 num

对象的同一段代码，通常将这段代码段称为临界区(Critical Sections)。在线程执行时，可能一个线程执行了 x++语句而尚未执行 y++语句时，系统调度另一个线程对象执行 x++和 y++，这时在主线程中调用 testEqual()方法输出 x、y 的值不相等。

7.5.2 同步和锁

上述程序的运行结果说明了多个线程访问同一个对象出现了冲突，为了保证运行结果正确(x、y 的值总相等)，可以使用 Java 语言的 synchronized 关键字，用该关键字修饰方法。用 synchronized 关键字修饰的方法称为同步方法，Java 平台为每个具有 synchronized 代码段的对象关联一个对象锁(Object Lock)。这样任何线程在访问对象的同步方法时，首先必须获得对象锁，然后才能进入 synchronized 方法，这时其他线程就不能再同时访问该对象的同步方法了(包括其他的同步方法)。通常有以下两种方法实现对象锁。

(1) 在方法的声明中使用 synchronized 关键字，表明该方法为同步方法。

对于上面的程序可以在定义 NumberChange 类的 increase()和 testEqual()方法时，在它们前面加上 synchronized 关键字，代码如下。

```
synchronized void increase(){
    x++;
    y++;
}
synchronized void testEqual(){
    System.out.println(x+","+y+":"+(x==y));
}
```

一个方法使用 synchronized 关键字修饰后，当一个线程调用该方法时，必须先获得对象锁，只有在获得对象锁以后才能进入 synchronized 方法。一个时刻对象锁只能被一个线程持有。如果对象锁正在被一个线程持有，其他线程就不能获得该对象锁，其他线程就必须等待持有该对象锁的线程释放锁。

如果类的方法使用了 synchronized 关键字修饰，则称该类对象是线程安全的；否则是线程不安全的。

(2) 前面实现对象锁是在方法前加上 synchronized 关键字，这对于自己定义的类很容易实现，但如果使用类库中的类或别人定义的类在调用一个没有使用 synchronized 关键字修饰的方法时，又要获得对象锁，可以使用下面的格式。

```
synchronized(object){
    //方法调用
}
```

假如 Num 类的 increase()方法没有使用 synchronized 关键字，在定义 Counter 类的 run()方法时可以按以下方法使用 synchronized 为部分代码加锁。

```
public void run(){
    while(true){
```

```
        synchronized (num){
            num.increase();
        }
    }
}
```

Java 5.0 中提供了 ReentrantLock 类，既可以使用 synchronized 关键字提供的基本加锁功能，还可以提供更灵活的同步控制。该对象提供了 lock()和 unlock()方法实现加锁和解锁功能。对于内部数据很复杂的类，若每次方法调用都将整个对象锁住，将严重影响程序的并发性。若定义多个 ReentrantLock 对象，将数据分别上锁，调用不同的方法时获取不同的锁，可以有效提高程序的并发性。它拥有与 synchronized 相同的并发性和内存语义。此外，它还提供了在激烈争用情况下更佳的性能。可以看到，Lock 和 synchronized 有一点明显的区别，lock 必须在 finally 块中释放，否则，如果受保护的代码将抛出异常，锁就有可能永远得不到释放！

【例 7-4】 使用 ReentrantLock 类，实现 3 个线程对数组元素的同步访问。

程序代码如下。

```
1   import java.util.*;
2   import java.util.concurrent.locks.*;
3   class SObject
4   {
5       public static ReentrantLock lock=new ReentrantLock();
6       public static Condition cond=lock.newCondition();
7   }
8   class AddNum extends Thread{
9   private int[]a=null;
10  private int max;
11  private Random rand=new Random();
12  public AddNum(int[]a,int max)
13  {
14      this.a=a;
15      this.max=max;
16  }
17  public void run()
18  {
19      while(true)
20      {
21          SObject.lock.lock();
22          try
23          {
24            while(a[0]<max-100)
25               SObject.cond.await();
26            a[0]+=rand.nextInt(50);
27            SObject.cond.signalAll();
28            System.out.println(getName()+"将 a[0]的值设置为： "+a[0]);
29            if(a[0]>=max)
```

```
30                break;
31              }catch(InterruptedException e){}
32              finally
33              {
34                 SObject.lock.unlock();
35              }
36          }
37      }
38  }
39  public class Example7_4 {
40     public static void main(String[] args) {
41          int[]a={0};
42          Thread t0=new AddNum(a,100);
43          Thread t1=new AddNum(a,200);
44          Thread t2=new AddNum(a,300);
45          t0.start();
46          t1.start();
47          t2.start();
48     }
49  }
```

程序运行结果如图 7-5 所示。

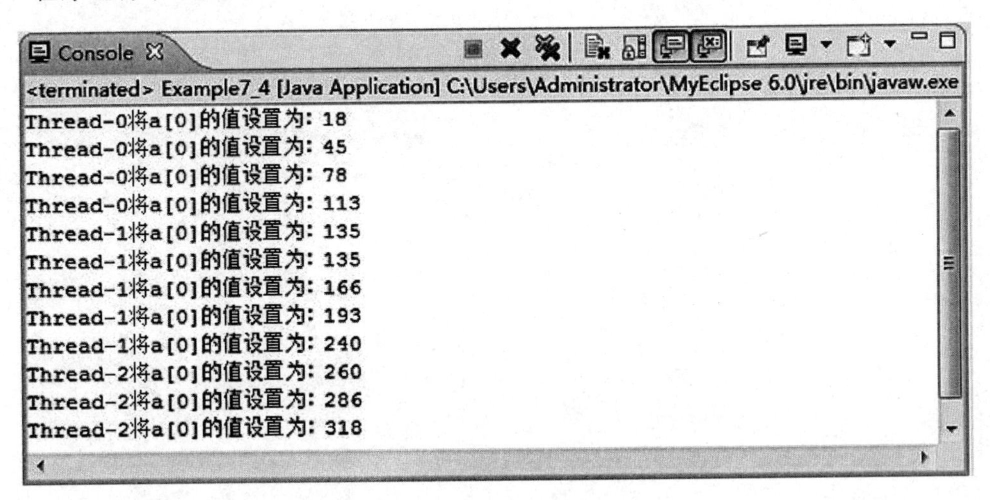

图 7-5　例 7-4 程序运行结果

程序分析如下。

第 3～7 行代码定义的 SObject 类包含了两个共有静态成员，一个是锁，另一个是该锁创建的条件对象，用于对线程的同步；第 8～38 行代码定义了一个线程类，可以增加数组的元素 a[0]的值；第 12～16 行代码是构造方法，其中参数 max 的含义是：当 max－100＜a[0]＜max 时，不断增加 a[0]的值；若 a[0]＞max，则当前线程结束；第 17～37 行代码是继承 Thread 类的 run()方法，其中第 19 行代码定义了永真循环，循环体内通过 break 语句结束，第 21 行代码使用 lock 对象加锁，因为接下来要对共享数据 a[0]进行访问。第 34 行代码是解锁语句，该语句必须放在 finally 块中，以保证解锁操作一定会进行，否则可能会造成死锁，第 24、25 行代码对 a[0]值进行不断地测试，若 a[0]＜max－100 则执行条件对象的 await 方法使线程进入等待状态，主要是用来判断由哪个线程进入可执行状态；第 26 行代码是在 a[0]上加一个[0～50]的随机数；第 27 行代码通过调用条件对象的 signalAll()方法唤醒所有因调用了 await()方法处于等待状态的线程，使那些线程可重新检测 a[0]的值是否满足自己的运行条件，此行代码非常重要，若取消此行代码其他线程将永远等待；第 29、30 行代码设置此线程的结束条件；第 41～48 行代码是主方法，在主方法中定义了一个数组 a，然后创建了 3 个线程实例，分别负责在 0～100、100～200 和 200～300 范围内修改 a[0]的值；虽然 3 个线程的启动顺序是 t2、t1 和 t0，但是线程 t2 还是最后被执行，因为初始状态下线程 t2 和 t1 不符合运行条件，整个执行顺序严格按照 t0、t1、t2 进行，并未因为操作系统随机调度而发生随机运行的情况。

课后上机训练题目

在主方法中创建两个线程，分别打印 5000 以内的奇数和偶数。

第8章 输入输出流

任务目标

(1) 掌握数据流的概念和分类。
(2) 掌握字节流的分类和使用方法。
(3) 掌握字符流的分类和使用方法。
(4) 文件类。

8.1 输入输出流概述

8.1.1 数据流基本概念

数据流(Stream)是指一组有顺序的、有起点和终点的字节集合,是对输入输出的总称(或抽象)。数据流完成从键盘接收数据、读写文件以及打印等数据传输操作。输入流将外部数据源的数据转换为流,程序通过读取该类流中的数据,完成对于外部数据源中数据的读入。输出流将流中的数据转换到对应的数据源中,程序通过向该类流中写入数据,完成将数据写入到对应的外部数据源中。

Java 通过输入和输出流完成程序数据的输入和输出。无论要传输数据的外设类型如何不同,对于程序来说,数据流的行为都是相同的,I/O 类将程序与操作系统的具体细节分开。如图 8-1 所示,键盘、文件或网络等统称为程序数据的输入源,而屏幕、文件或网络作为数据的输出端。

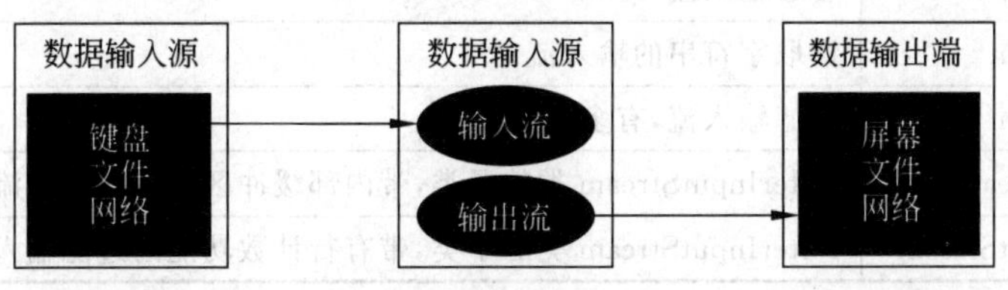

图 8-1　输入流与输出流

8.1.2 数据流类介绍

在 java. io 包中定义两种类型的数据流，即字节流（byte stream）和字符流（char stream）。这两种流实现的是流中数据序列的单位，在字节流中，数据序列以字节为单位，也是最基本的处理方式；而对于字符流处理的编码的数据是由 Java 虚拟机将字节转化为两个字节的 Unicode 字符为单位的字符，采用统一的编码标准。字节流可用于任何类型的对象，包括二进制对象，而字符流只能处理字符或者字符串，但在某些场合提供了更有效的方式，如文本处理等。

1. 字节流类

字节流类都继承自两个抽象类，即 InputStream 和 OutputStream。不同的子类可对不同的外设进行处理。java. io 包中字节流大多数是成对出现的，分别为输入字节流和输出字节流。在 java. io 包中，输入字节流各个子类都继承自 InputStream，类的层次结构如图 8-2 所示。

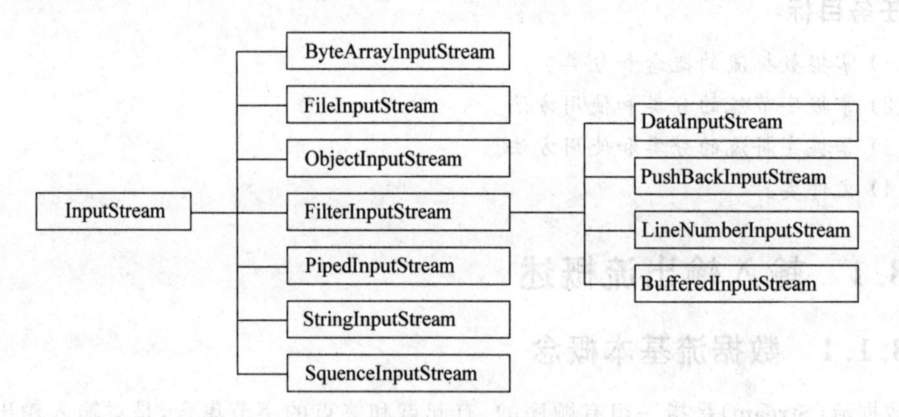

图 8-2 输入字节流类层次结构

InputStream 各个子类的功能描述见表 8-1。

表 8-1 InputStream 子类的功能描述

类 名	说 明
ByteArrayInputStream	读取字节数组的输入流
FileInputStream	读取文件的输入流
ObjectInputStream	对象输入流，用于串行化时对象的读取
PipedInputStream	管道输入流
StringInputStream	读取字符串的输入流
FilterInputStream	过滤输入流，有多个子类
BufferedInputStream	FilterInputStream 类的子类，带内部缓冲区的过滤输入流
LineNumberInputStream	FilterInputStream 类的子类，带有行计数功能的过滤输入流

续表

类　名	说　明
PushbackInputStream	FilterInputStream类的子类，可以把已经读取的一个字节“推回”到输入流中
DataInputStream	FilterInputStream类的子类，可以读取基本类型的数据，如布尔量、整型数、浮点数等

在java.io包中，输出字节流的各个子类都继承自OutputStream，类层次结构如图8-3所示。

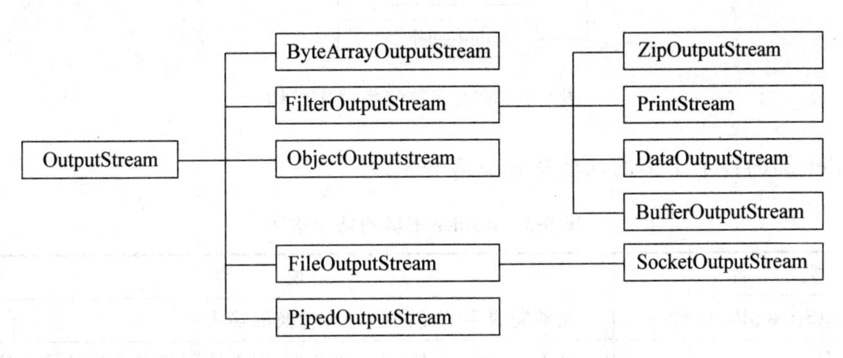

图8-3　输出字节流类层次结构

OutputStream各个子类的功能描述见表8-2。

表8-2　OutputStream子类的功能描述

类　名	说　明
ByteArrayOutputStream	以字节为单位将数据写入到字节数组(byte[])中
FileOutputStream	以字节为单位将数据写入到文件中
SocketOutputStream	FileOutputStream的子类，封装了对Socket的字节型流式写入
ObjectOutputStream	对数据进行序列化(Serializes)，并向输出流中写入序列化后的数据
PipedOutputStream	向管道中写入数据
FilterOutputStream	过滤输出流，有多个子类
ZipOutputStream	FilterOutputStream类的子类，以字节为单位向zip文件写入数据
PrintStream	FilterOutputStream类的子类，用于数据显示格式化输出结果的过滤输出流
DataOutputStream	FilterOutputStream类的子类，按基本数据类型写入数据的输出流
BufferedOutputStream	FilterOutputStream类的子类，带内部缓冲区的过滤输出流

2. 字符流类

字节流在操作时其本身不会用到缓冲区(内存)，是文件本身直接操作的，而字符流在操作时使用了缓冲区，通过缓冲区再操作文件。与字节流的两个抽象类(InputStream和OutputStream)相对应，所有的字符流操作类都继承自Reader或者Writer这两个抽象类。

在java.io包中,输入流各个子类都继承自Reader类,Reader类的层次结构如图8-4所示。

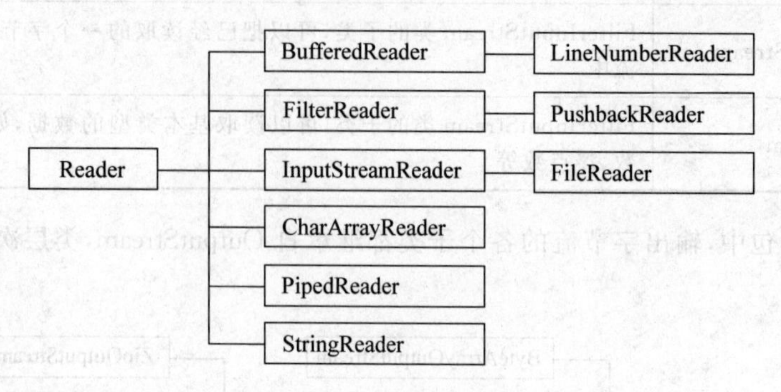

图8-4 输入字符流类层次结构

Reader类的各个子类的功能描述见表8-3。

表8-3 Reader子类的功能描述

类名	说明
InputStreamReader	能够完成字节流向字符流转换的输入流
FileReader	是InputStreamReader的子类,用来读取字符文件的输入流类
BufferedReader	带缓冲区的字符输入流
LineNumberReader	是BufferedReader类的子类,能统计行数的字符输入流
FilterReader	过滤字符输入流
PushbackReader	是FilterReader类的子类,能够使输入退回一个字符的输入流
CharArrayReader	与字符数组读取相关的字符输入流
PipedReader	管道字符输入流
StringReader	把字符串作为数据源的字符输入流

在java.io包中,输出流各个子类都继承自Writer类,该类的层次结构图8-5所示。Writer类的各个子类的功能描述见表8-4。

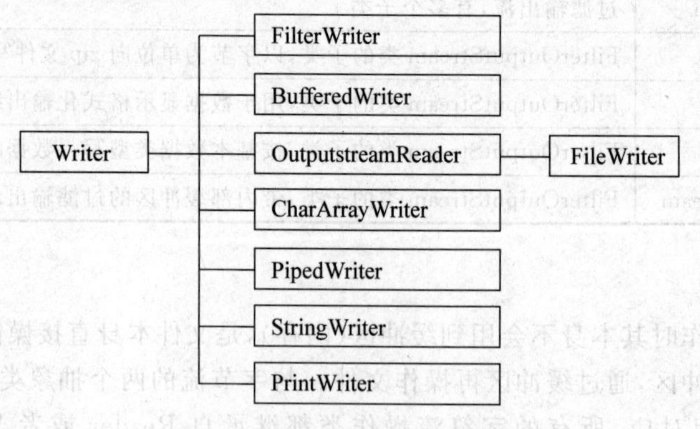

图8-5 输出字符流类层次结构

表 8-4 Writer 子类的功能描述

类 名	说 明
OutputStreamWriter	能够完成字节流向字符流转换的输出流
FileWriter	是 OutputStreamReader 的子类，对文件操作的字符输出流
BufferedWriter	带缓冲区的字符输出流
FilterWriter	带过滤器的字符输出流
CharArrayWriter	与字符数组读取关联的输出流
PipedWriter	管道字符输出流
StringWriter	把字符串作为数据输出端的输出流
PrintWriter	能够打印字符的输出流

8.2 字节流

8.2.1 InputStream 和 OutputStream

1. InputStream

抽象类 java. io. InputStream 是所有字节输入流的父类，该类定义了以字节为单位读取数据的基本方法，并在其子类中进行分化和实现。InputStream 继承自 Object 类，实现 Closeable 接口，该类的方法运行时出错会产生 IOException 的异常。InputStream 类的方法见表 8-5。

表 8-5 InputStream 类的方法

方 法	说 明
abstrac tint read()	从输入流中读取一个字节的内容，并且把这个内容以整数的形式返回
int read(byte[] b)	用于从输入流读取若干个字节的内容到字节数组 b 中，最多读取的字节个数就是这个字节数组的长度
int read(byte[] b,int off,int len)	读取 len 个字节，并放入到字节数组 b 中，并且是以角标为 off 的位置依次放入。那么实际上读取的个数以返回值为准
long skip(long n)	跳过输入流中的 n 个字节，并返回实际跳过的字节数。这个方法主要用于包装流中，包装类中流可以跳跃，一般的低层流不能跳跃
int available()	返回当前输入流中可读的字节数，在使用时可以先用 available()方法来判断流中是否有可读数据，再用 read()方法进行读取，这样可以防止程序发生阻塞(但一般只使用 read()方法直接来读取)
void mark(int readlimit)	在输入流中建立一个标记，readlimit 表示在建立标记地方开始最多还能读取多少个字节的内容

续表

方　法	说　明
void reset()	与mark()方法配合使用,用mark()方法在a处做标记后再读取b个字节,并调用reset()方法,当下次再读时就从a的地方开始读取(reset()方法是让指针回到以前做的标记处)
boolean markSupported()	返回当前流对象是否支持mark和reset操作
void close()	关闭输入流,并释放与该流关联的所有系统资源

2. OutputStream

抽象类java.io.OutputStream是所有字节输出流的父类,该类定义了以字节为单位输出数据的基本方法,并在其子类中进行分化和实现。OutputStream继承自Object类,实现Closeable和Flushable接口,该类的方法运行时出错会产生IOException的异常。OutputStream类的方法见表8-6。

表8-6 OutputStream类的方法

方　法	说　明
void write(int b)	将一个整数中的最低一个字节中的内容写到输出流中,高字节部分被舍弃
void write(byte[] b)	将字节数组中的所有内容写入到输出流对象中
void write(byte[] b,int off,int len)	将字节数组b中从off位置开始的len个字节写入到输出流对象中
void flush()	将内存缓冲区的内容完全清空,新输出到I/O设备中
void close()	关闭输出流对象

8.2.2 FileInputStream和FileOutputStream

1. FileInputStream

FileInputStream是文件输入流,它继承自InputStream,用来从某个文件中获得输入字节。该类有3种构造方法,见表8-7。

表8-7 FileInputStream类的构造方法

构造方法	说　明
FileInputStream(File file)	该构造方法通过打开一个指定的文件的连接来创建一个FileInputStream,该文件通过文件系统中的File类的对象file指定
FileInputStream(FileDescriptor fdobj)	该构造方法通过使用文件描述符fdObj创建一个FileInputStream,该文件描述符表示到文件系统中某个实际文件的现有连接
FileInputStream(String path)	该构造方法通过打开一个实际文件的连接来创建一个FileInputStream,该文件通过文件系统中的路径名path指定

值得注意的是，参数中所关联的文件如果不存在，则会产生 FileNonFoundException 的异常。

FileInputStream 继承并重写了 InputStream 的方法，虽然不支持 mark()和 reset()方法，但是又增加了部分方法，该类的方法见表 8-8。

表 8-8 FileInputStream 类的常用方法

方 法	说 明
int available()	返回下一次对此输入流调用的方法可以不受阻塞地从此输入流读取(或跳过)的估计剩余字节数
void close()	关闭此文件输入流并释放与此流有关的所有系统资源
FileChannel getChannel()	返回与此文件输入流有关的唯一 FileChannel 对象
final FileDescriptor getFD()	返回表示到文件系统中实际文件的连接的 FileDescriptor 对象，该文件系统正被此 FileInputStream 使用
int read()	从此输入流中读取一个数据字节
int read(byte[] b)	从此输入流中将最多 b. length 个字节的数据读入一个 byte 数组中
int read(byte[] b,int off,int len)	从此输入流中将最多 len 个字节的数据读入一个 byte 数组中
long skip(long n)	从输入流中跳过并丢弃 n 个字节的数据

2. FileOutputStream

FileOutputStream 是文件输出流，它继承自 OutputStream，用来从某个文件中获得输入字节。该类有 5 种构造方法，见表 8-9。

表 8-9 FileOutputStream 类的构造方法

构 造 方 法	说 明
FileOutputStream(File file)	创建一个向指定 File 对象表示的文件中写入数据的文件输出流
FileOutputStream(File file,boolean append)	创建一个向指定 File 对象表示的文件中写入数据的文件输出流
FileOutputStream (FileDescriptor fdObj)	创建一个向指定文件描述符处写入数据的输出文件流，该文件描述符表示一个到文件系统中的某个实际文件的现有连接
FileOutputStream(String name)	创建一个向具有指定名称的文件中写入数据的输出文件流
FileOutputStream (String name, boolean append)	创建一个向具有指定 name 的文件中写入数据的输出文件流

值得注意的是，参数中所关联的文件如果不存在，则会产生 FileNonFoundException 的异常。

FileOutputStream 继承并重写了 OutputStream 的方法，虽然不支持 mark()和 reset()方法，但是又增加了部分方法，该类的方法见表 8-10。

表 8-10 FileOutputStream 类的常用方法

方 法	说 明
void close()	关闭此文件输出流并释放与此流有关的所有系统资源
protected void finalize()	清理文件的连接，并确保不再引用此文件输出流时调用此流的close()方法
FileChannel getChannel()	返回与此文件输出流有关的唯一 FileChannel 对象
FileDescriptor getFD()	返回与此流有关的文件描述符
void write(byte[] b)	将 b.length 个字节从指定 byte 数组写入此文件输出流中
void write(byte[] b,int off,int len)	将指定 byte 数组中从偏移量 off 开始的 len 个字节写入此文件输出流
void write(int b)	将指定字节写入此文件输出流

【例 8-1】 读取在 D:\java\Example8\src 文件夹下创建的例题 Example8_1.java，然后在 D:\java\Example8\src 文件夹下再创建一个文件 file.txt。使用 FileInputStream 和 FileOutputStream 类编写程序把 Example8_1.java 的内容读取出来，并写入到 file.txt 中，然后把 file.txt 文件的内容显示出来。

程序代码如下。

```
1  import java.io.*;
2  public class Example8_1 {
3      public static void main(String[] args) {
4          String rf="D:\\java\\Example8\\src\\Example8_1.java";
5          String wf="D:\\java\\Example8\\src\\file.txt";
6          try{
7              byte[] buffer=new byte[1024];
8              FileInputStream fis=new FileInputStream(new File(rf));
9              FileOutputStream fos=new FileOutputStream(new File(wf));
10             System.out.println("复制文件: "+fis.available()+"字节");
11             while(true){
12                 if(fis.available()<1024){
13                     int remain=-1;
14                     while((remain=fis.read())!=-1){
15                         fos.write(remain);
16                     }
17                     break;
18                 }
19                 else{
20                     fis.read(buffer);
21                     fos.write(buffer);
22                 }
23             }
24             fis.close(); fos.close();
25             System.out.println("复制完成");
26         }catch(ArrayIndexOutOfBoundsException e){
27             System.out.println("using: java Example8_1 src des");
```

```
28            e.printStackTrace();
29         }catch(IOException e){
30            e.printStackTrace();
31         }
32         System.out.println("输出 file.txt 文件内容");
33         try{
34            FileInputStream fs=new FileInputStream(new File(wf));
35            byte[] buf=new byte[fs.available()];
36            fs.read(buf);
37            String str=new String(buf);
38            System.out.println(str);
39         }catch(IOException e){
40            e.printStackTrace();
41         }
42     }
43 }
```

程序运行结果如图 8-6 所示。

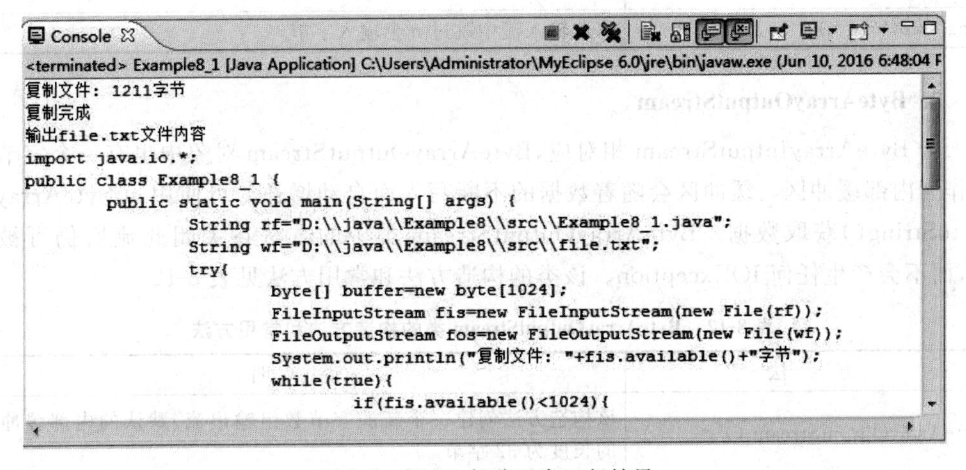

图 8-6 例 8-1 部分程序运行结果

程序分析如下。

第 1 行代码引入 java.io 包;第 8 行代码创建文件输入流对象 fis,并关联文件 D:\java\Example8\src\Example8_1.java;第 9 行代码创建文件输出流对象 fos,并关联文件 D:\java\Example8\src\file.txt;在第 11～23 行代码中,其中第 12～18 行代码复制小于 1024 的数据,第 19～22 行代码复制小于 1024 的数据;第 24 行代码分别关闭输入流和输出流对象;第 33～38 行代码输出 D:\java\Example8\src\file.txt 文件的内容。

8.2.3 ByteArrayInputStream 和 ByteArrayOutputStream

1. ByteArrayInputStream

ByteArrayIntputStream 类是把其中的数据写入一个字节数组,即把字节数组作为内部缓冲区。缓冲区会随着数据的不断写入而自动增长。该类的 read()方法能提供下一个字节。ByteArrayInputStream 类中的方法在关闭此流后仍可被调用，而不会产生任何 IOException。该类的构造方法和常用方法见表 8-11。

表 8-11　ByteArrayInputStream 类的构造方法和常用方法

方　法	说　明
ByteArrayInputStream (byte[] buf)	该构造方法创建一个 ByteArrayInputStream，使用 buf 作为其缓冲区数组
ByteArrayInputStream (byte[] buf, int offset,int length)	该构造方法创建一个 ByteArrayInputStream，使用 buf 作为其缓冲区数组，offset 是整型偏移量，length 是整型长度
int available()	返回“剩余的可读取的字节数”或者“skip 的字节数”
void close()	关闭“字节数组输入流”无效
int read()	返回“字节数组输入流”的下一个字节
void reset()	将缓冲区的位置重置为标记位置
int read(byte[] b,int off,int len)	读取“字节数组输入流”的数据并存到 b，从 offset 开始存储，存储长度是 len
long skip(long n)	从此输入流中跳过 n 个输入字节

2. ByteArrayOutputStream

与 ByteArrayIntputStream 相对应，ByteArrayOutputStream 对象中也有一个字节数组作为内部缓冲区。缓冲区会随着数据的不断写入而自动增长。可使用 toByteArray() 和 toString()获取数据。ByteArrayOutputStream 类中的方法在关闭此流后仍可被调用，而不会产生任何 IOException。该类的构造方法和常用方法见表 8-12。

表 8-12　ByteArrayOutputStream 类的构造方法和常用方法

方　法	说　明
ByteArrayOutputStream ()	该构造方法创建一个新的字节数组输出流，默认的内部缓冲区的长度为 32 字节
ByteArrayOutputStream (int size)	该构造方法创建一个新的字节数组输出流，并且指定缓冲区的大小为 size 个字节
int size()	返回缓冲区的当前大小
void close()	关闭“字节数组输出流”无效
void reset()	将缓冲区的位置重置为标记位置
void write(byte[] b,int off,int len)	将指定 byte 数组中从偏移量 off 开始的长度为 len 个字节写入此 byte 数组输出流
void write(int b)	将指定的 b 个字节写入 byte 数组输出流

【例 8-2】 利用 ByteArrayInputStream 和 ByteArrayOutputStream 类的对象，实现字节缓冲区的操作。

程序代码如下。

```
1  import java.io.*;
```

```
2  public class Example8_2{
3      public static void main(String[] args) throws IOException{
4          String str="hellojava";
5          byte[] b=str.getBytes();
6          ByteArrayInputStream in=new ByteArrayInputStream(b,5,4);
7          ByteArrayOutputStream out=new ByteArrayOutputStream(4);
8          System.out.println("字符数组 str 缓冲区数组长度为: "+str.length());
9          System.out.println("输入流中可用字符长度为: "+in.available());
10         System.out.println("输入流当前字节数据: "+(char)in.read());
11         in.reset();
12         int c=0;
13         while((c=in.read())!=-1)
14             out.write((int)Character.toUpperCase((char)c));
15         byte[] outb=out.toByteArray();
16         System.out.println("输出流缓冲区的内容为: "+new String(outb));
17         System.out.println("输出缓冲区长度: "+out.size());
18     }
19 }
```

程序运行结果如图 8-7 所示。

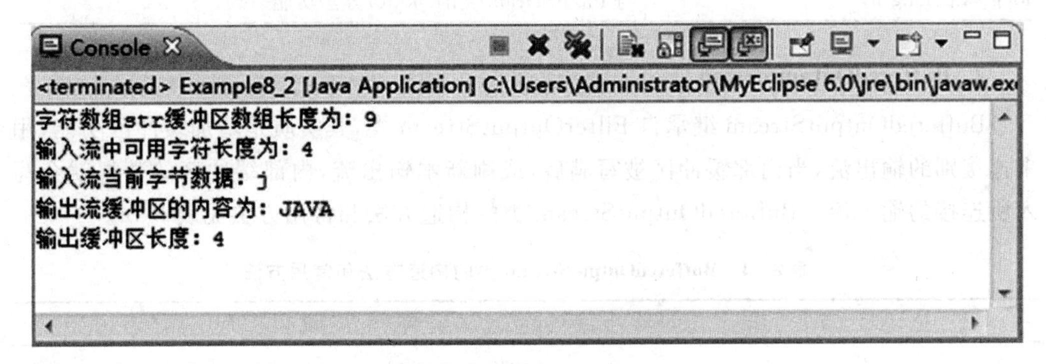

图 8-7 例 8-2 程序运行结果

程序分析如下。

第 5 行代码是使用系统的默认编码将字符串 str 转化为字节数组并赋值给 b;第 6 行代码创建一个 ByteArrayInputStream 类的对象 in,并以从字节数组 b 的偏移量为 5 且长度为 4 为缓冲区;第 7 行代码创建一个长度为 4 的输出流字节数组缓冲区对象;第 11 行代码将缓冲区位置重置为标记位置。

8.2.4 BufferedInputStream 和 BufferedOutputStream

1. BufferedInputStream

BufferedInputStream 继承自 FilterInputStream 类,其实质是增加缓冲区功能。当连接到别的输入流后,BufferedInputStream 会首先填满缓存区,然后在调用 InputStream 的 read()方法把缓冲区数组中的数据读到目的地,而不是直接对数据源作读取;当内部缓冲区的数据读取完毕后,其将自动地从数据源输入流中再次读取接下来的一批数据覆盖缓冲区,且缓冲区的指针标记会重新指向缓冲区的首部。BufferedInputStream 的默认缓冲区的大小为 2048B,也可以设置缓冲区的大小。BufferedInputStream 类的构造方法和常用方法见表 8-13。

表 8-13 BufferedInputStream 类的构造方法和常用方法

方 法	说 明
BufferedInputStream (InputStream in)	该构造方法创建一个 BufferedInputStream 并保存其参数(输入流 in)
BufferedInputStream (InputStream in, int size)	该构造方法创建一个具有指定缓冲区大小的 BufferedInputStream 并保存其参数(输入流 in)
int available()	返回“剩余的可读取的字节数”或者“skip 的字节数”
void close()	关闭该输入流,并释放与该流关联的所有系统资源
int read()	与 InputStream 类的 read()方法功能一致
int read(byte[] b,int off,int len)	读取“字节输入流”的数据并存到 b,从 offset 开始存储,存储长度是 len
long skip(long n)	与 InputStream 类的 skip()方法功能一致

2. BufferedOutputStream

BufferedOutputStream 继承自 FilterOutputStream 类,其实质是增加缓冲区功能,用来连接别的输出流,当内部缓冲区被写满后,或刷新本输出流,内部缓冲区的数据就会写入所连接的输入流。BufferedOutputStream 类的构造方法和常用方法见表 8-14。

表 8-14 BufferedOutputStream 类的构造方法和常用方法

方 法	说 明
BufferedOutputStream(OutputStream in)	该构造方法创建一个 BufferedOutputStream,并数据写入指定的底层输出流。默认的缓冲区大小为 512KB
BufferedOutputStream(OutputStream in,int size)	该构造方法创建一个具有指定缓冲区大小的 BufferedInputStream,以将具有指定缓冲区大小的数据写入指定的底层输出流
void flush()	刷新此缓冲区的输出流
void write(int b)	将指定的 b 个字节写入此缓冲区输出流
void write(byte[]b,int off,int len)	将指定的 byte 数组中从偏移量 off 开始的 len 个字节写入此缓冲区的输出流

【例 8-3】 读取本题的 Example8_3. java 源文件的内容到 out. txt 文件中,并输出 out. txt 文件的内容。

程序代码如下。

```
1  import java.io.*;
2  public class Example8_3{
3      public static void main(String[] args){
4          try{
5              byte[] data=new byte[1];
6              String inPath="D:\\java\\Example8\\src\\Example8_3.java";
7              String outPath="D:\\java\\Example8\\src\\out.txt";
8              File srcFile=new File(inPath);
9              File desFile=new File(outPath);
10             FileInputStream fis=new FileInputStream(srcFile);
11             FileOutputStream fos=new FileOutputStream(desFile);
12             BufferedInputStream bis=new BufferedInputStream(fis);
13             BufferedOutputStream bos=new BufferedOutputStream(fos);
14             System.out.println("复制文件: "+srcFile.length()+"字节");
15             bis.mark((int)(srcFile.length()));
16             System.out.println("读取的第1个字节为: "+(char)bis.read());
17             long pos=6;
18             bis.skip(pos);
19             System.out.println("读取的第"+pos+"个字节为: "+(char)bis.read());
20             bis.reset();
21             while(bis.read(data)!=-1){
22                 bos.write(data);
23             }
24             bos.flush();
25             System.out.println(outPath+"文件内容为: ");
26             File f=new File(outPath);
27             bis=new BufferedInputStream(new FileInputStream(f));
28             while(bis.read(data)!=-1){
29                 String str=new String(data);
30                 System.out.print(str);
31             }
32             bis.close();
33             bos.close();
34         }catch(ArrayIndexOutOfBoundsException e){
35             System.out.println("using: java useFileStream src des");
36             e.printStackTrace();
37         }catch(IOException e){
38             e.printStackTrace();
39         }
40     }
41 }
```

程序运行结果如图 8-8 所示。

程序分析如下。

第 12、13 行代码分别创建了一个 BufferedInputStream 和 BufferedOutputStream 类的对象，并分别关联 FileInputStream 和 FileOutputStream 类的对象；第 15 行代码的 mark 方法标记输入流当前的位置；第 16～19 行代码分别读取当前位置下一个字节和当前位置后的第 6 个字节的内容；第 20 行代码将此流重新定位到最后一次对此输入流调用

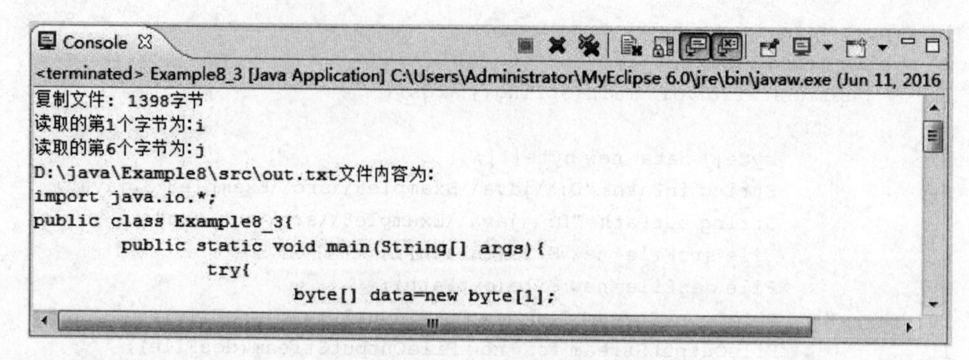

图 8-8 例 8-3 部分程序运行结果

mark()方法时的位置,即首地址;第 21～23 行代码把缓冲区输入流 bis 中的每个字节读取出来写入缓冲区输出流 bos 中;第 24 行代码刷新缓冲区输出流;第 28～31 行代码显示缓冲区输出流的全部字节内容。

8.2.5 SequenceInputStream

SequenceInputStream 类用来合并多个输入流组成的集合作为数据源,其能够依次读取多个输入流,直到最后一个输入流读取结束。该类的构造方法和常用方法见表 8-15。

表 8-15 SequenceInputStream 类的构造方法和常用方法

方法	说明
SequenceInputStream(Enumeration streamEnum)	该构造方法连续读取 Enumeration 接口对象中所有 InputStream 对象,直到最后一个 InputStream 对象的末尾为止,以提供从此 SequenceInputStream 读取的字节
SequenceInputStream (InputStream s1, InputStreams2)	该构造方法创建将按顺序读取这两个 InputStream 对象参数,先读取 s1,然后读取 s2,以提供从此 SequenceInputStream 读取的字节
void close()	关闭输出流,并释放与此输入流相关联的所有系统资源
int read()	从输入流读取下一个数据字节
int read(byte[] b,int off,int len)	从输入流的偏移量为 off 的位置,读取长度为 len 的字节数组 b 中

【例 8-4】 在 D\java 目录下创建 3 个文本文件,即 1.txt、2.txt 和 3.txt,并分别在这三个文本文件中输入内容 hello、java 和!,然后在 D\java 目录下创建一个文本文件,名为 4.txt,把先创建的 3 个文本文件合并,并输出到 4.txt 文件中,并显示合并后输入流的内容。

程序代码如下。

```
1  import java.io.*;
2  import java.util.*;
3  public class Example8_4 {
4      public static void main(String[] args) throws IOException {
5          {
6              FileInputStream fis1=new FileInputStream("D:\\java\\1.txt");
7              FileInputStream fis2=new FileInputStream("D:\\java\\2.txt");
8              FileInputStream fis3=new FileInputStream("D:\\java\\3.txt");
9              Vector<FileInputStream> vector=new Vector<FileInputStream>();
10             vector.add(fis1);
11             vector.add(fis2);
12             vector.add(fis3);
13             Enumeration en=vector.elements();
14             SequenceInputStream sis=new SequenceInputStream(en);
15             FileOutputStream fos=new FileOutputStream("D:\\java\\4.txt");
16             int number=fis1.available()+fis2.available()+fis3.available();
17             byte[] buf=new byte[number];
18             int len=0;
19             while((len=sis.read(buf))!=-1)
20             {
21                 fos.write(buf,0,len);
22             }
23             System.out.println("文件合并读写成功!");
24             File f=new File("D:\\java\\4.txt");
25             FileInputStream fis=new FileInputStream(f);
26             while(fis.read(buf)!=-1){
27                 String str=new String(buf);
28                 System.out.print(str);
29             }
30             sis.close();
31             fos.close();
32         }
33     }
34 }
```

程序运行结果如图 8-9 所示。

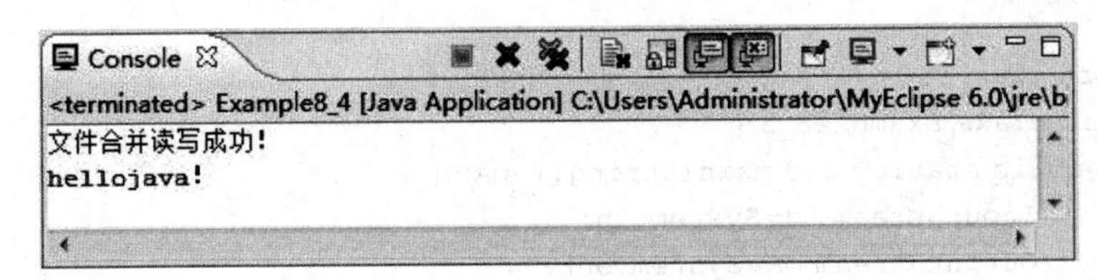

图 8-9　例 8-4 程序运行结果

程序分析如下。

第 6～8 行代码分别创建了 3 个 FileInputStream 对象；第 9 行代码创建一个向量类的对象 vector，对象中的元素为 FileInputStream 类型；第 10～12 行代码把 3 个 FileInputStream 对象添加到向量对象 vector 中；第 13、14 行代码创建了枚举类的对象，其元素为向量对象中的数组元素，并用该枚举对象创建SequenceInputStream类对象sis；第19～22行代码读取sis的内容并写入FileOutputStream对象fos关联的4.txt文件中；第23～25行代码显示合并输入流的内容。

8.2.6 System.in和System.out

标准输入输出流主要完成程序与输入输出外设之间的交互，Java通过系统类System定义两个static类型的变量来实现该功能，主要有以下3种方式。

（1）static InputStream in：键盘的标准输入。

（2）static PrintStream out：屏幕的标准输出。

（3）static PrintStream error：通过屏幕输出标准错误。

1. System.in

System.in作为InputStream类的对象实现标准输入，可以调用它的read()方法来读取键盘数据。read()方法见表8-16。

表8-16 System.in的3种read()方法

方法	说明
int read()	从输入流中读取数据的下一个字节
int read(byte[] b)	从输入流中读取一定数量的字节，并将其存储在缓冲区数组b中
int read(byte[] b,int off,int len)	将输入流中最多len个数据字节读入byte数组，存放位置在偏移量off

2. System.out

System.out作为PrintStream打印流类的对象实现标准输出，可以调用它的print()、println()或write()方法来输出各种类型的数据。print()和println()的参数完全一样，不同之处在于println输出后换行而print不换行。write()方法用来输出字节数组，在输出时不换行。

【例8-5】 接收从键盘输入的字符，存入字节数组，并按不同要求显示。

程序代码如下。

```
1  import java.io.*;
2  public class Example8_5 {
3      public static void main(String[] args) {
4          InputStream is=System.in;
5          OutputStream os=System.out;
6          try {
7              byte[] buffer=new byte[10];
8              int len=0;
9              is.mark(10);
10             System.out.println("输入字节数组 buffer");
11             is.read(buffer);
12             is.reset();
```

```
13            while ((len=is.read(buffer, 0, 4)) !=-1) {
14                System.out.println("读取的实际长度:"+len);
15                os.write(buffer, 0, 4);
16                System.out.println("");
17            }
18        } catch (IOException e) {
19            e.printStackTrace();
20        }
21    }
22 }
```

程序运行结果如图 8-10 所示。

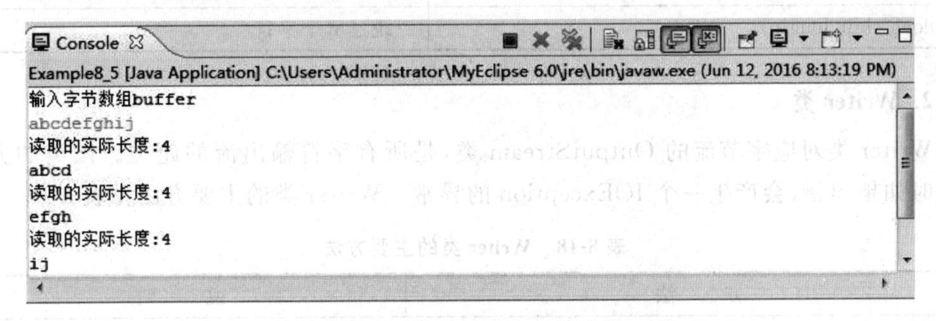

图 8-10 例 8-5 程序运行结果

程序分析如下。

第 4、5 行代码分别创建了 InputStream 和 OutputStream 对象，并分别用 System. in 和 System. out 对输入流和输出流对象实例化；第 9 行代码标记输入流当前位置，并保证在 mark 以后最多可以读取 10B 数据；第 11 行代码从标准输入流读取数据到 buffer 数组；第 12 行代码重置输入流；第 13～17 行代码循环显示输出流中指定偏移量和指定长度的字符。

8.3 字符输入和输出

InputStream 和 OutputStream 都是用来处理字节的，在处理字符时需用 getBytes() 方法转换成字节，这就需要编写字节、字符之间的转换代码。由于 Java 采用 16 位的 Unicode 字符编码，所以这些抽象类处理的是 Unicode 的字符流。字符流类 Reader 和 Writer 也是两个抽象类，用来做数据输入和输出处理的是 Reader 和 Writer 的子类，这些子类可以针对不同的输入和输出进行处理。

8.3.1 Reader 和 Writer

1. Reader 类

Reader 类对应字节流的 InputStream 类，是所有字符输入流的超类。该类的方法运行时如果出错，会产生一个 IOException 的异常。Reader 类的主要方法见表 8-17。

表 8-17 Reader 类的主要方法

方 法	说 明
abstract void close()	关闭该流并释放与之关联的所有资源
void mark(int readAheadLimit)	标记流中的当前位置
int read()	读取单个字符
int read(char[] cbuf)	将字符读入数组
abstract intread(char[] cbuf,int off,int len)	将字符读入数组的某一部分
boolean ready()	判断是否准备读取此流
void reset()	重置该流
long skip(long n)	跳过 n 个字符

2. Writer 类

Writer 类对应字节流的 OutputStream 类，是所有字符输出流的超类。该类的方法运行时如果出错，会产生一个 IOException 的异常。Writer 类的主要方法见表 8-18。

表 8-18 Writer 类的主要方法

方 法	说 明
abstract void close()	关闭该流，但先要刷新
abstract void flush()	刷新该流的缓冲
Writer append(char c)	将指定字符追加到此 writer
void write(char[] cbuf)	写入字符数组
abstract void write(char[] cbuf,int off,int len)	写入字符数组的某一部分
void write(int c)	写入单个字符
void write(String str)	写入字符串

8.3.2 InputStreamReader 和 OutputStreamReader

1. InputStreamReader 类

InputStreamReader 将输入字节流转换为字符输入流，是字节流通向字符流的桥梁。如果不指定字符集编码，该解码过程将使用平台默认的字符编码。该类的构造方法和常用方法见表 8-19。

表 8-19 InputStreamReader 类的构造方法和常用方法

方 法	说 明
InputStreamReader(InputStream in)	该构造方法创建一个默认编码集的 InputStreamReader
InputStreamReader(InputStream in,charset cs)	该构造方法创建一个指定字符集的 InputStreamReader

续表

方　法	说　明
InputStreamReader(InputStream in,String charsetName)	该构造方法创建一个指定编码集的 InputStreamReader
InputStreamReader(InputStream in,charsetDecoder dec)	该构造方法创建一个指定字符集解码器的 InputStreamReader
void close()	关闭该流并释放与之关联的所有资源
String getEncoding()	返回此输入流使用的字符编码名称
int read()	读取单个字符
int read(char []cbuf)	将读取到的字符存到数组中,并返回读取的字符数
int read(char []cbuf,int off,int len)	将字符读入数组的某一部分,并返回读取的字符数
boolean ready()	判断此流是否已经准备好用于读取

2. OutputStreamReader 类

OutputStreamReader 将字节输出流转换为字符输出流,是字节流通向字符流的桥梁。如果不指定字符集编码,该解码过程将使用平台默认的字符编码。该类的构造方法和常用方法见表 8-20。

表 8-20　OutputStreamReader 类的构造方法和常用方法

方　法	说　明
OutputStreamReader(OutputStream out)	该构造方法创建一个默认编码集的 OutputStreamReader
OutputStreamReader(OutputStream out,charset cs)	该构造方法创建一个指定字符集的 OutputStreamReader
OutputStreamReader(OutputStream out,String charsetName)	该构造方法创建一个指定编码集的 OutputStreamReader
OutputStreamReader(OutputStream Out,charsetDecoder dec)	该构造方法创建一个指定字符集解码器的 OutputStreamReader
void close()	关闭该流,但先要刷新
void flush()	刷新该流的缓冲
String getEncoding()	返回此输出流使用的字符编码名称
int write()	读取单个字符
int write(char []cbuf)	写入字符存到数组中,并返回写入的字符数
int write(char []cbuf,int off,int len)	写入字符数组的某一部分,并返回写入的字符数

续表

方　法	说　明
int write(String cbuf,int off,int len)	写入字符串的某一部分,并返回写入的字符数
int write(int c)	写入单个字符

8.3.3 FileReader 和 FileWriter

1. FileReader 类

FileReader 类是 InputStreamReader 类的子类,以字符方式读取文件,与字节流的 FileInputStream 相对应。该类的构造方法见表 8-21。

表 8-21　FileReader 类的构造方法

方　法	说　明
FileReader(File file)	该构造方法在读取数据 File 的情况下创建一个新 FileReader
FileReader(FileDescriptor fd)	该构造方法在读取数据 FileDescriptor 的情况下创建一个新 FileReader
FileReader(String fileName)	该构造方法在读取数据的文件名的情况下创建一个新 FileReader

FileReader 的方法都继承自 InputStreamReader,请参见 InputStreamReader 类的方法。

2. FileWriter 类

FileWriter 类是 OutputStreamReader 类的子类,以字符方式写入文件,与字节流的 FileOutputStream 对应。该类的构造方法见表 8-22。

表 8-22　FileWriter 类的构造方法

方　法	说　明
FileWriter(File file)	该构造方法根据给定的 File 对象创建一个 FileWriter 对象
FileWriter(File file,boolean append)	该构造方法根据给定的 File 对象创建一个 FileWriter 对象
FileWriter(FileDescriptor fd)	该构造方法创建与某个文件描述符相关联的 FileWriter 对象
FileWriter(String fileName)	该构造方法根据给定的文件名创建一个 FileWriter 对象
FileWriter(String fileName, boolean append)	该构造方法根据给定的文件名以及指示是否附加写入数据的 boolean 值来创建 FileWriter 对象

FileWriter 的方法都继承自 OutputStreamWriter,请参见 OutputStreamWriter 类的方法。

8.3.4 BufferedReader 和 BufferedWriter

1. BufferedReader 类

BufferedReader 类用于缓冲读取字符,将字节流封装成 BufferedReader 对象,然后用 readLine()逐行读入字符流,直到遇到换行符为止(相当于反复调用 Reader 类对象的

read()方法读入多个字符)。该类的构造方法和常用方法见表8-23。

表 8-23 BufferedReader 类的构造方法和常用方法

方 法	说 明
BufferedReader(Reader in)	该构造方法创建一个使用默认大小输入缓冲区的缓冲字符输入流
BufferedReader(Reader in,int sz)	该构造方法创建一个使用指定大小输入缓冲区的缓冲字符输入流
void close()	关闭该流并释放与之关联的所有资源
void mark(int readAheadLimit)	标记流中的当前位置
boolean markSupported()	判断此流是否支持 mark()操作(它一定支持)
int read()	读取单个字符
int read(char[] cbuf,int off,int len)	将字符读入数组的某一部分
String readLine()	读取一个文本行
boolean ready()	判断此流是否已准备好被读取
void reset()	将流重置到最新的标记
long skip(long n)	跳过 n 个字符

2. BufferedWriter 类

将文本写入字符输出流,缓冲各个字符,从而提供单个字符、数组和字符串的高效写入。该类的构造方法和常用方法见表8-24。

表 8-24 BufferedWriter 类的构造方法和常用方法

方 法	说 明
BufferedWriter(Writer out)	该构造方法创建一个使用默认大小输出缓冲区的缓冲字符输出流
BufferedWriter(Writer out,int sz)	该构造方法创建一个使用给定大小输出缓冲区的新缓冲字符输出流
void close()	关闭此流,但要先刷新它
void flush()	刷新该流的缓冲
void newLine()	写入一个行分隔符
void write(char[] cbuf,int off,int len)	写入字符数组的某一部分
void write(int c)	写入单个字符
void write(String s,int off,int len)	写入字符串的某一部分

8.3.5 StringReader 和 StringWriter

1. StringReader 类

StringReader 对象与一个字符串关联,以字符串作为数据输入源,该类的构造方法和常用方法见表8-25。

表 8-25 StringReader 类的构造方法和常用方法

方 法	说 明
StringReader(String s)	该构造方法创建一个新字符串输入流 s,s 作为输入数据源
void close()	关闭该流并释放与之关联的所有系统资源
void mark(int readAheadLimit)	标记流中的当前位置
boolean markSupported()	判断此流是否支持 mark()操作以及支持哪一项操作
int read()	读取单个字符
int read(char[] cbuf,int off,int len)	将字符读入数组的某一部分
boolean ready()	判断此流是否已经准备好用于读取
void reset()	将该流重置为最新的标记,如果从未标记过,则将其重置到该字符串的开头
long skip(long ns)	跳过流中指定数量的字符

2. StringWriter 类

StringWriter 有个内部缓冲区作为字符串输出流的数据接收端。该类的构造方法和常用方法见表 8-26。

表 8-26 StringWriter 类的构造方法和常用方法

方 法	说 明
StringWriter()	该构造方法使用默认初始字符串缓冲区大小创建一个新字符串
StringWriter(int initialSize)	该构造方法使用指定初始字符串缓冲区大小创建一个新字符串
StringWriter append(char c)	将指定字符添加到此 writer
StringWriter append(CharSequence csq)	将指定的字符序列添加到此 writer
StringWriter append(CharSequence csq,int start,int end)	将指定字符序列的子序列添加到此 writer
void close()	关闭 StringWriter 无效
void flush()	刷新该流的缓冲
StringBuffer getBuffer()	返回该字符串缓冲区本身
String toString()	以字符串的形式返回该缓冲区的当前值
void write(char[] cbuf,int off,int len)	写入字符数组的某一部分
void write(int c)	写入单个字符
void write(String str)	写入一个字符串
void write(String str,int off,int len)	写入字符串的某一部分

【例 8-6】 读取字符串中的指定内容,把读取字符串的内容写入新创建的 5. txt 文件中,并显示该文件的内容。

程序代码如下。

```
1  import java.io.*;
2  public class Example8_6 {
3      public static void main(String[] args) {
4          FileWriter filew=null;
5          String path="d:\\java\\5.txt";
6          try{
7              String s="hello";
8              StringReader sin=new StringReader(s);
9              System.out.println("字符串输入流的第一个字符："+(char)sin.read());
10             sin.mark(3);
11             sin.skip(3);
12             System.out.println("字符串输入流的第三个字符："+(char)sin.read());
13             sin.reset();
14             filew=new FileWriter(path);
15             filew.write(s,0,5);
16         }catch(IOException e){
17             System.out.println("catch"+e.toString());
18         }
19         finally{
20             try {
21                 if(filew!=null)
22                     filew.close();
23             } catch (Exception e) {
24                 System.out.println(e.toString());
25             }
26         }
27         try{
28             FileReader filer=new FileReader(path);
29             int num=0;
30             char [] buf=new char[5];
31             while((num=filer.read(buf))!=-1)
32             {
33                 System.out.println("字符文件输入流："+new String(buf,0,num));
34             }
35                 filer.close();
36         }catch(IOException e){
37             e.printStackTrace();
38         }
39         try{
40             BufferedReader br=new BufferedReader(new FileReader(path));
41             int num=0;
42             char [] buf=new char[5];
43             while((num=br.read(buf,0,5))!=-1)
44             {
45                 System.out.println("字符缓冲区输入流："+new String(buf,0,num));
46             }
```

```
47            br.close();
48        }catch(IOException e){
49            e.printStackTrace();
50        }
51    }
52 }
```

程序运行结果如图 8-11 所示。

```
Console ☒
<terminated> Example8_6 [Java Application] C:\Users\Administrator\MyEclipse 6.0\jre\bin\javaw.exe (Jun 13, 2016
字符串输入流的第一个字符：h
字符串输入流的第三个字符：o
字符文件输入流：hello
字符缓冲区输入流：hello
```

图 8-11　例 8-6 程序运行结果

程序分析如下。

第 7～12 行代码通过读取字符串类的对象分别读取字符串 s 的第 1 个字符和第 5 个字符；第 14、15 行代码创建一个读字符文件类对象并关联新创建的 D:\java\5. txt 文件，并把字符串 s 的内容写入该文件；第 28～34 行代码通过 FileReader 类读取 5. txt 文件内容到字符数组，并显示该字符数组内容；第 40～46 行代码通过字符缓冲区输入流读取关联类 5. txt 的字符文件输入流，然后显示该缓冲区的内容。

8.4　文件

文件(File)是最常见的数据源之一，在程序中经常需要将数据存储到文件中，如图片文件、声音文件等数据文件，也经常根据需要从指定的文件中进行数据的读取。当然，在实际使用时，文件都包含一个固定的格式，这个格式要求程序员根据需要进行设计，读取已有的文件时也需要熟悉对应的文件格式，才能把数据从文件中正确地读取出来。在本章中已经介绍了两对与文件有关的类，即 FileInputStream 和 FileOutputStream 类读写字节文件、FileReader 和 FileWriter 类读写字符文件。下面介绍文件的操作方法和其他相关的类。

8.4.1　File 类

为了方便地说明文件的概念以及存储一些文件的基本操作，在 java. io 包中有一个专门的类——File 类。在 File 类中包含了大部分文件操作的功能方法，该类的对象可以代表一个具体的文件或文件夹，所以曾有人建议将该类的类名修改成 FilePath，因为该类也可以代表一个文件夹，更准确地说是可以代表一个文件路径，在实际代表时，可以使用绝对路径，也可以使用相对路径。该类的构造方法和常用方法见表 8-27。

表 8-27 File 类的构造方法和常用方法

方 法	说 明
File(String pathname)	该构造方法通过将给定路径名字符串转换为抽象路径名来创建一个新 File 实例
File(File parent,String child)	该构造方法根据 parent 抽象路径名和 child 路径名字符串创建一个新 File 实例
File(String parent,String child)	该构造方法根据 parent 路径名字符串和 child 路径名字符串创建一个新 File 实例
File(URI uri)	该构造方法通过将给定的 file: URI 转换为一个抽象路径名来创建一个新的 File 实例
boolean createNewFile()	该方法的作用是创建指定的文件。该方法只能用于创建文件,不能用于创建文件夹,且文件路径中包含的文件夹必须存在
boolean delete()	删除此抽象路径名表示的文件或目录
boolean exists()	该方法的作用是判断当前文件或文件夹是否存在
String getAbsolutePath()	该方法的作用是获得当前文件或文件夹的绝对路径
String getName()	该方法的作用是获得当前文件或文件夹的名称
String getParent()	该方法的作用是获得当前路径中的父路径
boolean isDirectory()	该方法的作用是判断当前 File 对象是否是目录
boolean isFile()	该方法的作用是判断当前 File 对象是否是文件
long length()	该方法的作用是返回文件存储时占用的字节数。该数值获得的是文件的实际大小,而不是文件在存储时占用的空间数
String[]list()	返回一个字符串数组,这些字符串指定此抽象路径名表示的目录中的文件和目录
File[] listFiles()	返回一个抽象路径名数组,这些路径名表示此抽象路径名表示的目录中的文件
boolean mkdir()	创建此抽象路径名指定的目录
boolean mkdirs()	创建此抽象路径名指定的目录,包括所有必需但不存在的父目录
boolean renameTo(File dest)	重新命名此抽象路径名表示的文件
boolean setReadOnly()	标记此抽象路径名指定的文件或目录,从而只能对其进行读操作

对于文件的操作也就是实现对文件的读写,而不管是字符文件还是字节文件都可采用相同的步骤,首先把一个合适的流连接到文件;然后使用循环读或写数据;最后关闭流。下面通过一个例子来说明文件的相关操作。

【例 8-7】 读取字符串的指定内容,并把字符串的内容写入新创建的 5.txt 文件中,读取并显示该文件的内容。

程序代码如下。

```
1  import java.io.*;
2  public class Example8_7 {
3      public static void main(String[] args) {
```

```
4          File f1=new File("d:\\java\\");
5          File f2=new File("d:\\java\\6.txt");
6          File f3=new File("d:\\java\\","1.txt");
7          try{
8              boolean b=f2.createNewFile();
9              System.out.println("创建文件 6.txt 是否成功:"+b);
10         }catch(Exception e){
11             e.printStackTrace();
12         }
13         System.out.println("文件 f2 绝对路径: "+f2.getAbsolutePath());
14         System.out.println("文件 f2 文件名: "+f2.getName());
15         System.out.println("文件 f2 父路径: "+f2.getParent());
16         System.out.println("f2 是否是文件: "+f2.isFile());
17         System.out.println("文件 f2 长度: "+f2.length());
18         System.out.println("文件 f3 是否存在: "+f3.exists());
19         System.out.println("文件 f1 是否是目录: "+f1.isDirectory());
20         System.out.println(f1.getPath()+"中的文件和目录:");
21         String[] s=f1.list();
22         for(int i=0;i<s.length;i++){
23             if(i%6==0)
24                 System.out.println();
25             else
26                 System.out.print(s[i]+",");
27         }
28         System.out.println(f1.getPath()+"中的文件:");
29         File[] f4=f1.listFiles();
30         for(int i=0;i<f4.length;i++){
31             if(i%6==0)
32                 System.out.println();
33             else
34                 System.out.print(f4[i]+",");
35         }
36         File f5=new File("e:\\test\\abc");
37         System.out.println("\n 创建路径名指定的目录: "+f5.mkdir());
38         System.out.println("创建路径名指定的目录包含父路径: "+f5.mkdirs());
39         File f6=new File("e:\\a.txt");
40         System.out.println("重命名此路径名表示的文件:"+f2.renameTo(f6));
41     }
42 }
```

程序运行结果如图 8-12 所示。

程序分析如下。

第 4～6 行代码创建 File 对象；第 7～9 行代码创建文件 6.txt；第 21～27 行代码获得当前文件夹 d:\java\下所有文件和文件夹名称；第 28～35 行代码获得当前文件夹 d:\java\下所有文件。

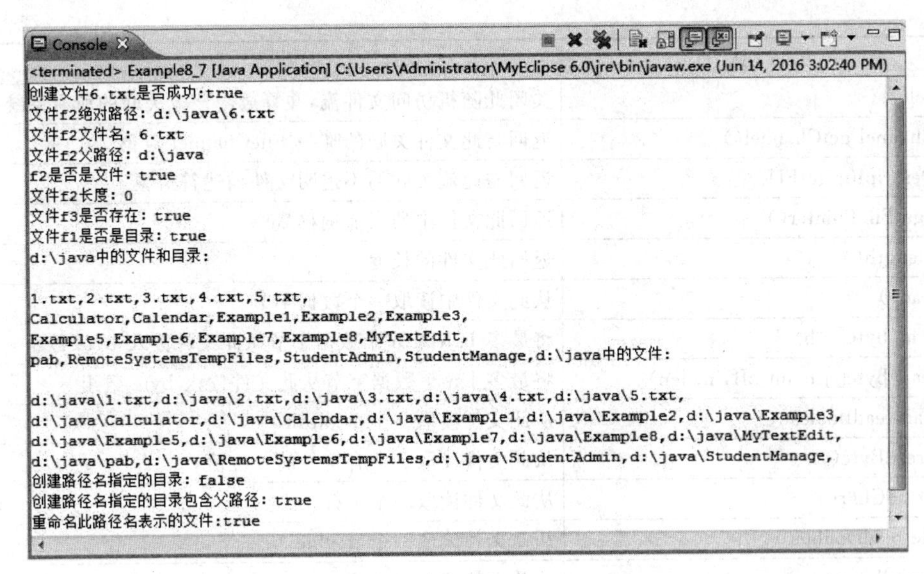

图 8-12 例 8-7 程序运行结果

8.4.2 RandomAccessFile 类

RandomAccessFile 类的实例支持对随机访问文件的读取和写入。随机访问文件的行为类似存储在文件系统中的一个大型 byte 数组。存在指向该隐含数组的光标或索引，称为文件指针；输入操作从文件指针开始读取字节，并随着对字节的读取而前移此文件指针。如果随机访问文件以读取/写入模式创建，则输出操作也可用；输出操作从文件指针开始写入字节，并随着对字节的写入而前移此文件指针。写入隐含数组的当前末尾之后的输出操作导致该数组扩展。

通常，如果此类中的所有读取例程在读取所需数量的字节之前已到达文件末尾，则抛出 EOFException(是一种 IOException)。如果由于某些原因无法读取任何字节，而不是在读取所需数量的字节之前已到达文件末尾，则抛出 IOException，而不是 EOFException。需要特别指出的是，如果流已被关闭，则可能抛出 IOException。RandomAccessFile 类的构造方法和常用方法见表 8-28。

表 8-28 RandomAccessFile 类的构造方法和常用方法

方 法	说 明
RandomAccessFile(File file,String mode)	该构造方法创建从中读取和向其中写入(可选)的随机访问文件流，该文件由 File 参数指定。mode 参数指定用以打开文件的访问模式，允许的值及其含义为 r：以只读方式打开；rw：打开以便读取和写入。如果该文件尚不存在，则尝试创建该文件；rws：打开以便读取和写入；rwd：打开以便读取和写入
RandomAccessFile(String name, String mode)	该构造方法创建从中读取和向其中写入(可选)的随机访问文件流，该文件具有指定名称

续表

方　法	说　明
void close()	关闭此随机访问文件流,并释放与该流关联的所有系统资源
FileChannel getChannel()	返回与此文件关联的唯一 FileChannel 对象
FileDescriptor getFD()	返回与此流关联的不透明文件描述符对象
long getFilePointer()	返回此文件中的当前偏移量
long length()	返回此文件的长度
int read()	从此文件中读取一个数据字节
int read(byte[] b)	将最多 b.length 个数据字节从此文件读入 byte 数组
int read(byte[] b,int off,int len)	将最多 len 个数据字节从此文件读入 byte 数组
boolean readBoolean()	从此文件读取一个 boolean
byte readByte()	从此文件读取一个有符号的 8 位值
char readChar()	从此文件读取一个字符
double readDouble()	从此文件读取一个 double
float readFloat()	从此文件读取一个 float
void readFully(byte[] b)	将 b.length 个字节从此文件读入 byte 数组,并从当前文件指针开始
void readFully(byte[] b,int off,int len)	将正好 len 个字节从此文件读入 byte 数组,并从当前文件指针开始
int readInt()	从此文件读取一个有符号的 32 位整数
String readLine()	从此文件读取文本的下一行
long readLong()	从此文件读取一个有符号的 64 位整数
short readShort()	从此文件读取一个有符号的 16 位数
int readUnsignedByte()	从此文件读取一个无符号的 8 位数
int readUnsignedShort()	从此文件读取一个无符号的 16 位数
String readUTF()	从此文件读取一个字符串
void seek(long pos)	设置到此文件开头测量到的文件指针偏移量,在该位置发生下一个读取或写入操作
void setLength(long newLength)	设置此文件的长度
int skipBytes(int n)	尝试跳过输入的 n 个字节以丢弃跳过的字节
void write(byte[] b)	将 b.length 个字节从指定 byte 数组写入到此文件,并从当前文件指针开始
void write(byte[] b,int off,int len)	将 len 个字节从指定 byte 数组写入到此文件,并从偏移量 off 处开始
void write(int b)	向此文件写入指定的字节
void writeBoolean(boolean v)	按单字节值将 boolean 写入该文件
void writeByte(int v)	按单字节值将 byte 写入该文件
void writeBytes(String s)	按字节序列将该字符串写入该文件
void writeChar(int v)	按双字节值将 char 写入该文件,先写高字节

续表

方　　法	说　明
void writeChars(String s)	按字符序列将一个字符串写入该文件
void writeDouble(double v)	使用 Double 类中的 doubleToLongBits 方法将双精度参数转换为一个 long,然后按 8 字节数量将该 long 值写入该文件,先写高字节
void writeFloat(float v)	使用 Float 类中的 floatToIntBits 方法将浮点参数转换为一个 int,然后按 4 字节数量将该 int 值写入该文件,先写高字节
void writeInt(int v)	按 4 个字节将 int 写入该文件,先写高字节
void writeLong(long v)	按 8 个字节将 long 写入该文件,先写高字节
void writeShort(int v)	按两个字节将 short 写入该文件,先写高字节
void writeUTF(String str)	使用 modified UTF-8 编码以与机器无关的方式将一个字符串写入该文件

下面通过一个例子来说明文件的相关操作。

【例 8-8】 列举 RandomAccessFile 类的操作,同时实现了一个文件复制操作。程序代码如下。

```
1  import java.io.*;
2  public class Example8_8 {
3      public static void main(String[] args) throws Exception {
4          RandomAccessFile file=new RandomAccessFile("file", "rw");
5          file.writeInt(12);
6          file.writeDouble(3.1415926);
7          file.writeUTF("这是一个 UTF 字符串");
8          file.writeBoolean(false);
9          file.writeShort(288);
10         file.writeLong(12345678);
11         file.writeFloat(3.145f);
12         file.writeChar('a');
13         file.seek(0);
14         System.out.println("从 file 文件指定位置读数据");
15         System.out.println(file.readInt());
16         System.out.println(file.readDouble());
17         System.out.println(file.readUTF());
18         System.out.println(file.readBoolean());
19         file.skipBytes(2);
20         System.out.println(file.readLong());
21         System.out.println(file.readFloat());
22         System.out.println(file.readChar());
23         System.out.println("从文件 file 复制到文件 fc");
24         file.seek(0);
25         RandomAccessFile fc=new RandomAccessFile("fc","rw");
26         byte[] b=new byte[(int)file.length()];
```

```
27          file.readFully(b);
28          fc.write(b);
29          System.out.println("复制完成!");
30      }
31 }
```

程序运行结果如图 8-13 所示。

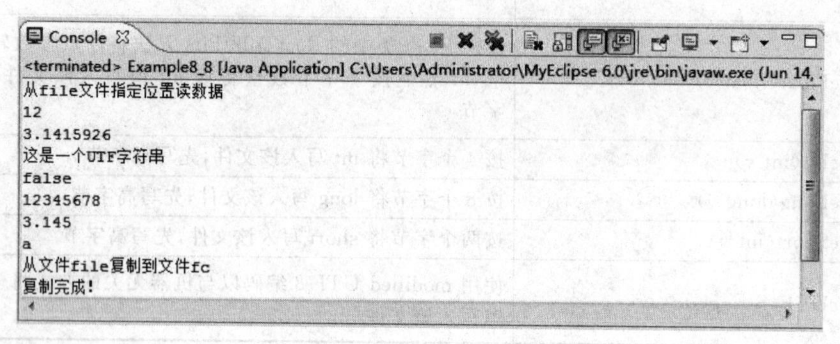

图 8-13 例 8-8 程序运行结果

程序分析如下。

第 4 行代码创建从中可读取的随机访问文件流,该文件名为 file;第 5～12 行代码分别向随机访问文件写入各种类型的数据;第 13 行代码将文件指针移动到文件首部;第 14～23 行代码分别读取随机访问文件的指定位置的指定类型数据;第 25～28 行代码将随机文件 file 的内容读到字节数组 b,然后把字节数组的内容写入随机文件 fc。

8.5 Java 对象串行化

8.5.1 串行化的概念

1. 串行化概述

对象的寿命通常随着生成该对象的程序的终止而终止。有时可能需要将对象的状态保存下来,在需要时再将对象恢复。把对象的这种能记录自己的状态以便将来再生的能力,称为对象的持续性(Persistence)。对象通过写出描述自己状态的数值来记录自己,这个过程叫对象的串行化(Serialization)。串行化的主要任务是写出对象实例变量的数值。如果变量是另一对象的引用,则引用的对象也要串行化。这个过程是递归的,串行化可能要涉及一个复杂树结构的单行化,包括原有对象、对象的对象、对象的对象的对象等。对象所有权的层次结构称为图表(Graph)。

2. 串行化的目的

Java 对象的串行化的目标是为 Java 的运行环境提供一组特性,具体如下。

(1) 尽量保持对象串行化的简单扼要,但要提供一种途径使其可根据开发者的要求进行扩展或定制。

(2) 串行化机制应严格遵守 Java 的对象模型。对象的串行化状态中应该存有所有的关于种类的安全特性的信息。

(3) 对象的串行化机制应支持 Java 的对象持续性。

(4) 对象的串行化机制应有足够的 可扩展能力以支持对象的远程方法调用(RMI)。

(5) 对象串行化应允许对象定义自身的格式,即其自身的数据流表示形式,可外部化接口来完成这项功能。

8.5.2 串行化的方法

1. 定义一个可串行化对象

Java 语言提供了对象串行化机制,在 java.io 包中,接口 Serializable 用来作为实现对象串行化的工具,只有实现了 Serializable 的类的对象才可以被串行化。

Serializable 接口中没有任何的方法。当一个类声明要实现 Serializable 接口时,只是表明该类参加串行化协议,而不需要实现任何特殊的方法。下面通过实例介绍如何对对象进行串行化。

2. 构造对象的输入和输出流

要串行化一个对象,必须与一定的对象输出和输入流联系起来,通过对象输出流将对象状态保存下来,再通过对象输入流将对象状态恢复。在 java.io 包中,提供了 ObjectInputStream 和 ObjectOutputStream 将数据流功能扩展至可读写对象。在 ObjectInputStream 中用 readObject()方法可以直接读取一个对象,ObjectOutputStream 中用 writeObject()方法可以直接将对象保存到输出流中。

3. 串行化的注意事项

(1) 串行化能保存的元素。串行化只能保存对象的非静态成员变量,不能保存任何的成员方法和静态的成员变量,而且串行化保存的只是变量的值,对于变量的任何修饰符都不能保存。

(2) transient 关键字。对于某些类型的对象,其状态是瞬时的,这样的对象是无法保存其状态的。例如,一个 Thread 对象或一个 FileInputStream 对象,对于这些字段必须用 transient 关键字标明;否则编译器将报措。

(3) 串行化可能涉及将对象存放到磁盘上或在网络上发送数据,这时就会产生安全问题。因为数据位于 Java 运行环境之外,不在 Java 安全机制的控制中。对于这些需要保密的字段,不应保存在永久介质中,或者不应简单地不加处理地保存下来。为了保证安全性,应该在这些字段前加上 transient 关键字。

【例 8-9】 对象串行化举例,把所定义的 Student 类的对象保存起来并读取。

程序代码如下。

```
1  import java.io.*;
2  class Student implements Serializable {
3      int sno;
4      String name;
5      int age;
```

```
6       String dept;
7       public Student(int id, String name, int age, String dept) {
8           this.sno=id;
9           this.name=name;
10          this.age=age;
11          this.dept=dept;
12      }
13  }
14  public class Example8_9 {
15      public static void main(String[] args)throws IOException,
16      ClassNotFoundException {
17          Student stu=new Student(981036, "tom", 23, "mechanics");
18          FileOutputStream fo=new FileOutputStream("D:/java/data.txt");
19          ObjectOutputStream so=new ObjectOutputStream(fo);
20          try {
21              so.writeObject(stu);
22              so.close();
23          } catch (IOException e)
24          {
25              System.out.println(e);
26          }
27          stu=null;
28          FileInputStream fi=new FileInputStream("D:/java/data.txt");
29          ObjectInputStream si=new ObjectInputStream(fi);
30          try {
31              stu=(Student) si.readObject();
32              si.close();
33          } catch (IOException e)
34          {
35              System.out.println(e);
36          }
37          System.out.println("Student Information:");
38          System.out.println("ID:"+stu.sno);
39          System.out.println("Name:"+stu.name);
40          System.out.println("Age:"+stu.age);
41          System.out.println("Dep:"+stu.dept);
42      }
43  }
```

程序运行结果如图 8-14 所示。

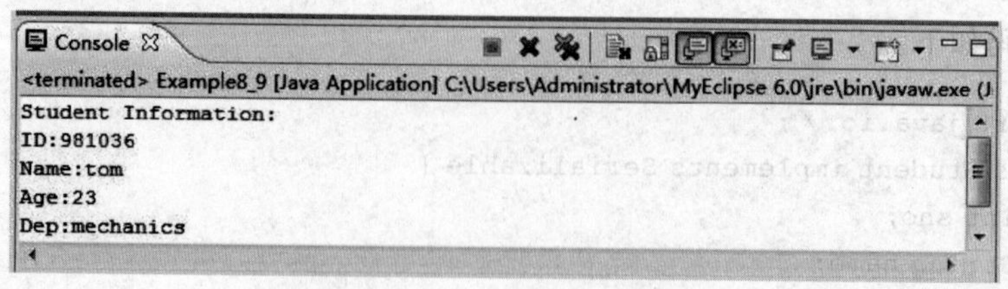

图 8-14 例 8-9 程序运行结果

程序分析如下。

第2～13行代码定义Student类实现Serializable接口，该类的对象可以串行化；第18～21行代码定义了一个ObjectOutputStream对象，该对象又通过FileOutputStream输出流和文件D:\java\data.txt关联，把Student类的对象stu写入到文件中；第27行代码把Student类的对象stu置空；第28～36行代码定义一个ObjectInputStream对象，该对象又通过FileInputStream输入流和文件D:\java\data.txt关联，第31行从文件中读出内容到stu对象；第38～41行代码输出stu对象的内容。

课后上机训练题目

有一个文本文件English.txt且文件中保存一篇英语文章，实现以下功能。

(1) 计算这篇短文的字符数(含空白)共有多少?

(2) 计算这篇短文共有多少个空白字符?

(3) 统计这篇短文中有多少个字母、多少个大写字母、多少个小写字母、多少个数字?

(4) 统计这篇短文的单词数。

(5) 将这篇短文内所有大写字母改成小写，并将更改后的短文写到纯文本文件word.txt里。

第 9 章

Java数据库技术

任务目标

(1) 掌握 SQL 基本语句和 MySQL 操作方法,以及 MySQL 可视化开发平台 MySQL Workbench 的使用方法。

(2) 了解 JDBC 的工作原理,掌握 JDBC 操作数据库所用到的类的使用方法和使用 JDBC 开发数据库的工作步骤。

(3) 掌握 JDBC 的高级特性,即预编译 SQL 语句、可滚动和可更新的 ResultSet、事务和行集的相关方法和操作。

9.1 数据库简介

数据库本身就是一门学科,它涉及内容也比较多,本书重点在于学习 Java 的应用,所以只对关系数据库做一个简单介绍,重在讨论数据库的应用。本节主要讲述关系数据库的基本概念、特点,让读者对关系数据库有一个初步的了解。

9.1.1 关系数据库概述

关系数据库是建立在关系数据库模型基础上的数据库,借助集合代数等概念和方法来处理数据库中的数据,现实世界中各种实体及实体之间的联系均可用关系模型来表示。数据库不能直接访问,必须通过数据库管理系统来处理数据库中的信息。

数据库管理系统(DataBase Management System,DBMS)是一种操纵和管理数据库的大型软件,用于建立、使用和维护数据库。它对数据库进行统一的管理和控制,以保证数据库的安全性和完整性。用户通过 DBMS 访问数据库中的数据,数据库管理员也通过 DBMS 进行数据库的维护工作。它可使多个应用程序和用户用不同的方法在同时或不同时刻去建立、修改和询问数据库。大部分 DBMS 提供数据定义语言 DDL(Data Definition Language)和数据操作语言 DML(Data Manipulation Language),供用户定义数据库的模式结构与权限约束,实现对数据的追加、删除等操作。

在关系数据库中，一个关系对应通常所说的一张二维表，每个关系都有一个关系名；二维表中的一行即为一个元组，元组对应存储文件中的一条记录；二维表中的一列即为一个属性，属性对应存储文件中的一个字段，属性的取值范围即为域。如图 9-1 所示，二维表的名为 S，表中包含 5 条记录、4 个属性，Sgender 属性的域为{男，女}。

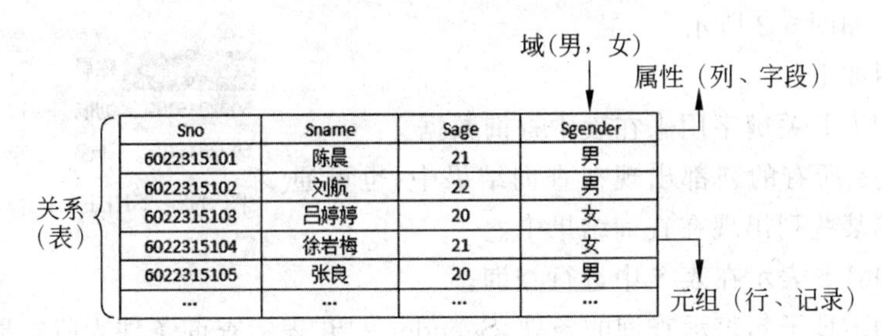

Sno	Sname	Sage	Sgender
6022315101	陈晨	21	男
6022315102	刘航	22	男
6022315103	吕婷婷	20	女
6022315104	徐岩梅	21	女
6022315105	张良	20	男
…	…	…	…

图 9-1 关系数据模型

结构化查询语言(Structured Query Language，SQL)是最重要的关系数据库操作语言，SQL 语言常用功能有 5 个，分别为创建数据表、插入数据、查询数据、修改数据、删除数据。

1. 创建数据表

创建图 9-1 中学生表 S 的 SQL 语句如下。

```
CREATE TABLE S(Sno CHAR(10),Sname VARCHAR(10),Sage int,Sgender CHAR(1),PRIMARY
KEY (Sno));
```

语句说明如下。

(1) CREATE 关键字用来创建表或视图。

(2) TABLE S 表示创建一个名为 S 的表，表名 S 后面的圆括号内定义表中每一列的属性名和数据类型。第一列是学号，用 Sno 表示，学号为 6022315101、6022315102 等，即学号的格式为固定长度的 10 位字符串，用 CHAR(10)来定义；第二列是学生姓名，用 Sname 表示，可以是两个或两个以上的汉字，为长度可变的字符串，用 VAERCHAR(10)来定义；第三列为学生年龄，为整型数，用 INT 来定义；第四列为学生性别，只能取值“男”或“女”，因此用 CHAR(1)来定义。

(3) PRIMARY KEY 关键字用来定义数据表的主键，PRIMARY KEY(Sno)把表 S 的主键定义为 Sno。

2. 插入数据

在表 S 中插入一条记录的 SQL 语句如下。

```
INSERT INTO S('6022315101','陈晨',21,'男');
```

语句说明如下。

(1) INSERT 关键字用来向数据表中插入一条记录。

(2) INTO S 表示向表 S 中插入数据，VALUES 关键字后面的圆括号内的每个字段值的顺序一定要和表头保持一致，即顺序为 Sno、Sname、Sage 和 Sgender。

3. 查询数据

在表 S 中查询满足条件数据的 SQL 语句如下。

```
SELECT * FROM S WHERE Sgender='男';
```

查询结果如图 9-2 所示。

Sno	Sname	Sage	Sgender
6022315101	陈晨	21	男
6022315102	刘航	22	男
6022315105	张良	20	男

图 9-2 SELECT 语句查询结果

语句说明如下。

(1) SELECT 关键字用来在表中查询数据。

(2) *表示所有的列都出现在查询结果中,也可通过列名来指定某些列出现在查询结果中。

(3) FROM S 表示在表 S 中进行查询。

(4) WHERE 子句表示查询的条件,Sgender='男'表示查询条件为所有男生的信息。

4. 修改数据

在表 S 中修改数据的 SQL 语句如下。

```
UPDATE S SET Sage=21 WHERE Sname='刘航';
```

语句说明如下。

(1) UPDATE 关键字用来在表中修改数据。

(2) SET 关键字用于设置要修改的内容,WHERE 子句用来设置条件,只有符合条件的记录才会被修改。

5. 删除数据

在表 S 中删除数据的 SQL 语句如下。

```
DELETE  FROM S WHERE Sage<=21;
```

语句说明如下。

(1) DELETE 关键字用来在表中查询数据。

(2) FROM S 表示从表 S 中删除,WHERE 子句用来设置条件,只有符合条件的记录才会被删除。

9.1.2 MySQL 数据库简介

MySQL 是一种开放源代码的关系型数据库管理系统(RDBMS),广泛应用于中小型网站中。MySQL 因为其体积小、速度快、可靠性高、适应性好,且开放源码而备受关注,如今很多大型网站已经选择 MySQL 作为后台数据库。它最早是由 MySQL AB 公司开发,后来被 Oracle 公司收购,提供了企业版、社区版等多个版本。其中,社区版包含了 DBMS 的大部分功能,且是免费的,可以自由使用,非常适合用于学习 SQL 编程。MySQL 数据库具有以下特点。

1. 开放性

MySQL 数据库可运行在多个平台上,包括 Windows、Mac OS、Linux 等主流操作系统平台。

2. 多语言支持

MySQL 几乎可以为所有的主流编程语言提供了 API,包括 C 语言、C++、C#、Java、Perl、PHP、Python 等。

3. 国际化

MySQL 支持多种不同的字符集,包括 ISO-8859-1、BIG5、UTF-8 等。它还支持不同字符集的排序,并能够自定义排序方式。

在官方网站 http://dev.mysql.com/downloads/mysql/可以下载 MySQL 安装程序,目前下载的版本为 MySQL 5.7。选择基于 32 位 Windows 操作系统的 msi 格式的安装包,如图 9-3 所示。首次访问该官网需要先注册后才能下载。

Windows (x86, 32-bit), MSI Installer	5.7.14	381.4M	Download
(mysql-installer-community-5.7.14.0.msi)	MD5: fe63f2e8b864481c5035f77ed726c354 | Signature		

图 9-3 下载 MySQL 安装包

下载完毕后,双击运行 mysql-installer-community-5.7.14.0.msi,然后单击 Execute 按钮开始安装,如图 9-4 所示。

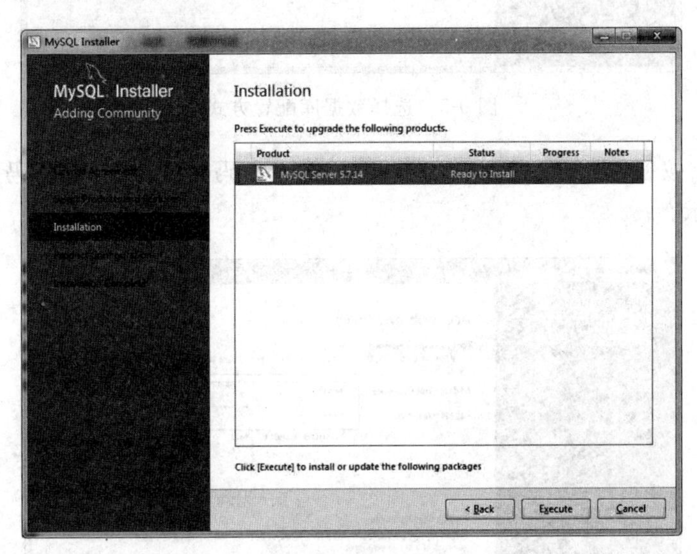

图 9-4 安装 MySQL

安装结束后,需要对服务器进行配置,可以选择 3 种服务器类型,选择哪种服务器将影响配置向导对内存、硬盘和过程或使用的决策。

(1) Development Machine(开发机器):该选项代表典型个人用桌面工作站。假定机器上运行着多个桌面应用程序。将 MySQL 服务器配置成使用最少的系统资源。

(2) Server Machine(服务器):该选项代表服务器,MySQL 服务器可以同其他应用程序一起运行,如 FTP、E-mail 和 Web 服务器。MySQL 服务器配置成使用适当比例的系统资源。

(3) Dedicated Machine(专用 MySQL 服务器)：该选项代表只运行 MySQL 服务的服务器。假定没有运行其他应用程序。MySQL 服务器配置成使用所有可用系统资源。

如图 9-5 所示，在此选择 Development Machine，即计算机主要用于程序的开发和调试，MySQL 只会占用少量系统资源；默认端口号 3306，并勾选 Show Advanced Options 复选框。

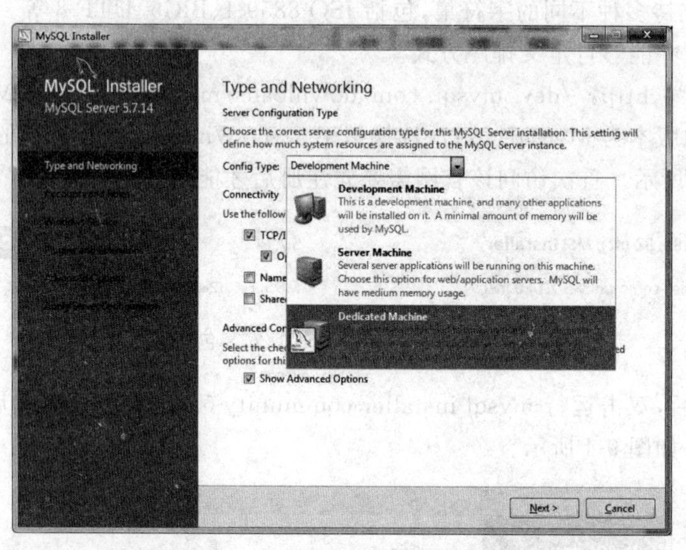

图 9-5 选择数据库配置方式

单击 Next 按钮，进入配置用户密码界面，输入密码和确认密码，密码的最小长度为 4，如图 9-6 所示。

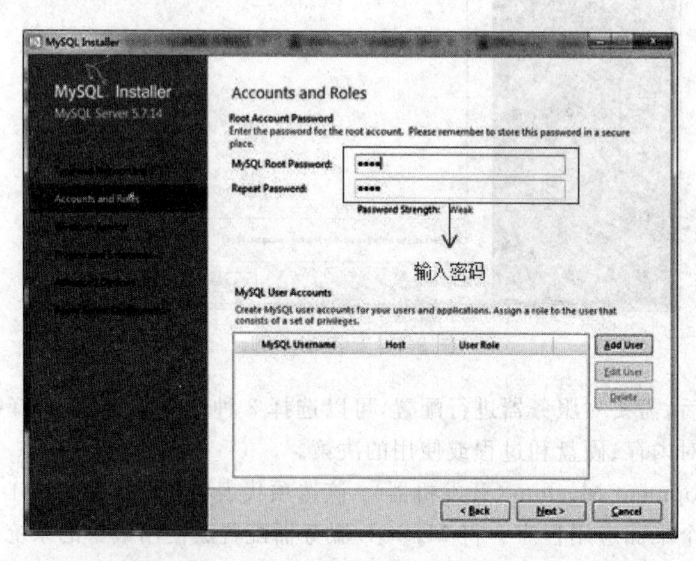

图 9-6 配置用户密码

单击 Next 按钮，进入配置服务器启动方式和用户验证界面，勾选 Start the MySQL Server as System Startup 复选框，表示开机启动 MySQL 服务，选中 Standard System

Account 单选按钮表示使用系统用户登录，如图 9-7 所示。

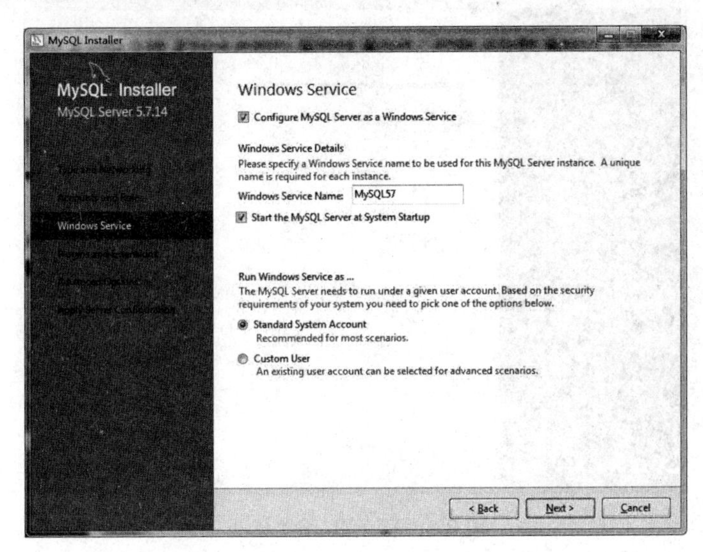

图 9-7　配置服务器启动方式和用户验证

后边都单击 Next 按钮，直到进入执行服务器配置界面，单击 Execute 按钮后，系统才进行实际配置，如图 9-8 所示。

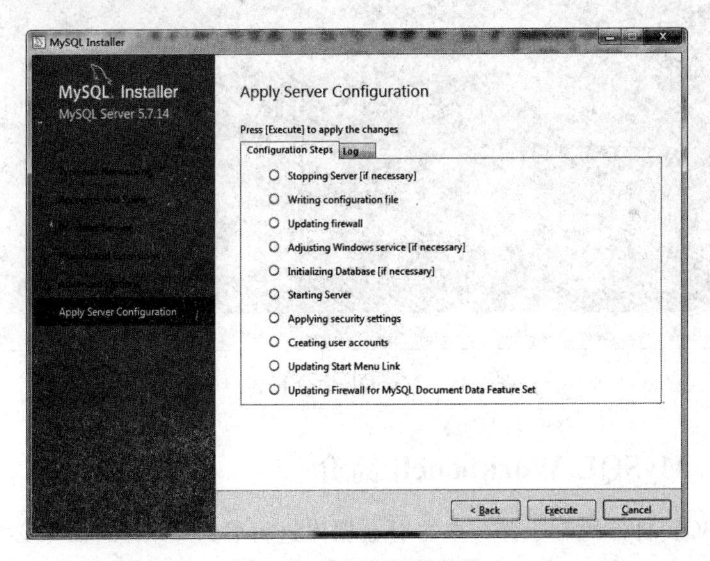

图 9-8　执行配置服务器

服务器的配置过程会持续几分钟，耐心等待后进入执行服务器配置成功的界面，如图 9-9 所示，系统配置成功，然后单击 Finish 按钮结束整个安装。

单击 Windows 系统的“开始”菜单，找到 MySQL 程序组，运行 MySQL 5.7 Command Line Client，该程序是 MySQL 的命令行客户端，用来对数据库进行管理。该程序使用 root 账号连接 MySQL 数据库，如图 9-10 所示，首先在 Enter password 后输入密码，显示出当前正在运行的数据库实例的相关信息，包括连接的 id 以及 MySQL 的版

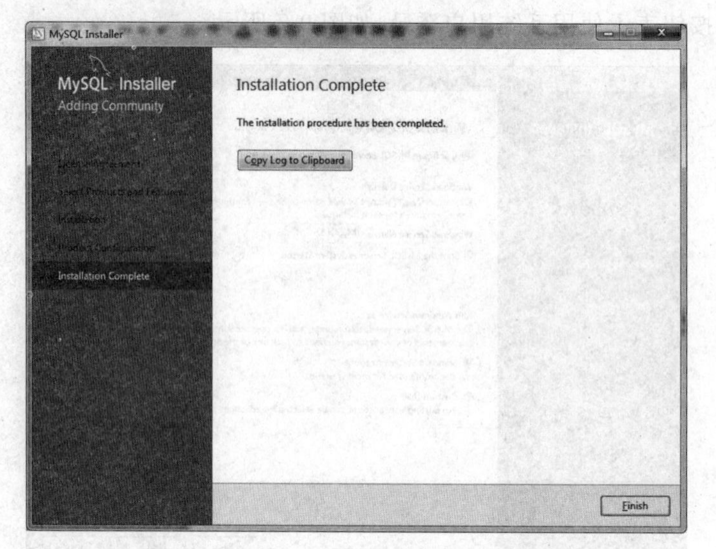

图 9-9 MySQL 配置成功

本;在 mysql>的命令提示符后,可以输入命令对数据库进行管理和使用。

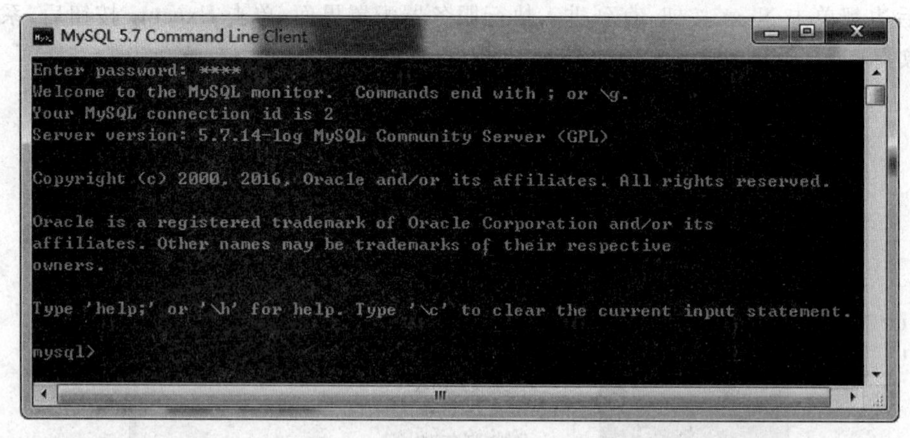

图 9-10 MySQL 命令行客户端

9.1.3 MySQL Workbench 简介

使用 MySQL 自带的命令行客户端对数据库进行管理,所有的命令必须通过键盘输入,执行 结果是以字符表格的形式显示的,若表格比较复杂,则显示结果会相对较差,另外它对汇总问题的支持也不完善。因此,官方又单独开发名为 MySQL Workbench 的基于图形界面的管理工具,它是一款专为 MySQL 设计的 ER/数据库建模工具,如图 9-11 所示。

在官方网站 http://dev.mysql.com/downloads/workbench/上,首先需要下载并安装图 9-12 所示的两个软件包作为运行环境,因为 MySQL Workbench 是由微软的.NET 技术编写。

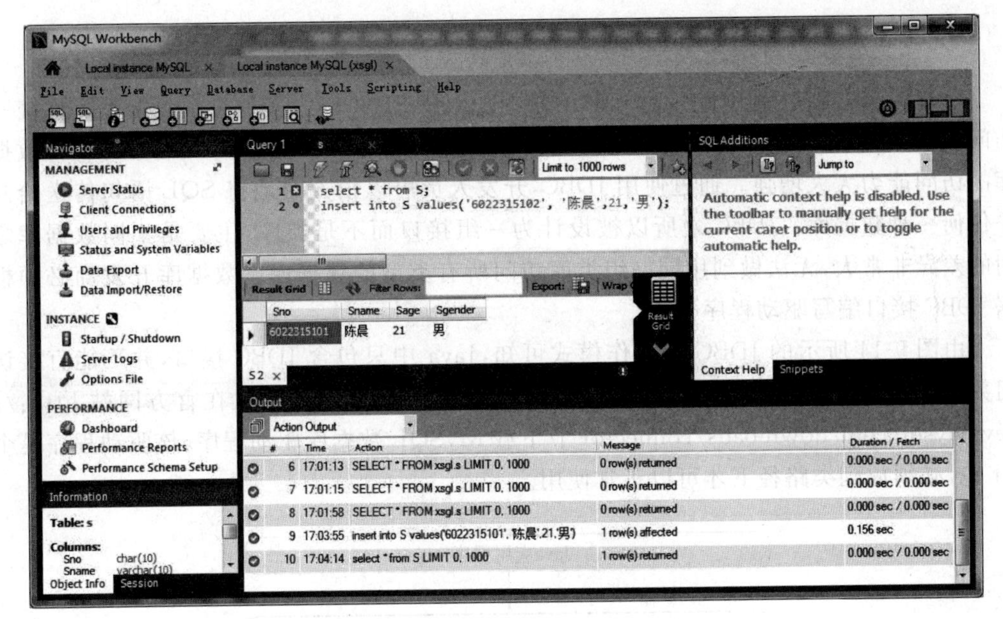

图 9-11　MySQL Workbench 运行界面

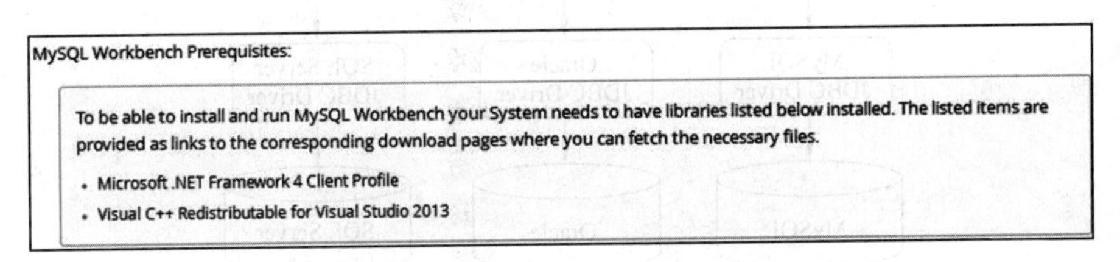

图 9-12　MySQL Workbench 运行环境软件包

然后再下载 MySQL Workbench 安装程序，目前下载的版本为 MySQL Workbench 8.3.7，选择基于 32 位 Windows 操作系统的 msi 格式的安装包，并运行安装包，如图 9-13 所示。

Windows (x86, 32-bit), MSI Installer	6.3.7	23.8M	Download
(mysql-workbench-community-6.3.7-win32.msi)	MD5: a3033109a89de9c596b606a87c0f245e | Signature		

图 9-13　下载 MySQL Workbench 安装包

9.2　JDBC 数据库编程

JDBC(Java DataBase Connectivity，数据库连接)是一种用于执行 SQL 语句的 Java API。它由一组用 Java 编程语言编写的类和接口组成，为 Java 应用程序与各种不同数据库之间进行对话提供了一种便捷的方法，使得开发人员能够用纯 Java API 来编写具有跨平台性的数据库应用程序。

9.2.1 JDBC 技术介绍

Java JDBC 是一种用于执行 SQL 语句的 Java API,可以为多种关系数据库提供统一访问,它由一组用 Java 语言编写的类和接口组成。JDBC 的出现使 Java 程序对各种数据库的访问能力大大增强。通过使用 JDBC,开发人员可以很方便地将 SQL 语句传送给几乎任何一种数据库。JDBC 之所以被设计为一组接口而不是类库,主要是不同数据库之间的差异非常大,无法做到用同一组类库访问所有类型的数据库。数据库开发商必须根据 JDBC 接口编写驱动程序。

由图 9-14 所示的 JDBC 的工作模式可知,Java 中只包含 JDBC 接口,并不能直接访问数据库,必须与数据库开发商提供的 JDBC 驱动程序配合使用。在官方网站 http://dev.mysql.com/downloads/connector/j/下载 MySQL 数据库驱动程序,该驱动程序是个 jar 包,必须放到类路径下才可以正常使用。

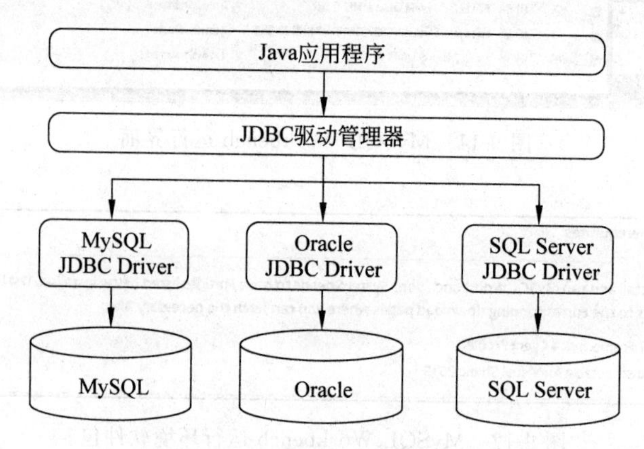

图 9-14 JDBC 工作模式

9.2.2 使用 JDBC 访问数据库

使用 JDBC 访问数据库,首先创建数据库的连接,然后加载数据库驱动程序,最后通过 JDBC 接口进行相关操作。

1. 提供 JDBC 连接的 URL

JDBC 数据库 URL 连接定义了连接数据库时的协议、子协议、数据源标识。语法格式如下。

```
jdbc:[数据库连接协议][数据库地址:端口号]/数据库名
```

语法说明如下。

(1) 在 JDBC 中总是以 jdbc 开始,MySQL 数据库连接协议是 MySQL。

(2) 访问本机的数据库地址为 localhost,访问远程的数据库需指定远程主机的 IP 或域名;默认情况下 MySQL 的端口号为 3306。

(3) 数据库名必须指定已经存在的数据库。

例如，使用 MySQL Workbench 在本机创建了名为 Test 的数据库，则连接到该数据库的 URL 为 jdbc:mysql://localhost:3306/Test。

2. 安装 MySQL 数据库驱动程序

在 Eclipse 中导入 MySQL 驱动的步骤如下。

(1) 从官网下载的驱动程序，文件名为 mysql-connector-java-5.1.39-bin.jar。

(2) 在项目名上右击，选择快捷菜单中的 Properties 命令，弹出图 9-15 所示的对话框。

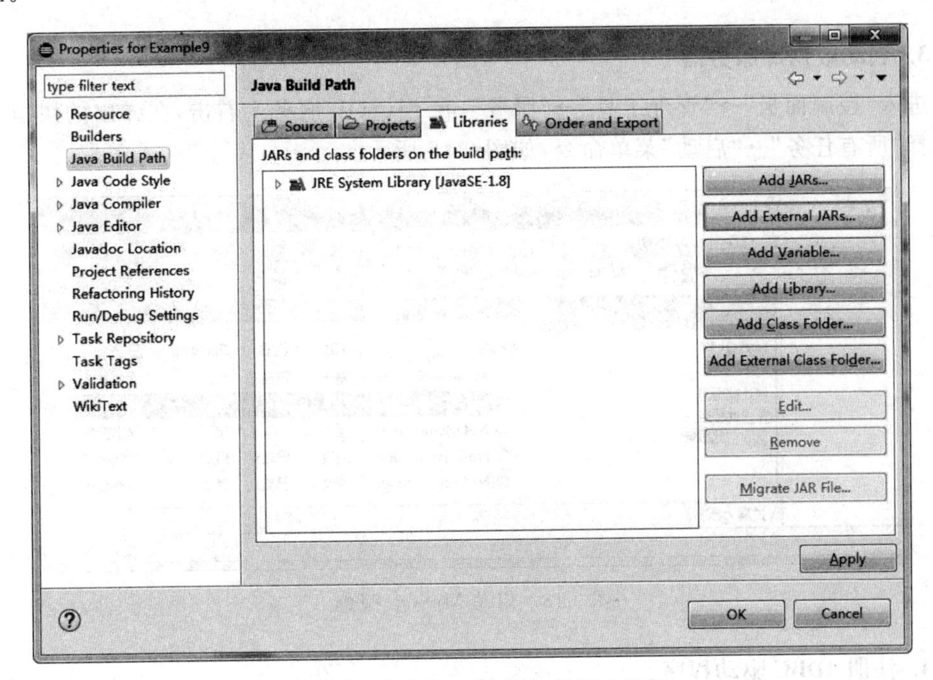

图 9-15 在 Eclipse 中添加外部工具包

(3) 在左侧树状导航栏中单击 Java Build Path 节点，在右侧单击 Libraries 选项卡，显示当前项目中可用的类库，没有 MySQL 的驱动程序。

(4) 单击 Add External JARs...按钮，选择 MySQL 的驱动程序，单击“打开”按钮，该类库出现在列表中，如图 9-16 所示。

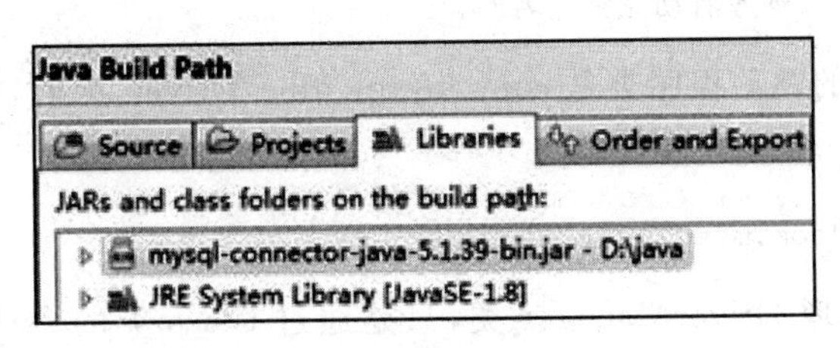

图 9-16 添加 MySQL 驱动

(5) 在图 9-15 所示的对话框中单击 OK 按钮，操作结束。如图 9-17 所示，在项目中多了一栏 Referenced Libraries，其含义是引用外部的类库，MySQL 数据库驱动就位于该栏目下了,说明数据库驱动添加成功。

图 9-17 MySQL 驱动导入成功

3. 启动数据库服务器

进入“控制面板”→“管理工具”→“服务”,在 MySQL 服务上右击,在弹出的快捷菜单中选择“所有任务”→“启动”菜单命令,如图 9-18 所示。

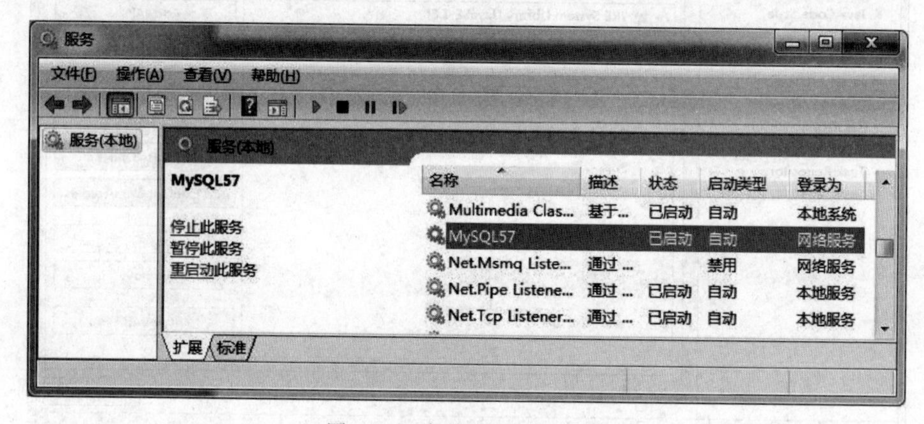

图 9-18 启动 MySQL 服务

4. 注册 JDBC 驱动程序

JDBC 是使用桥的模式进行连接的。DriverManager 就是管理数据库驱动的一个类。它跟踪可用的驱动程序,并在数据库和相应的 JDBC 驱动设置程序之间建立连接。因此,数据库驱动程序必须在 DriverManager 中注册才能使用。注册数据库驱动程序的语句如下。

```
Class:forName("数据库启动完整类名");
```

MySQL 数据库的驱动程序类是 com. mysql. jdbc. Driver,因此,加载 MySQL 数据库驱动程序语句如下。

```
Class:forName("com.mysql.jdbc.Driver");
```

上述代码并未出现 DriverManager 类,只是通过 Class 类的 forName()方法创建了 com. mysql. jdbc. Driver 类的一个实例,Driver 类中有一段静态的代码块,只要执行了 Driver 类中的静态代码块,会将 Driver 类的实例注册到 DriverManager 类中。

Java 6 支持的 JDBC 4.0 提供了一些新特性,借助 Java SE Service Provider 机制,开发人员不必使用 Class. forName()语句显示的加载 JDBC 驱动程序就能注册 JDBC 驱动程序。

5. 创建数据库连接

要连接数据库,需要向 java. sql. DriverManager 请求并获得 Connection 对象,该对象代表一个数据库的连接。使用 DriverManager 的 getConnectin(String url, String username,String password)方法传入指定的欲连接的数据库的路径、数据库的用户名和密码来获得 Connection 对象。建立数据库连接的语句如下。

```
String url="jdbc:mysql://localhost:3306/Test";
String username="root";          //连接 MySQL 数据库,用户名和密码都是 root
String password="root";
try{
    Connection conn=DriverManager.getConnection(url,username,password);
}catch(SQLException se){
    System.out.println("数据库连接失败!");
    se.printStackTrace();
}
```

6. 创建命令语句

要创建 SQL 语句,必须获得 java. sql. Statement 实例,可以通过数据库连接创建命令语句,代码如下。

```
Statement stmt=conn.createStatement();
```

Statement 接口提供了 3 种执行 SQL 语句的方法,即 executeQuery、executeUpdate 和 execute。使用哪一个方法由 SQL 语句所产生的内容决定。

(1) ResultSet executeQuery(String sqlString):执行查询数据库的 SQL 语句。该方法返回一个结果集(ResultSet)对象。

(2) int executeUpdate(String sqlString):用于执行 INSERT、UPDATE、DELETE 或 CREATE 语句。该方法返回一个整数,表示受影响的行数。例如,执行 DELETE 语句删除 3 条记录,则返回值为 3;若执行 CREATE 语句创建一个表,则返回值为 0。

(3) execute()方法用于执行可返回多个结果的给定的 SQL 语句。该方法将在本节的第 8 项内容中单独介绍。

例如:

```
(1) ResultSet rs=stmt.executeQuery("SELECT * FROM S");
(2) int rows=stmt.executeUpdate("DELETE FROM S WHERE Sname='刘航'");
```

7. 遍历结果集 ResultSet

ResultSet 对象表示查询结果。该对象可当作一个二维表格,使用 next()方法移动其内部游标实现逐行访问。若 next()方法返回 true,则表示当前行数据可读取;反之则表示游标当前位置无数据。针对每一行,可以按列获取内容。遍历结果集的代码结构如下。

```
while(rs.next())
```

```
{
    //按列读取当前记录的数据
}
```

需要注意以下几点。

(1) ResultSet 对象的内部游标最初被置于第一行之前，所以无法读取任何有效数据。必须先调用 next()方法将游标移动到第一行，方可读取数据。

(2) 读取数据时，应该根据数据类型调用 ResultSet 类中的不同方法。常用的方法为 getString()、getInt()、getFloat()和 getDouble()等。

(3) 结果集读取数据的方法 getXXX()，它的参数可以是整型数，表示第几列(是从 1 开始的)，还可以是列名。返回的是对应的 XXX 类型的值。

例如：

```
String no=rs.getString(1);              //取得第 1 列的数据，数据类型为字符串
int age=rs.getInt(3);                   //取得第 3 列的数据，数据类型为整型
String name=rs.getString("Sname");      //取得名为 Sname 列的数据，数据类型为字符串
int age=rs.getInt("Sage");              //取得名为 Sage 列的数据，数据类型为整型
```

【例 9-1】 使用 root 账号(密码为 1234)连接位于本机的 xsgl 数据库，查询所有学生所修课程的成绩信息，包括学号、姓名、课程号和成绩。

程序代码如下。

```
1  import java.sql.*;
2  public class Example9_1 {
3     public static void main(String[] args) throws Exception {
4        String user="root";
5        String password="1234";
6        String url="jdbc:mysql://localhost:3306/xsgl";
7        Class.forName("com.mysql.jdbc.Driver");
8        Connection conn=DriverManager.getConnection(url, user, password);
9        Statement stmt=conn.createStatement();
10       String sql="select S.Sno,Sname,C.Cno,Cname,score from S,C,SC where S.
         Sno=SC.Sno and C.Cno=SC.Cno"
11       ResultSet rs=stmt.executeQuery(sql);
12       String s_no,s_name,c_no,c_name;
13       float sc_score;
14       System.out.println("学号"+"\t\t"+"姓名"+"\t"+"课程编号 "+"\t\t"+"课程
         名称 "+"\t\t"+"成绩");
15       while(rs.next())
16       {
17          s_no=rs.getString("Sno");
18          s_name=rs.getString("Sname");
19          c_no=rs.getString("Cno");
20          c_name=rs.getString("Cname");
21          sc_score=rs.getFloat("score");
22          System.out.println(s_no+"\t"+s_name+"\t"+c_no+"\t"+c_name+"\t"
```

```
                +sc_score);
23          }
24      }
25  }
```

程序运行结果如图 9-19 所示。

```
Console ⊠  Problems  @ Javadoc  Declaration
<terminated> Example9_1 [Java Application] C:\Program Files\Java\jre1.8.0
Wed Aug 10 09:18:31 CST 2016 WARN: Establishing SSL connection
学号          姓名      课程编号      课程名称                成绩
6022315101    陈晨      60201431      程序设计基础(基于C)     70.0
6022315101    陈晨      60201436      操作系统(基于Linux)     82.0
6022315102    刘欣      60212408      Java程序设计            56.0
6022315102    刘欣      60212505      HTML与网页设计          89.0
6022315103    吕婷婷    60212505      HTML与网页设计          91.0
6022315104    徐岩梅    60891473      数据库原理及应用        47.0
6022315105    张良      60201431      程序设计基础(基于C)     79.0
```

图 9-19 例 9-1 程序运行结果

程序分析如下。

第 1 行代码引入 java. sql 包；第 3 行代码将所有异常抛给虚拟机，这种做法不严谨，正确的处理方法将在后面介绍；第 4～6 行代码定义了连接数据库的 3 个参数；第 7 行代码在 Java 6 及以上版本中可以省略；第 8 行代码创建数据库连接；第 9 行代码创建命令语句；第 10 行代码根据题的要求写出 SQL 语句；第 11 行代码执行 SQL 语句，得到结果集；第 15～23 行代码对结果集进行遍历，打印显示查询结果。

【例 9-2】 使用 root 账号(密码为 1234)连接位于本机的 xsgl 数据库，创建名为 T 的教师表，包括教师编号(char(8))、教师姓名(varchar(10))和教授的课程编号。向该表中插入两条记录('197201302','高炎','60201431')和('196811202','刘欣','60201436')，再读取这两条记录并打印显示结果，要求保证此程序可重复运行。

程序代码如下。

```
1  import java.sql.*;
2  public class Example9_2 {
3      public static void main(String[] args) throws Exception {
4          String user="root";
5          String password="1234";
6          String url="jdbc:mysql://localhost:3306/xsgl";
7          Class.forName("com.mysql.jdbc.Driver");
8          Connection conn=DriverManager.getConnection(url, user, password);
9          Statement stmt=conn.createStatement();
10         String sql1="create table T(Tno char(9),Tname varchar(10),Cno char
           (8),primary key(Tno))";
11         String sql2="insert into T values('197201302','高炎','60201431')";
12         String sql3="insert into T values('196811202','刘欣','60201436')";
13         String sql4="select * from T";
```

```
14        String sql5="drop table T";
15        stmt.executeUpdate(sql1);
16        stmt.executeUpdate(sql2);
17        stmt.executeUpdate(sql3);
18        String T_no,T_name,T_cno;
19        ResultSet rs=stmt.executeQuery(sql4);
20        System.out.println("教师编号"+"\t\t"+"教师姓名"+"\t"+"任课编号");
21        while(rs.next())
22        {
23            T_no=rs.getString(1);
24            T_name=rs.getString(2);
25            T_cno=rs.getString(3);
26            System.out.println(T_no+"\t"+T_name+"\t"+T_cno);
27        }
28        stmt.executeUpdate(sql5);
29    }
30 }
```

程序运行结果如图 9-20 所示。

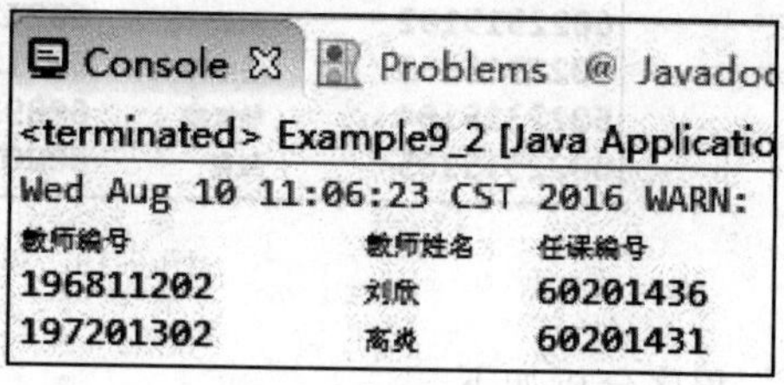

程序分析如下。

图 9-20 例 9-2 程序运行结果

前面的代码与例 9-1 基本类似，第 15～17 行代码调用的是记录集类的 executeQuery()方法，用来执行 INSERT 语句；第 28 行代码删除表 T。由于题目要求此程序可重复运行，所有若不删除该表，再次运行此程序会在第 15 行代码抛出异常，因为数据库中不允许出现重名的表。

8. 执行不确定 SQL 语句

在一些不常见的情况下，一个 SQL 语句有可能返回多个值(返回值集或更新个数)，是指用来执行一个存储过程或者执行一个未知的动态的 SQL 语句。调用 Statement 类的 execute()方法执行一个 SQL 语句并且指向第一个返回值。该方法的语句格式如下。

```
booleanexecute(String sql);
```

需要说明以下几点。

(1) 方法中的参数 sql 可以是任意的 SQL 语句。

(2) 方法的返回值为 true 表示第一个返回值是一个结果集，说明该 SQL 语句是 SELECT 语句；若返回值为 false，则表示执行 SQL 语句后，无结果集返回，只能得到一个整数，该整数的含义为受影响的记录条数。

(3) 调用 execute()方法后，还应该调用 getResultSet()或者 getUpdateCount()方法去获得返回值，两个方法的语句格式如下。

```
ResultSet getResultSet(String sql);
intgetUpdateCount();
```

(4) 若事先未调用 execute()方法，则 getResultSet()的返回值为 null，getUpdateCount()方法的返回值为－1。

【例 9-3】 使用 root 账号(密码为 1234)连接位于本机的 xsgl 数据库,创建名为 Test 的表,只有一个字段(word varchar(20)),并向该表中插入一条记录('hello'),然后动态执行 3 条不确定的 SQL 语句,并显示执行后的结果,要求保证此程序可重复运行。

程序代码如下。

```
1  import java.sql.*;
2  public class Example9_3 {
3      public static void main(String[] args) throws Exception{
4          String user="root";
5          String password="1234";
6          String url="jdbc:mysql://localhost:3306/xsgl";
7          Class.forName("com.mysql.jdbc.Driver");
8          Connection conn=DriverManager.getConnection(url, user, password);
9          Statement stmt=conn.createStatement();
10         String sql_create="create table T(word varchar(20))";
11         String sql_insert="insert into T values('hello')";
12         String sql_drop="drop table T";
13         String []sql={"insert into Test values('world')", "update T set word=
       'hi' where word='hello'","select * from Test"};
14             int x=(int)(Math.random()*3);
15         System.out.println("执行的 SQL 语句为: "+sql[x]);
16         ResultSet rs;
17         stmt.executeUpdate(sql_create);
18         stmt.executeUpdate(sql_insert);
19         int  rowCount=0;
20         boolean b=stmt.execute(sql[x]);
21         System.out.println("执行 execute()方法的返回值为: "+b);
22         String T_word;
23         if(b==true)
24         {
25             rs=stmt.getResultSet();
26             System.out.println("表中记录为: ");
27             while(rs.next())
28             {
29                 T_word=rs.getString(1);
30                 System.out.println(T_word);
31             }
32         }
33         else
34         {
35             rowCount=stmt.getUpdateCount();
36             System.out.println("受影响的行数为 "+rowCount);
37         }
38         stmt.executeUpdate(sql_drop);
39     }
40 }
```

程序运行结果如图 9-21 所示。

```
Console ⊠  Problems  @ Javadoc  De
<terminated> Test [Java Application] C:\Program F
Thu Aug 11 16:40:02 CST 2016 WARN: Establi
执行的SQL语句为：insert into T values('world')
执行execute()方法的返回值为：false
受影响的行数为：1
```

```
Console ⊠  Problems  @
<terminated> Example9_3 [Java A
Thu Aug 11 17:19:58 CST 2016
执行的SQL语句为：select * from T
执行execute()方法的返回值为：true
表中记录为：
hello
```

图 9-21　例 9-3 两次程序运行结果

程序分析如下。

第 13 行代码定义一个字符串数组 sql 并初始化为要随机执行的 3 条 SQL 语句；第 14 行代码生成一个[0,2]的随机数；第 17、18 行代码分别执行创建表 T 和在表 T 中插入一条记录的 SQL 语句；第 20 行代码随机地执行字符串数组 sql 中的 SQL 语句，由于 SQL 的不确定性，不能指定使用 executeUpdate()方法或 executeQuery()方法，所以使用 execute()方法，并把该方法的返回值复制给布尔型变量 b；第 23～37 行代码根据 b 判断是执行 getResultSet()方法获得记录集还是执行 getUpdateCount()方法获得受影响的行数；第 38 行代码执行删除表 T 的 SQL，以保证该程序可以重复多次运行。

9. 关闭 JDBC 对象

当 ResultSet、Statement 和 Connection 等 JDBC 对象使用完毕后，应立刻调用 close()方法把所有对象全都关闭，因为这些对象通常会用到一些大型数据结构，比较占用系统资源，所以应在操作完毕后尽早释放 JDBC 资源，而不是等 Java 的垃圾收集器来处理。

正确地关闭 JDBC 对象的依次顺序为 ResultSet、Statement 和 Connection。但根据 JDBC 接口的要求，close()方法不仅能关闭对象自身，还能关闭由此对象创建的其他对象。即关闭了 Connection 对象后，由该对象创建的 Statement 及 ResultSet 对象会自动关闭，或者关闭 Statement 对象后，由该对象创建的 ResultSet 对象会自动关闭。

10. JDBC 异常处理

在 Java 中访问数据库的过程中可能产生传输的 SQL 语句语法的错误、JDBC 程序连接断开错误或使用了错误的方法执行 SQL 语句等，这个过程中可能会产生 SQLException 异常，SQLException 类提供以下几种方法来处理以上几种异常情况。

(1) getNextException()：用来返回异常栈中的下一个相关异常。

(2) getErrorCode()：用来返回代表异常的整数代码(error code)。

(3) getMessage()：用来返回异常的描述信息(error message)。

在访问数据库过程中也有可能出现不太严重的异常情况，也就是一些警告性的异常，由 SQLWarning 类给出提示，该类提供的方法和使用与 SQLException 类基本相似。

若异常处理不当，有可能使得 JDBC 对象无法关闭，造成系统资源的浪费。正确的异常处理代码结构如下。

```
try
```

```
{
    Connection conn=...;
    Statement stmt=conn. createStatement();
    ResultSet rs=stmt.executeQuery(queryString);
    try
    {
        //处理查询结果
    }
    finally
    {
        rs.close();
        stmt.close();
        conn.close();
    }
}catch(SQLException se){
    se.printStackTrace();
}
```

11. JDBC 元数据操作

在使用 JDBC 操作数据库的过程中，除了操作表中的数据外，JDBC 还可以查询表结构信息、数据库信息的数据，这类信息称为元数据，即关于数据的数据，如数据库中共有多少张表、每个表中有几个字段、每个字段的名称等。在此主要介绍两类元数据接口 DataBaseMetaData 和 ResultSetMetaData。

1）DataBaseMetaData 元数据

在该元数据中定义了一些关于数据库、表、列的信息。调用 Connection 对象的 getMetaData()方法，可以获取 DataBaseMetaData 元数据对象，然后调用 DataBaseMetaData 元数据对象的一系列方法可以获得数据库的相关信息。该接口中常用方法见表 9-1。

表 9-1　DataBaseMetaData 接口常用方法

方　法	说　明
String getURL()	该方法返回一个 String 类对象，代表数据库的 URL
String getUserName()	该方法返回连接当前数据库管理系统的用户名
String getDatabaseProductName()	该方法返回数据库的产品名称
String getDatabaseProductVersion()	该方法返回数据库的版本号
String getDriverName()	该方法返回驱动程序的名称
String getDriverVersion()	该方法返回驱动程序的版本号
ResultSet getTables(String catalog, String schema, String tableName, String[] types)	该方法返回指定参数的表或视图信息。参数 catalog：目录名称，一般都为空；参数 schema：数据库名，对于 Oracle 来说就用户名；参数 tablename：表名称；参数 types：表的类型(TABLE | VIEW)

2）ResultSetMetaData 元数据

在该元数据中保存有关 ResultSet 中列出的名称和类型等信息。调用 ResultSet 对象的 getMetaData()方法，可以获得代表 ResultSet 对象元数据的 ResultSetMetaData 对象。然后调用 ResultSetMetaData 元数据对象的一系列方法可以获得表的相关信息。该接口中常用方法见表 9-2。

表 9-2 ResultSetMetaData 接口常用方法

方　法	说　明
int getColumnCount()	该方法返回 ResultSet 对象的列数
String getColumnName(int column)	该方法返回指定列的名称
String getColumnTypeName(int column)	该方法返回指定列的类型
String getTableName(int column)	该方法返回指定列的表名称

【例 9-4】 使用 root 账号(密码为 1234)连接位于本机的 xsgl 数据库,打印显示该数据库的相关信息和全部表结构,接收并执行用户输入的指令。根据输入的 SQL 语句不同给出查询结果或受影响的记录条数,若用户输入 quit,则程序正常结束;若用户输入非法指令,则结束程序并打印捕捉到的异常信息。

程序代码如下。

```
1  import java.sql.*;
2  import java.util.*;
3  public class Example9_4 {
4      public static void main(String[] args) {
5          String user="root";
6          String password="1234";
7          String url="jdbc:mysql://localhost:3306/xsgl";
8          try
9          {
10         Connection conn=DriverManager.getConnection(url, user, password);
11         System.out.println("已经连接到 xsgl 数据库,数据库的相关信息);
12         try
13         {
14             Statement stmt=conn.createStatement();
15             DatabaseMetaData db=conn.getMetaData();
16             System.out.println("URL: "+db.getURL());
17             System.out.println("产品名称:"+db.getDatabaseProductName());
18             System.out.println("版本:"+db.getDatabaseProductVersion());
19             System.out.println("驱动程序的名称:"+db.getDriverName());
20             System.out.println("驱动程序的版本:"+db.getDriverVersion());
21             System.out.println("已经连接到 xsgl 数据库,包含如下数据表: ");
22             ResultSet tables=db.getTables(null,null,null,new String[]
               {"TABLE"})
23             ResultSetMetaData colums=null;
24             ResultSet rs=null;
25             String table_name=null;
26             StringBuilder table_model=new StringBuilder();
27             while(tables.next())
28             {
29                 table_name=tables.getString(3).toUpperCase();
30                 rs=stmt.executeQuery("SELECT * FROM "+table_name);
```

```
31              colums=rs.getMetaData();
32              table_model.append(table_name);
33              table_model.append("(");
34              table_model.append(colums.getColumnName(1));
35              for(int i=2;i<=colums.getColumnCount();i++)
36              {
37                  table_model.append(",");
38                  table_model.append(colums.getColumnName(i));
39              }
40              table_model.append(");");
41              System.out.println(table_model.toString());
42              table_model.delete(0, table_model.length());
43          }
44          System.out.println("请输入 SQL 语句,或输入 quit 结束程序: ");
45          Scanner in=new Scanner(System.in);
46          String command_line=in.nextLine();
47          while(command_line.toLowerCase().equals("quit")==false)
48          {
49              boolean flag=stmt.execute(command_line);
50              if(flag==false)
51              {
52                  int n=stmt.getUpdateCount();
53                  System.out.println("数据库中受影响的记录为: "+n+"条");
54              }
55              else
56              {
57                  rs=stmt.getResultSet();
58                  colums=rs.getMetaData();
59                  int count=colums.getColumnCount();
60                  for(int i=1;i<count;i++)
61                      System.out.print(colums.getColumnLabel(i)+"\t");
62                  System.out.println();
63                  while(rs.next())
64                  {
65                      for(int i=1;i<count;i++)
66                          System.out.print(rs.getObject(i)+"\t");
67                      System.out.println();
68                  }
69              }
70              System.out.println("请输入下一条 指令: ");
71              command_line=in.nextLine();
72          }
73          System.out.println("程序结束,谢谢使用!");
74      }
75      finally
76      {
77          conn.close();
```

```
78        }
79        }catch(SQLException se)
80        {
81            String ex=se.getClass().getSimpleName();
82            System.out.println("发生"+ex+"异常,程序结束...");
83        }
84    }
85 }
```

程序运行结果如图 9-22 所示。

图 9-22　例 9-4 两次程序运行结果

程序分析如下。

第 9～79 行代码位于外层的 try 语句块，捕捉异常后跳转至第 80～83 行代码的 catch 块中处理；第 13～74 行代码位于内层的 try 语句块中，若该语句块有异常，则不做任何处理，直接跳转至第 76～78 行代码的 finally 块中关闭数据库资源；第 28～43 行代码是 while 循环体语句，循环显示 xsgl 数据库的每张表名及每列的名，格式为"表名(列名 1,列名 2,…)"，其中第 29 行代码的 getString(3)方法返回的结果集将包含表的说明信息，其中的 3 表示第 3 列信息为 TABLE_NAME(表名)，调用 toUpperCase()将表名转换为大写，因为数据库中的表名为大写；第 47～72 行代码循环接收用户输入的 SQL 语句并执行该语句，直至用户输入 quit 退出循环。

9.2.3　JDBC 高级特性

JDBC 除了基本功能外，还有一些高级特性，为程序的编写提供了更好的安全性和便利性。

1. 预编译 SQL 语句

预编译语句 PreparedStatement 是 java. sql 中的一个接口，它是 Statement 的子接口。通过 Statement 对象执行 SQL 语句时，需要将 SQL 语句发送给 DBMS，由 DBMS 首先进行编译后再执行。预编译语句和 Statement 不同，在创建 PreparedStatement 对象时就指定了 SQL 语句，该语句立即发送给 DBMS 进行编译。当该编译语句被执行时，DBMS 直接运行编译后的 SQL 语句，而不需要像其他 SQL 语句那样首先将其编译。

一方面是在需要反复使用一个 SQL 语句时才使用预编译语句，预编译语句常常放在一个 for 或者 while 循环里使用，通过反复设置参数，从而多次使用该 SQL 语句；另一方面为了防止 SQL 注入漏洞，在某些数据操作中也使用预编译语句。JDBC 使用预编译 SQL 的优势如下。

1) 代码执行效率高

PreparedStatement 可以尽可能地提高访问数据库的性能，我们都知道数据库在处理 SQL 语句时都有一个预编译的过程，而预编译对象就是把一些格式固定的 SQL 编译后，存放在内存池中，即数据库缓冲池，当再次执行相同的 SQL 语句时就不需要预编译过程了，只需 DBMS 运行 SQL 语句。所以当需要执行 Statement 对象多次时，PreparedStatement 对象将会大大降低运行时间，特别是在大型数据库中，它可以有效地加快访问数据库的速度，如向学生表 S 中插入 35 名学生的学号。

```
PreparedStatement pstmt=conn.prepareStatement("insert into S(Sno)
values (?)");
conn.setAutoCommit(false);          //手动提交
for(long i=6022315101;i<6022315135;i++)
{
    String no=i.toString();
    pst.setString(1, no);
    pst.execute();
}
conn.commit();
```

2) 代码的可读性和可维护性

比如向学生表 S 中插入记录：S(Sno，Sname，Sage，Sgender)。使用 Statement 的 SQL 语句如下。

```
String sqlString="insert into S values('"+var1+"','"+var2+"',"+var3+",
'"+var4+"')";
```

而使用 PreparedStatement 的 SQL 语句如下。

```
String sqlString="insert into S(Sno,Sname,Sage,Sgender) values(?, ?, ?, ?, ?)";
PreparedStatement pstmt=connection.PreparedStatement(sqlString);
pstmt.setString(1, var1);
pstmt.setString(2, var2);
pstmt.setInt(3, var3);
pstmt.setString(4, var4);
pstmt.executeUpdate();
```

使用占位符“?”代替参数,将参数与SQL语句分离开来,这样就可以方便地对程序进行更改和延续,同时也可以减少不必要的错误。

3) 安全性

SQL注入攻击是指黑客通过系统提供的正常途径输入一些非法的特殊字符,从而使服务器端在构造SQL语句时仍能正确构造,使得黑客可以绕过某些验证或得到某些机密信息。比如,在Web信息系统的登录入口处,要求用户输入用户名和密码,客户端输入后,服务器端根据用户输入的信息来构造SQL语句,在数据库中查询此用户名以及密码是否正确。假设使用用户表U构造SQL语句的Java程序可能如下。

```
sqlString="select * from U where name='"+userID+"' and password='"+
userPassword+"'";
```

其中user、password是从客户端输入的用户名及密码。如果用户名和密码输入的都是'1' or '1'='1',则服务器端生成的SQL语句如下。

```
String sqlString="select * from  U where user='1'or'1'='1'and password='1'or
'1'='1';
```

这个SQL语句中的where字句没有起到数据筛选的作用,因为只要数据库中有记录,就会返回一个结果不为空的记录集,查询就会通过。上面的例子说明,在Web环境中,有恶意的用户会利用那些设计不完善的、不能正确处理字符串的应用程序。特别是在公共Web站点上,在没有首先通过PreparedStatement对象处理的情况下,所有的用户输入都不应该传递给SQL语句。

假如某管理系统存放用户信息的表结构如表9-3所示,并且其登录验证逻辑,根据输入的用户名和密码,通过SQL语句查询该用户的信息,若查询结果存在,则证明用户名和密码输入正确,允许登录;反之则说明输入的用户名和密码不正确,拒绝登录。例9-5模拟实现了这一过程,该验证逻辑存在SQL注入漏洞,输入特殊的用户信息会绕过验证。

表9-3 用户表U

name	password
tom	123456
rose	222222
jerry	111111

【例9-5】 使用root账号(密码为1234)连接位于本机的xsgl数据库,根据表9-3中存在的信息,使用存在SQL注入漏洞的逻辑来判断用户的登录信息是否正确。若正确,则打印显示“用户名和密码存在,登录成功!”;反之,则打印显示“用户名不存在或密码错误,登录失败!”。若用户输入非法指令,则结束程序并打印捕捉到的异常信息。

程序代码如下。

```
1  import java.sql.*;
2  import java.util.Scanner;
3  public class Example9_5 {
4      public static void main(String[] args) {
5          String user="root";
6          String password="1234";
7          String url="jdbc:mysql://localhost:3306/xsgl";
```

```
8        try
9        {
10         Connection conn=DriverManager.getConnection(url, user, password);
11         try
12         {
13           Scanner in=new Scanner(System.in);
14           System.out.println("请输入用户名和密码");
15           System.out.println("请输入用户名：");
16           user=in.nextLine();
17           System.out.println("请输入用户密码：：");
18           password=in.nextLine();
19           String sql=String.format("select * from U where name='%s' and
             password='%s'",user,password);
20           Statement stmt=conn.createStatement();
21           ResultSet rs=stmt.executeQuery(sql);
22           if(rs.next()==true)
23                   System.out.println("用户名和密码存在,登录成功!");
24           else
25                   System.out.println("用户名不存在或密码错误,登录失败!");
26         }
27         finally
28         {
29           conn.close();
30         }
31
32       }catch(SQLException se)
33       {
34         se.printStackTrace();
35       }
36     }
37 }
```

程序运行结果如图 9-23 所示。

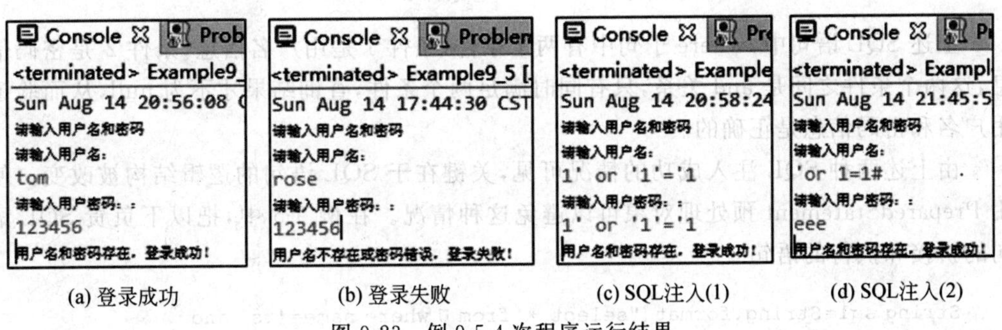

(a) 登录成功 (b) 登录失败 (c) SQL注入(1) (d) SQL注入(2)

图 9-23 例 9-5 4 次程序运行结果

程序分析如下。

第 15～18 行代码从控制台接收用户输入的用户名和密码，并分别存放到 user 和 password 变量中；第 19 行代码使用 String. format()方法创建 SQL 语句的格式化字符串；第 21 行代码执行该查询；第 22～30 行代码根据查询结果进行判断，若查询结果存在，则登录成功；反之登录失败。

图 9-23(a)展示了登录成功的结果，图 9-23(b)展示了登录失败的结果，图 9-23(c)、(d)展示了 SQL 注入的结果，即当输入的用户名和密码并不存在表 9-3 中，但仍然显示登录成功。若某个管理系统或网站采用例 9-5 来设计，则黑客可以通过 SQL 注入技术，绕过登录验证，取得用户权限并访问保密内容。产生上述各种结果的原因分析如下。

(1) 若将"1' or '1'='1"分别作为用户名和密码输入，则经过拼接后的 SQL 语句为

```
select * from U where user='1' or '1'='1' and password='1' or '1'='1'
                      ①条件 1       ②条件 2     ③条件 3           ④条件 4
```

上述 SQL 语句中，where 子句中有 4 个条件，条件 1 和条件 2 相当于输入用户名为"1"，条件 2 是"1=1"且该表达式永远是 true 的，条件 1 和条件 2 之间是 or 关系，只要有一个条件满足，则为 true。同理，条件 3 和条件 4，这样改变了原有 SQL 语句的逻辑，从而导致验证功能失效。

(2) 若将"1' or 1= 1"分别作为用户名和密码输入，则经过拼接后的 SQL 语句为

```
select * from U where user='' or 1=1 #and password='eee'
                      ①条件 1    ②条件 2 ③注释
```

上述 SQL 语句中，若将"'or 1=1#"作为用户名输入，密码则输入任意字符串，相当于 where 子句中有两个条件，条件 1 是用户名信息，经过拼接后是一个空字符串('',即两个单引号之间无任何内容)。条件 2 是"1=1"，该表达式永远为 true。其余的内容跟在#号后面，在 MySQL 数据库中，#号后面的内容是注释，在执行时直接被忽略。因为条件 1 和条件 2 是 or 关系，所以整个 where 子句的结果永远为 true。只要查询结果不为 null，就认为通过了验证。所以上述代码也能绕过验证机制，从而登录成功。

(3) 若用户输入正确的用户名"tom"和密码"12345"，则拼接后的 SQL 语句为

```
select * from U where user='tom' and password='123456'
                      ①条件 1        ②条件 2
```

上述 SQL 语句中，where 子句中有两个条件，条件 1 是用户名信息，条件 2 是密码信息，这两个条件之间是 and 关系，只有同时满足两个条件，查询结果才不为 null，从而验证用户名和密码信息是正确的。

由上述两种 SQL 注入成功的情况可见，关键在于 SQL 语句的逻辑结构被改变。使用 PreparedStatement 预处理对象可以避免这种情况。在例 9-5 中，把以下负责 SQL 语句的拼接和执行的语句

```
String sql=String.format("select * from U where name='%s' and
password='%s'",user,password);
Statement stmt=conn.createStatement();
ResultSet rs=stmt.executeQuery(sql);
```

替换为

```
String sql="select * from U where name=? and password=?";
PreparedStatement pstmt=conn.prepareStatement(sql);
pstmt.setString(1,user);
pstmt.setString(2,password);
ResultSet rs=pstmt.executeQuery();
```

则 SQL 注入会失效，因为 PreparedStatement 对象会将 SQL 语句进行预编译，保证其结构不会发生变化。在预编译 SQL 语句时，未知参数用问号(?)代替。当参数确定后，可通过该对象的 setString()方法传递给 SQL 语句。当有多个参数时，需要通过序号来为指定的参数赋值。第一个参数序号为 1，第二个参数序号为 2，序号依次递增。

2. 可滚动和可更新的 ResultSet

1) 可滚动的 ResultSet

在默认情况下，结果集功能简单，其内部游标只能前进，不能后退，并且其内容不可修改。但是在有些情况下，用户需要在结果集中进行自由滚动和更新数据的操作。为实现这些功能只需在创建 Statement 对象时提供相应的参数即可，语法如下。

```
//conn 为 Connection 对象
Statement stmt=conn.createStatement(int resultSetType,
int resultSetConcurrency);
```

其中 resultSetType 和 resultSetConcurrency 参数分别表示结果集类型和结果集可进行的操作，且它们的取值均是 Result 类中事先定义好的常量，具体说明见表 9-4 和表 9-5。

表 9-4 ResultSet 中 resultSetType 的取值

参数取值	说明
ResultSet. TYPE_FORWORD_ONLY	结果集的游标只能向下滚动
ResultSet. TYPE_SCROLL_INSENSITIVE	结果集的游标可以双向滚动，但是不及时更新，当数据库中的数据修改过后，在当前结果集不能反映出来
ResultSet. TYPE_SCROLL_SENSITIVE	结果集的游标可以双向滚动，并及时跟踪数据库的更新，以便更改记录集中的数据

表 9-5 ResultSet 中 resultSetConcurrency 的取值

参数取值	说明
ResultSet. CONCUR_READ_ONLY	不能利用结果集更新数据库中的表(默认值)
ResultSet. CONCUR_UPDATABLE	能利用结果集更新数据库中的表

当使用以下语句后，即可得到既能双向滚动，又能对数据库进行更新的结果集。

```
Statement  stmt=conn.createStatement(ResultSet.TYPE_SCROLL_INSENSITIVE,
    ResultSet.CONCUR_ UPDATABLE);
ResultSet rs=stmt.executeQuery(SQL 语句);
```

然后可以使用表9-6所示方法移动游标，获得所需信息。

表9-6 ResultSet中关于游标的方法

方　法	说　明
public boolean previous()	将游标向上移动，该方法返回boolean型数据，当移到结果集第一行之前时，返回false
public void beforeFirst	将游标移动到结果集的初始位置，即在第一行之前
public void afterLast()	将游标移到结果集最后一行之后
public void first()	将游标移到结果集的第一行
public void last()	将游标移到结果集的最后一行
public boolean isAfterLast()	判断游标是否在最后一行之后
public boolean isBeforeFirst()	判断游标是否在第一行之前
public boolean ifFirst()	判断游标是否指向结果集的第一行
public boolean isLast()	判断游标是否指向结果集的最后一行
public int getRow()	得到当前游标所指向行的行号，行号从1开始，如果结果集没有行，则返回0
public boolean relative(int rows)	将游标移动到相对当前行rows行的行号。rows可以是正数或负数，为正数即移动到的行号为：当前行号+rows；为负数即移动到的行号为：当前行号−rows。当移动到第一行前面或最后一行的后面时，该方法返回false
public boolean absolute(int rows)	将游标绝对移到参数rows指定的行号，其参数说明与relative()方法一致

2）可更新的ResultSet

ResultSet只是相当于数据库中表的视图，所以并不是所有的ResultSet只要设置了可更新就能够完成更新的，能够完成更新的ResultSet的SQL查询语句必须要具备以下的属性。

(1) 只引用了单个表。

(2) 不含有join或者group by子句。

(3) 那些列中要包含主关键字。

只有具有上述条件的可更新的ResultSet才能完成对数据的修改，可更新的结果集的创建方法如下。

```
Statement st=createstatement(Result.TYPE_SCROLL_INSENSITIVE,Result.CONCUR_
UPDATABLE);
```

利用ResultSet接口中定义的新方法，程序员可以用Java语言来更新记录集，比如插入记录，更新某行的数据，而不是靠执行SQL语句，这样就大大方便了程序员的开发工作。ResultSet接口中新添加的部分方法如表9-7所示。

表 9-7 ResultSet 中新增的对行操作的方法

方 法	说 明
public boolean rowDeleted()	如果当前记录集的某行被删除了，那么记录集中一个空行。调用 rowDeleted()方法，如果探测到空行的存在，则返回 true；否则返回 false
public boolean rowInserted()	如果当前记录集中插入了一个新行，该方法将返回 true，否则返回 false
public boolean rowUpdated()	如果当前记录集的当前行的数据被更新，该方法返回 true，否则返回 false
public void insertRow()	该方法将执行插入一个新行到当前记录集的操作
public void updateRow()	该方法将更新当前记录集当前行的数据
public void deleteRow()	该方法将删除当前记录集的当前行
public void updateString (int columnIndex, String x)；	该方法更新当前记录集当前行某列的值。该方法的参数 columnIndex 指定所要更新列的索引，第一列的列索引是 1。第二个参数 x 代表新的值，这个方法并不执行数据库操作，需要执行 insertRow()方法或者 updateRow()方法以后，记录集和数据库中的数据才能够真正更新
public void updateString (String columnName, String x)	该方法和上面介绍的同名方法差不多，不过该方法的第一个参数是 columnName，代表需要更新的列的列名，而不是 columnIndex

【例 9-6】 使用 root 账号(密码为 1234)连接位于本机的 xsgl 数据库，采用 Java 语言更新记录集的方法，实现对学生表 S 中数据的增、删、改和查询操作。若用户输入非法指令，则结束程序并打印捕捉到的异常信息。

程序代码如下。

```
1  import java.sql.*;
2  import java.util.*;
3  public class Example9_6 {
4      public static void main(String[] args) {
5          String user="root";
6          String password="1234";
7          String url="jdbc:mysql://localhost:3306/xsgl";
8          Connection conn=null;
9          try{
10             Class.forName("com.mysql.jdbc.Driver");
11             System.out.println("Connecting to database...");
12             conn=DriverManager.getConnection(url, user, password);
13               Statement stmt=conn.createStatement(ResultSet.TYPE_SCROLL_
                 INSENSITIVE, ResultSet.CONCUR_UPDATABLE);
14             String sql="SELECT * FROM S";
15             ResultSet rs=stmt.executeQuery(sql);
16             rs.last();
17             int count=rs.getRow();
18             boolean sign=true;
```

```
19          try{
20              while(sign)
21              {
22                  System.out.println("请输入你的选择：\n1.删除一条记录\n2.修
                    改一条记录\n3.插入一条记录\n4.退出");
23                  Scanner in=new Scanner(System.in);
24                  int choice=in.nextInt();
25                  switch(choice){
26                    case 1:
27                        System.out.println("当前表中有"+count+"条记录,请输
                          入你要删除记录的行号：");
28                        int line=in.nextInt();
29                        rs.absolute(line);
30                        rs.deleteRow();
31                        rs.last();
32                        count=rs.getRow();
33                        break;
34                    case 2:
35                        System.out.println("当前表中有"+count+"条记录,请输
                          入你要修改记录的行号：");
36                        int row=in.nextInt();
37                        System.out.println("请输入你要修改记录的列名：");
38                        String column=in.next();
39                        System.out.println("请输入修改后的值：");
40                        String value=in.next();
41                        rs.absolute(row);
42                        if(column=="Sage")
43                            rs.updateInt(column,Integer.parseInt(value));
44                        else
45                            rs.updateString(column, value);
46                        rs.updateRow();
47                        break;
48                    case 3:
49                        System.out.println("请输入学号：");
50                        String no=in.next();
51                        System.out.println("请输入姓名：");
52                        String name=in.next();
53                        System.out.println("请输入年龄：");
54                        int age=in.nextInt();
55                        System.out.println("请输入性别：");
56                        String gender=in.next();
57                        rs.moveToInsertRow();
58                        rs.updateString("Sno", no);
59                        rs.updateString("Sname",name);
60                        rs.updateInt("Sage", age);
61                        rs.updateString("Sgender", gender);
62                        rs.insertRow();
```

```
63                     rs.last();
64                     count=rs.getRow();
65                     break;
66                 case 4:
67                     sign=false;
68                     break;
69             }
70             rs.absolute(0);
71             while(rs.next()){
72                 String no=rs.getString(1);
73                 String name=rs.getString(2);
74                 int age=rs.getInt(3);
75                 String gender=rs.getString(4);
76                 System.out.print("Sno: "+no);
77                 System.out.print(", Sname: "+name);
78                 System.out.print(", Sage: "+age);
79                 System.out.println(", Sgender: "+gender);
80             }
81         }
82     }finally{
83         conn.close();
84     }
85   }catch(SQLException se){
86       se.printStackTrace();
87   }catch(Exception e){
88       e.printStackTrace();
89   }
90 }
91 }
```

程序运行结果如图 9-24 所示。

程序分析如下。

第 13～15 行代码创建带参数的 Statement 对象 stmt，即可用该对象创建既能双向滚动又能对数据库进行更新的结果集对象 rs；第 16、17 行代码先定位到最后一条记录，然后获取当前记录的行号，即为当前表中的记录数；第 21～81 行代码为 while 循环体，实现删除、插入和修改功能的循环选择，其中第 26～68 行代码为嵌套在 while 循环中的 switch 分支语句，其中第 27～33 行代码为删除用户输入的指定行号的记录，并获得当前的记录数，其中第 35～47 行代码为修改用户输入的指定行号的指定列名的值为用户输入的指定列值，因为在学生表 S 中，只有 Sage 列为整型，其余都为字符串类型，所以若为 Sage 字段则使用 updateInt()方法更新该列，若为其他列则使用 updateString()方法更新，其中第 49～65行代码为插入一条新记录，第 57 行代码的 moveToInsertRow()将指针移动到插入行。将指针置于插入行上时，当前的指针位置会被记住，插入行是一个与可更新结果集相关联的特殊行；第 70～81 行代码首先将游标定位到第一条记录之前，然后循环输出每一条记录。

```
Console ⊠ Problems @ Javadoc Decl
Test [Java Application] C:\Program Files\Java\jre1.8.0
Wed Aug 17 13:16:55 CST 2016 WARN: Establis
请输入你的选择:
1.删除一条记录
2.修改一条记录
3.插入一条记录
4.退出
3
请输入学号:
6022315107
请输入姓名:
张黎
请输入年龄:
23
请输入性别:
女
Sno:6022315101,Sname:陈晨,Sage:21,Sgender:男
Sno:6022315102,Sname:刘敏,Sage:29,Sgender:男
Sno:6022315103,Sname:吕婷婷,Sage:20,Sgender:女
Sno:6022315104,Sname:徐岩梅,Sage:26,Sgender:女
Sno:6022315105,Sname:马辉,Sage:21,Sgender:女
Sno:6022315108,Sname:高吉安,Sage:22,Sgender:男
Sno:6022315107,Sname:张黎,Sage:23,Sgender:女
```

(a) 插入一条新记录

```
Console ⊠ Problems @ Javadoc Decl
Test [Java Application] C:\Program Files\Java\jre1.8.0
Sno:6022315107,Sname:张黎,Sage:23,Sgender:女
请输入你的选择:
1.删除一条记录
2.修改一条记录
3.插入一条记录
4.退出
2
当前表中有6条记录，请输入你要修改记录的行号:
6
请输入你要修改记录的列名:
Sage
请输入修改后的值:
20
Sno:6022315101,Sname:陈晨,Sage:21,Sgender:男
Sno:6022315103,Sname:吕婷婷,Sage:20,Sgender:女
Sno:6022315104,Sname:徐岩梅,Sage:26,Sgender:女
Sno:6022315105,Sname:马辉,Sage:21,Sgender:女
Sno:6022315108,Sname:高吉安,Sage:22,Sgender:男
Sno:6022315107,Sname:张黎,Sage:20,Sgender:女
```

(b) 修改一条记录

```
Console ⊠ Problems @ Javadoc Decl
<terminated> Test [Java Application] C:\Program Fil
请输入你的选择:
1.删除一条记录
2.修改一条记录
3.插入一条记录
4.退出
1
当前表中有7条记录，请输入你要删除记录的行号:
2
Sno:6022315101,Sname:陈晨,Sage:21,Sgender:男
Sno:6022315103,Sname:吕婷婷,Sage:20,Sgender:女
Sno:6022315104,Sname:徐岩梅,Sage:26,Sgender:女
Sno:6022315105,Sname:马辉,Sage:21,Sgender:女
Sno:6022315108,Sname:高吉安,Sage:22,Sgender:男
Sno:6022315107,Sname:张黎,Sage:23,Sgender:女
```

(c) 删除一条记录

```
Console ⊠ Problems @ Javadoc Decl
<terminated> Test [Java Application] C:\Program Fil
1.删除一条记录
2.修改一条记录
3.插入一条记录
4.退出
4
Sno:6022315101,Sname:陈晨,Sage:21,Sgender:男
Sno:6022315103,Sname:吕婷婷,Sage:20,Sgender:女
Sno:6022315104,Sname:徐岩梅,Sage:26,Sgender:女
Sno:6022315105,Sname:马辉,Sage:21,Sgender:女
Sno:6022315108,Sname:高吉安,Sage:22,Sgender:男
Sno:6022315107,Sname:张黎,Sage:20,Sgender:女
```

(d) 退出

图 9-24 例 9-6 程序 3 次运行结果

3. 事务

事务(Transaction)是数据库管理系统中的一个逻辑单元，它由一组添加、删除和修改等具有逻辑关系的多个操作组成。事务具有原子性、一致性、隔离性和持续性四大特点。若事务顺利执行完毕，则通过 commit()方法提交。若事务执行过程中发生异常，则通过 rollback()方法回滚，系统将事务中已经完成的部分操作全部撤销，回滚到事务开始前的状态。

JDBC 中，默认情况下事务是自动提交的，即每条 SQL 语句单独构成一个事务，执行完毕后立即将结果提交到数据库。若要将多条语句组成一个事务，必须调用 Connection 对象的 setAutoCommit(false)方法，将自动提交修改为手动修改。事务结束后，调用

Connection 对象的 commit()方法将结果提交到数据库。若事务执行过程中发生异常，则需要处理异常的 catch 块中调用 Connection 对象的 rollback()方法，回滚到初始状态。

事务编程的一般结构如下。

```
Connection conn=null;
try {
    Class.forName("com.mysql.jdbc.Driver");
    conn.DriverManager.getConnection(url,name,password);
    conn.setAutoCommit();
    Statement stmt=conn.creatStatement();
    stmt.executeUpdate(command_1);          //更新语句 1
    stmt.executeUpdate(command_2);          //更新语句 2
    ⋮
    stmt.executeUpdate(command_n);          //更新语句 n
    conn.commit();
}catch(Exception ex){
    ex.printStackTrack();
    try{
        conn.rollback();
    }catch(Exception e){
        e.printStackTrack();
    }
}
```

4. 行集

RowSet 接口继承自 ResultSet 接口，是从表格式数据源中检索出来的一行或多行数据。虽然结果集的功能已经十分完善了，但是在使用结果集的过程中需要一直占用与数据库的连接，这使得结果集缺乏灵活性，并且许多操作都在数据库服务器端完成，没有充分利用客户端的功能。而行集一般在关闭数据库连接的情况下使用，只有在进行一些特殊操作时才需要建立连接。

行集具有以下优点。

(1) 大部分 RowSet 可以是非连接的，可以离线操作数据。

(2) 可以在分布式系统中的不同组件之间传递。

(3) 默认情况下，RowSet 对象都是可更新和可滚动的，可以方便地在网络间传输。

(4) 某些 RowSet 是可序列化的。

(5) RowSet 接口中添加了对 JavaBean 组件模型的 JDBC API 支持，可作为 JavaBean 组件使用在可视化 Bean 开发环境中。JavaBean 是一个类，该类中有若干私有属性，可以调用 set()和 get()方法获取其私有属性，这样，可以将封装的行集中一行数据存入一个 JavaBean 对象中。

JDBC 提供了 5 种行集的相关接口，其中 RowSet 是所有行集接口的父接口，这些接口分别如下。

(1) CachedRowSet：最常用的一种 RowSet。其他 3 种 RowSet（WebRowSet、FilteredRowSet、JoinRowSet）都是直接或间接继承于它并进行了扩展。它提供了对数据

库的离线操作，可以将数据读取到内存中进行增、删、改、查，再同步到数据源。CachedRowSet 是可滚动的、可更新的、可序列化的，可作为 JavaBeans 在网络间传输。支持事件监听、分页等特性。CachedRowSet 对象通常包含取自结果集的多个行，但是也可包含任何取自表格式文件(如电子表格)的行。

(2) jdbcRowSet：对 ResultSet 的一个封装，使其能够作为 JavaBeans 被使用，是唯一一个保持数据库连接的 RowSet。

(3) WebRowSet：继承自 CachedRowSet，并可以将 WebRowSet 写到 XML 文件中，也可以用符合规范的 XML 文件来填充 WebRowSet。

(4) JoinRowSet：数据行容器。提供类似 SQL JOIN 的功能，将不同的 RowSet 中的数据组合起来。目前在 Java 6 中只支持内联(Inner Join)。

(5) FilteredRowSet：通过设置 Predicate(在 javax. sql. rowset 包中)，提供数据过滤的功能。可以根据不同的条件对 RowSet 中的数据进行筛选和过滤。

目前 MySQL 官方提供的驱动程序中，并不包含 RowSet 的具体实现。因此，只能使用 SUN 公司提供的参考程序来实现，完整的类名为 com. sun. rowset. CachedRowSetImpl。关于行集的使用分为以下几个方面来介绍。

1) 填充 CachedRowSet

CachedRowSet 提供了两个用来获取数据的方法，一个是 execute()，另一个是 populate(ResultSet)。

使用 execute() 填充 CachedRowSet 时，需要设置数据库连接参数和查询命令，示例代码如下。

```
cachedRS.setUrl(url);
cachedRS.setUsername(userName);
cachedRS.setPassword(password);
cachedRS.setCommand(query);
cachedRS.execute();
```

cachedRS 根据设置的 url、userName、password 这 3 个参数去创建一个数据库连接，然后执行查询命令 command，用结果集填充 cachedRS，最后关闭数据库连接。execute() 还可以直接接受一个已经打开的数据库连接，假设 conn 为一个已经打开的数据库连接，下段示例代码与上段代码结果一致。

```
cachedRS.execute(conn);
cachedRS.setCommand(query);
cachedRS.execute();
```

填充 CachedRowSet 的第二个方法是使用 populate(ResultSet)。

```
ResultSet rs=stmt.executeQuery(query);
cachedRS.populate(rs);
rs.close();
```

2) 更新数据

先把游标移到要更新的行，根据每列的类型调用对应的 updateXXX(index,

updateValue)，再调用 updateRow()方法。此时，只是在内存中更新了该行，同步到数据库需要调用方法 acceptChanges()或 acceptChanges(Connection)。如果 CachedRowSet 中保存着原数据库连接信息，则可以调用 acceptChanges()；否则，应该传入可用的数据库连接或重新设置数据库连接参数。下段示例代码更新第一行的第二列。

```
cachedRS.first();
cachedRS.updateString(2, "张亮");
cachedRS.updateRow();
cachedRS.acceptChanges();
```

3）删除数据

把游标移到要删除的行，调用 deleteRow()，再同步返回数据库即可。在删除数据时，需要注意布尔值 showDeleted 属性的使用。CachedRowSet 提供了 getShowDeleted()和 setShowDeleted(boolean value)两个方法来读取和设置这个属性。showDeleted 是用来判断被标记为删除且尚未同步到数据库的行在 CachedRowSet 中是否可见。true 为可见，false 为不可见。默认值为 false。

```
cachedRS.last();
cachedRS.deleteRow();
cachedRS.acceptChanges();
```

4）插入数据

插入操作稍微比更新和删除复杂。新插入的行位于当前游标的下一行。本例中，先把游标移到最后一行，那么在新插入数据后，新插入的行就是最后一行了。在新插入行时，一定要先调用方法 moveToInsertRow()，然后调用 updateXXX()设置各列值，再调用 insertRow()，最后再把游标移到当前行。注意一定要遵循这个步骤，否则将抛出异常。

```
cachedRS.last();
cachedRS.moveToInsertRow();
cachedRS.updateString(3, 22);
cachedRS.updateString(4, "女");
cachedRS.insertRow();
cachedRS.moveToCurrentRow();
cachedRS.acceptChanges();
```

【例 9-7】 使用 root 账号（密码为 1234）连接位于本机的 xsgl 数据库，使用 CachedRowSet 修改表 SC 中学生的成绩信息，把所有不及格的学生信息改为 60 分。程序本身不产生输出，通过 MySQL Workbench 查看执行后数据库的变化。

程序代码如下。

```
1  import java.sql.*;
2  import com.sun.rowset.CachedRowSetImpl;
3  import javax.sql.rowset.CachedRowSet;
4  public class Test {
5      public static void main(String[] args) {
```

```
6       String user="root";
7       String password="1234";
8       String url="jdbc:mysql://localhost:3306/xsgl";
9       try
10      {
11          Connection conn=DriverManager.getConnection(url, user, password);
12          try{
13              CachedRowSet cachRS=new CachedRowSetImpl();
14              cachRS.setCommand("select * from SC");
15              cachRS.execute(conn);
16              conn.close();
17              while(cachRS.next())
18              {
19                  float score=cachRS.getFloat(3);
20                  if(score<60)
21                  {
22                      cachRS.updateFloat(3, 60);
23                      cachRS.updateRow();
24                  }
25              }
26              conn=DriverManager.getConnection(url, user, password);
27              conn.setAutoCommit(false);
28              cachRS.acceptChanges(conn);
29              cachRS.close();
30          }finally
31          { conn.close();}
32      }catch(Exception e)
33      {
34          e.printStackTrace();
35      }
36   }
37 }
```

程序运行结果如图 9-25 所示。

Sno	Cno	score
6022315101	60201431	70
6022315101	60201436	82
6022315102	60212408	43
6022315102	60212505	89
6022315103	60212505	91
6022315104	60891473	52
6022315105	60201431	79
	NULL	NULL

(a) 程序运行前SC表的数据

Sno	Cno	score
6022315101	60201431	70
6022315101	60201436	82
6022315102	60212408	60
6022315102	60212505	89
6022315103	60212505	91
6022315104	60891473	60
6022315105	60201431	79
NULL	NULL	NULL

(b) 程序运行后SC表的数据

图 9-25 程序运行前、后数据库中 SC 表的变化

程序分析如下。

首先将下载 com. sun. rowset. jar 驱动程序添加到项目中，然后才能在第 2 行代码导入“import com. sun. rowset. CachedRowSetImpl;”包；第 13 行代码创建一个行集 CachedRowSet对象 cachRS，与结果集 ResultSet 不同，行集对象可直接通过 new 操作符创建，而非通过执行查询返回；第 14 行代码为 CachedRowSet 对象设置 SQL 语句；第 15 行代码通过数据库连接 conn 执行该语句；SQL 语句执行完毕，CachedRowSet 对象将查询结果保存在缓存中，则不再需要数据库连接，所以第 16 行代码关闭了数据库连接，也不会影响后面的行集 CachedRowSet 的操作；第 17～25 行代码对行集进行遍历，读取成绩信息，将低于 60 分，则改成 60 分并存入数据库；第 23 行代码在每次修改数据后要被调用，否则修改无效；在无连接状态下完成了对结果集的更新后，如果想要获得连接必须重新获得，所以第 26 行代码获取一个自动的数据库连接，并于第 27 行代码将该连接的提交方式设为手动；第 28 行代码通过该连接将行集中更新的内容提交到数据库；若无第 27 行代码，则提交过程会抛出异常。

9.3 数据库编程案例——学生管理系统

1. 案例的任务目标

(1) 掌握 JTabel、JButton 等组件的使用方法。

(2) 掌握窗口的网格布局的使用。

(3) 掌握使用 addActionListener 语句给按钮组件添加监听器的方法。

(4) 掌握实现 ActionListener 接口中 actionPerformed()方法，从而处理按钮的相关事件。

(5) 掌握 JDBC 数据库编程的方法和步骤。

2. 案例的任务分解

整个项目的开发过程分为 3 个步骤。

(1) 创建 MySQL 数据库 xsgl，在数据库中添加一张学生表 S，表结构和数据如图 9-26 所示。

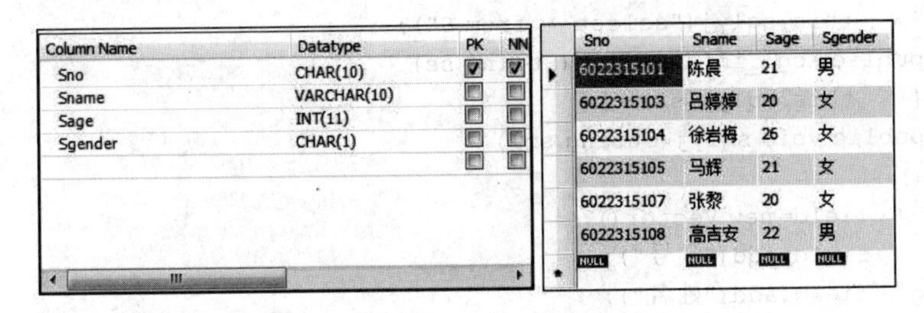

Column Name	Datatype	PK	NN
Sno	CHAR(10)	✓	✓
Sname	VARCHAR(10)		
Sage	INT(11)		
Sgender	CHAR(1)		

Sno	Sname	Sage	Sgender
6022315101	陈晨	21	男
6022315103	吕婷婷	20	女
6022315104	徐岩梅	26	女
6022315105	马辉	21	女
6022315107	张黎	20	女
6022315108	高吉安	22	男
NULL	NULL	NULL	NULL

图 9-26 表 S 的结构和数据

(2) 创建项目，添加 MySQL 驱动程序。

(3) 添加 4 个类，即 Xsgl_main(主窗体)、Xsgl_information(显示表的信息)、Xsgl_

add(添加学生信息)和 Xsgl_update(修改学生信息)。

3. 案例的创建过程

1) 创建项目

运行 Eclipse,执行 File→New→Java Project 菜单命令,在弹出的 New Java Project 对话框中输入 Project Name 为 Xsglxt,单击 Finish 按钮。

2) 添加 MySQL 驱动

在 Java 项目 Xsglxt 上右击,并选择快捷菜单中的 Properties 命令,在弹出的 Properties for Xsglxt 对话框中单击 Java Build Path 选项后,选中 Libraries 属性页面,最后单击 Add External JARs 按钮,添加相应的驱动程序。

3) 创建 Xsgl_information 类

执行 File→New→Class 菜单命令,在弹出的 New Java Class 对话框中输入 Name 为 Xsgl_information,单击 Finish 按钮。

程序代码如下。

```
1  import java.sql.*;
2  import java.util.Vector;
3  import javax.swing.table.*;
4  class Xsgl_information extends AbstractTableModel
5  {
6      Vector field,record;
7      PreparedStatement pstmt=null;
8      Connection conn=null;
9      ResultSet rs=null;
10     public int getRowCount()
11     {    return this.record.size();}
12     public int getColumnCount()
13     {    return this.field.size();}
14     public Object getValueAt(int row, int col)
15     {    return ((Vector)this.record.get(row)).get(col); }
16     public String getColumnName(int e)
17     {    return (String)this.field.get(e);  }
18     public Xsgl_information()
19     {    this.sqlyj("select * from S");   }
20     public Xsgl_information(String ss)
21     {    this.sqlyj(ss); }
22     public void sqlyj(String sql)
23     {
24         field=new Vector();
25         field.add("学号");
26         field.add("姓名");
27         field.add("年龄");
28         field.add("性别");
29         record=new Vector();
30         String user="root";
31         String password="1234";
```

```
32          String url="jdbc:mysql://localhost:3306/xsgl";
33          try {
34              conn=DriverManager.getConnection(url, user, password);
35              pstmt=conn.prepareStatement(sql);
36              rs=pstmt.executeQuery();
37              while(rs.next())
38              {
39                  Vector row=new Vector();
40                  row.add(rs.getString(1));
41                  row.add(rs.getString(2));
42                  row.add(rs.getFloat(3));
43                  row.add(rs.getString(4));
44                  record.add(row);
45              }
46          } catch (Exception e){ e.printStackTrace();}
47          finally
48          {
49              try {
50                  if(rs!=null)
51                  {
52                      rs.close();
53                  }
54                  if(pstmt!=null)
55                  {
56                      pstmt.close();
57                  }
58                  if(conn!=null)
59                  {
60                      conn.close();
61                  }
62              } catch (Exception e){}
63          }
64      }
65  }
```

代码分析如下。

由于该类中使用了 Vector 类和 JTable 组件，所以第 2 行和第 3 行代码分别引入 java. util. Vector 和 javax. swing. table. * 包；第 4 行代码让 Xsgl_information 类继承 AbstractTableModel 类，Java 提供的 AbstractTableModel 是一个抽象类，这个类实现大部分的 TableModel 方法，除了 getRowCount( )、getColumnCount( )、getValueAt( ) 这 3 个方法。因此，主要任务就是去实现这 3 个方法，AbstractTableModel 类对象是 JTable 其中一个构造方法中一个参数，利用这个抽象类对象就可以设计出不同格式的表格；第 6 行代码定义两个 Vector 类的对象，分别用来存储表 S 的字段名和每一行记录；第 10～17 行代码分别实现抽象类 AbstractTableModel 中的方法，以此实现获得该模型中的行数、获得该模型中的列数、获得指定单元格的值、获得指定列的名称；第 18～21 行代码是该类的两个构造方法；第 22～62 行代码是该类的构造方法中调用的方法，该方法在动态数据 field 中插入表格的列表头元素，在 record 中插入 S 表每行的每个字段值。

4）创建 Xsgl_add 类

执行 File→New→Class 菜单命令，在弹出的 New Java Class 对话框中输入 Name 为 Xsgl_add，单击 Finish 按钮。

程序代码如下。

```
1   import java.awt.*;
2   import java.awt.event.*;
3   import java.sql.*;
4   import javax.swing.*;
5   class Xsgl_add extends JDialog implements ActionListener
6   {
7       JLabel bq1,bq2,bq3,bq4;
8       JTextField wbk1,wbk2,wbk3,wbk4;
9       JButton an1,an2;
10      JPanel mb1,mb2,mb3,mb4;
11      public Xsgl_add(Frame owner,String title,boolean modal)
12      {
13          super(owner,title,modal);
14          bq1=new JLabel("          学号    ");
15          bq2=new JLabel("          姓名    ");
16          bq3=new JLabel("          年龄    ");
17          bq4=new JLabel("          性别    ");
18          wbk1=new JTextField(5); wbk2=new JTextField(5);
19          wbk3=new JTextField(5); wbk4=new JTextField(5);
20          an1=new JButton("添加"); an1.addActionListener(this);
21          an1.setActionCommand("add");
22          an2=new JButton("取消"); an2.addActionListener(this);
23          an2.setActionCommand("cancel");
24          mb1=new JPanel();mb2=new JPanel();
25          mb3=new JPanel();mb4=new JPanel();
26          mb1.setLayout(new GridLayout(4,1));
27          mb2.setLayout(new GridLayout(4,1));
28          mb1.add(bq1); mb1.add(bq2); mb1.add(bq3); mb1.add(bq4);
29          mb2.add(wbk1); mb2.add(wbk2);mb2.add(wbk3);mb2.add(wbk4);
30          mb3.add(an1); mb3.add(an2);
31          this.add(mb1,BorderLayout.WEST); this.add(mb4,BorderLayout.EAST);
32          this.add(mb3,BorderLayout.SOUTH); this.add(mb2);
33          this.setSize(370,270);
34          this.setLocation(401,281);
35          this.setResizable(false);
36          this.setVisible(true);
37      }
38      public void actionPerformed(ActionEvent e)
39      {
40          if(e.getActionCommand().equals("add"))
41          {
42              PreparedStatement pstmt=null;
```

```
43              Connection conn=null;
44              String user="root";
45              String password="1234";
46              String url="jdbc:mysql://localhost:3306/xsgl";
47              try {
48                  conn=DriverManager.getConnection(url, user, password);
49                  String ss= ("insert into S values(?,?,?,?)");
50                  pstmt=conn.prepareStatement(ss);
51                  pstmt.setString(1,wbk1.getText());
52                  pstmt.setString(2,wbk2.getText());
53                  pstmt.setInt(3, Integer.valueOf(wbk3.getText()));
54                  pstmt.setString(4,wbk4.getText());
55                  pstmt.executeUpdate();
56                  this.dispose();
57              } catch (Exception e2){e2.printStackTrace();}
58              finally
59              {
60                  try {
61                      if(pstmt!=null)
62                      {  pstmt.close();  }
63                      if(conn!=null)
64                      {  conn.close();  }
65                  } catch (Exception e3){ }
66              }
67          }
68          else if(e.getActionCommand().equals("cancel"))
69          {
70              this.dispose();
71          }
72      }
73  }
```

代码分析如下。

该类实现的功能分为两个部分：首先创建一个图9-27所示的对话框，然后把在该对话框的文本框中输入的4项内容作为一条新的记录插入到学生表S中。第4行代码实现Xsgl_add类继承JDialog类；第11～37行代码为Xsgl_add类的构造方法，第13行代码调用父类的构造方法JDialog(Frame owner, String title, Boolean modal)，创建一个属于Frame组件的对话框、有标题和可决定操作模式的对话框，然后设计各个组件的布局，并给按钮组件添加侦听器；第38～70行代码为按钮的事件侦听器方法，在“添加”按钮的事件中实现在表S中添加一条记录，然后刷新主窗体所显示的记录行，最后释放当前对话框，在“取消”按钮的事件中释放当前窗口。

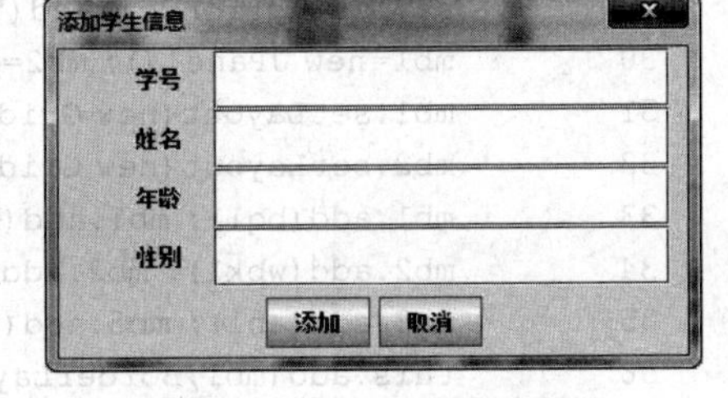

图9-27　插入新记录对话框

5）创建 Xsgl_update 类

执行 File→New→Class 菜单命令，在弹出的 New Java Class 对话框中输入 Name 为 Xsgl_update，单击 Finish 按钮。

程序代码如下。

```
1  import java.awt.*;
2  import java.awt.event.*;
3  import java.sql.*;
4  import javax.swing.*;
5  class Xsgl_update extends JDialog implements ActionListener
6  {
7      JLabel bq1,bq2,bq3,bq4;
8      JTextField wbk1,wbk2,wbk3,wbk4;
9      JButton an1,an2;
10     JPanel mb1,mb2,mb3;
11     public Xsgl_update(Frame owner,String title,Boolean modal,Xsgl_
       information xsInfo,int row)
12     {
13         super(fck,ckm,msck);
14         bq1=new JLabel("           学号      ");
15         bq2=new JLabel("           姓名      ");
16         bq3=new JLabel("           年龄      ");
17         bq4=new JLabel("           性别      ");
18         wbk1=new JTextField(5); wbk1.setEditable(false);
19         wbk1.setText((String)xsInfo.getValueAt(row,0));
20         wbk2=new JTextField(5);
21         wbk2.setText((String)xsInfo.getValueAt(row,1));
22         wbk3=new JTextField(5);
23         wbk3.setText((String)xsInfo.getValueAt(row,2).toString());
24         wbk4=new JTextField(5);
25         wbk4.setText((String)xsInfo.getValueAt(row,3));
26         an1=new JButton("修改");an1.addActionListener(this);
27         an1.setActionCommand("update");
28         an2=new JButton("取消"); an2.addActionListener(this);
29         an2.setActionCommand("cancel");
30         mb1=new JPanel(); mb2=new JPanel();mb3=new JPanel();
31         mb1.setLayout(new GridLayout(4,1));
32         mb2.setLayout(new GridLayout(4,1));
33         mb1.add(bq1); mb1.add(bq2); mb1.add(bq3); mb1.add(bq4);
34         mb2.add(wbk1); mb2.add(wbk2);mb2.add(wbk3);mb2.add(wbk4);
35         mb3.add(an1); mb3.add(an2);
36         this.add(mb1,BorderLayout.WEST); this.add(mb2);
37         this.add(mb3,BorderLayout.SOUTH);
38         this.setSize(370,200);
39         this.setLocation(401,281);
40         this.setResizable(false);
41         this.setVisible(true);
42     }
43     public void actionPerformed(ActionEvent e)
```

```
44    {
45        if(e.getActionCommand().equals("update"))
46        {
47            PreparedStatement pstmt=null;
48            Connection conn=null;
49            String user="root";
50            String password="1234";
51            String url="jdbc:mysql://localhost:3306/xsgl";
52            try {
53                conn=DriverManager.getConnection(url, user, password);
54                String sql= ("update S set Sname=?,Sage=?,Sgender=? Where
                  Sno=?");
55                pstmt=conn.prepareStatement(sql);
56                pstmt.setString(1,wbk2.getText());
57                pstmt.setInt(2, Integer.valueOf(wbk3.getText()));
58                pstmt.setString(3,wbk4.getText());
59                pstmt.setString(4, wbk1.getText());
60                pstmt.executeUpdate();
61                this.dispose();
62            } catch (Exception e2){e2.printStackTrace();}
63            finally
64            {
65                try {
66                    if(pstmt!=null)
67                    {    pstmt.close();    }
68                    if(conn!=null)
69                    {     conn.close();    }
70                } catch (Exception e3){ }
71            }
72        }
73        else if(e.getActionCommand().equals("cancel"))
74        {
75            this.dispose();
76        }
77    }
78 }
```

代码分析如下。

该类实现的功能分为两个部分：首先创建一个图 9-28 所示的对话框，并在该对话框中显示在主窗体所选中记录的内容，然后把该对话框的文本框中修改后的值来更新学生表 S 中所选中的记录。第 5 行代码实现 Xsgl_update 类继承 JDialog 类；第 11～42 行代码为 Xsgl_update 类的构造方法，第 11 行代码调用父类的构造方法 JDialog(Frame owner,String title,Boolean modal)，创建一个属于 Frame 组件的对话框、有标题和可决定操作模式的对话框，然后设计各个组件的布局，并给按钮组件添加侦听器；第

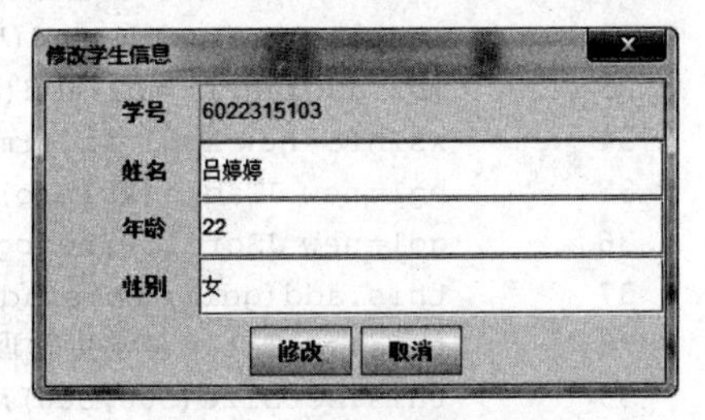

图 9-28 修改记录对话框

43～77 行代码为按钮的事件侦听器方法，在“修改”按钮的事件中实现把对主窗体所选中的表 S 记录的更新，然后刷新主窗体所显示的记录行，最后释放当前对话框，在“取消”按钮的事件中释放当前对话框。

6）创建 Xsgl_main 类

执行 File→New→Class 菜单命令，在弹出的 New Java Class 对话框中输入 Name 为 Xsgl_main，并选中 public static void main(String[] args)，单击 Finish 按钮。

程序代码如下。

```
1   import java.awt.event.*;
2   import java.sql.*;
3   import javax.swing.*;
4   public class Xsgl_main extends JFrame implements ActionListener
5   {
6     JPanel mb1,mb2;
7     JLabel bq1;
8     JTextField wbk1;
9     JButton an1,an2,an3,an4;
10    JTable bg1;
11    JScrollPane gd1;
12    Xsgl_information xsInfo;
13    public static void main(String[] args)
14    {
15        Xsgl_main xs=new Xsgl_main();
16    }
17    public Xsgl_main()
18    {
19        mb1=new JPanel();
20        bq1=new JLabel("请输入姓名");
21        wbk1=new JTextField(10);
22        an1=new JButton("查询");
23        an1.addActionListener(this);
24        an1.setActionCommand("select");
25        mb1.add(bq1); mb1.add(wbk1); mb1.add(an1);
26        mb2=new JPanel();
27        an2=new JButton("添加");an2.addActionListener(this);
28        an2.setActionCommand("add");
29        an3=new JButton("修改");an3.addActionListener(this);
30        an3.setActionCommand("update");
31        an4=new JButton("删除");an4.addActionListener(this);
32        an4.setActionCommand("delete");
33        mb2.add(an2); mb2.add(an3); mb2.add(an4);
34        xsInfo=new Xsgl_information();
35        bg1=new JTable(xsInfo);
36        gd1=new JScrollPane(bg1);
37        this.add(gd1); this.add(mb1,"North"); this.add(mb2,"South");
38        this.setTitle("学生管理系统");
39        this.setSize(500,300);
40        this.setLocation(201,181);
```

```
41          this.setResizable(false);
42          this.setDefaultCloseOperation(JFrame.EXIT_ON_CLOSE);
43          this.setVisible(true);
44      }
45      public void actionPerformed(ActionEvent e)
46      {
47          if(e.getActionCommand().equals("select"))
48          {
49              String name=this.wbk1.getText().trim();
50              String sql="select * from S where Sname='"+name.trim()+"'";
51              xsInfo=new Xsgl_information(sql);
52              bg1.setModel(xsInfo);
53          }
54          else if(e.getActionCommand().equals("add"))
55          {
56              Xsgl_add add=new Xsgl_add(this,"添加学生信息",true);
57              xsInfo=new Xsgl_information();
58              bg1.setModel(xsInfo);
59          }
60          else if(e.getActionCommand().equals("update"))
61          {
62              int rowNumber=this.bg1.getSelectedRow();
63              if(rowNumber==-1)
64              {
65                  JOptionPane.showMessageDialog(this,"请选中要修改的行");
66                  return;
67              }
68              new Xsgl_update(this,"修改学生信息",true,xsInfo,rowNumber);
69              xsInfo=new Xsgl_information();
70              bg1.setModel(xsInfo);
71          }
72          else if(e.getActionCommand().equals("delete"))
73          {
74              int rowNumber=this.bg1.getSelectedRow();
75              if(rowNumber==-1)
76              {
77                  JOptionPane.showMessageDialog(this,"请选中要删除的行");
78                  return;
79              }
80              String st=(String)xsInfo.getValueAt(rowNumber,0);
81              PreparedStatement pstmt=null;
82              Connection conn=null;
83              String user="root";
84              String password="1234";
85              String url="jdbc:mysql://localhost:3306/xsgl";
86              try{
87                  conn=DriverManager.getConnection(url, user, password);
88                  pstmt=conn.prepareStatement("delete from S where Sno=?");
89                  pstmt.setString(1,st);
```

```
90              pstmt.executeUpdate();
91          } catch (Exception e2){}
92          finally
93          {
94              try {
95                  if(pstmt!=null)
96                  {   pstmt.close();}
97                  if(conn!=null)
98                  {   conn.close();}
99              } catch (Exception e3){}
100         }
101         xsInfo=new Xsgl_information();
102         bg1.setModel(xsInfo);
103     }
104   }
105 }
```

代码分析如下。

该程序主要实现在 MySQL 数据库的表中进行查询、插入、修改和删除记录的功能，主界面的设计如图 9-29(a)所示。第 4 行代码让 Xsgl_main 类继承 JFrame 类实现 ActionListener 接口；第 17～44 行代码为 Xsgl_main 类的构造方法实现了 JLabel、JTextField、JTable 和 JButton 组件的添加和布局，以及给 JButton 组件添加侦听器，其中第 35 行代码使用 Xsgl_information 类(AbstractTableModel 的子类类)对象 xsInfo 作为构造 JTable 组件的参数，该对象执行的 SQL 语句为“select * from S”，从而在 JTable 中显示 xsgl 数据库中表 S 的所有记录；第 45～103 行代码为“查询”“添加”“修改”和“删除”按钮的事件侦听器方法，其中第 47～53 行代码根据文本框输入的学生姓名来执行查询，如图 9-29(b)所示，第 52 行代码的 setModel()方法的参数仍然是 Xsgl_information 类对象 xsInfo，该对象执行的 SQL 语句为"select * from S where Sname='"+name.trim()+"'"，其中 name 变量中的值为文本框中输入的内容，从而实现对 JTabel 类对象 bg1 的数据源的动态绑定，计在 JTable 中显示指定姓名的学生信息；第 56～61 行代码的功能是调用图 9-27 中的对话框，其中的 3 个参数“this,"添加学生信息",true”分别表示当前窗体是被调用对话框的父窗体、被调用对话框的标题为“添加学生信息”、被调用对话框为模式对话框，同理对 JTable 的数据源重新绑定；第 62～73 行代码实现对表 S 的指定记录修改的

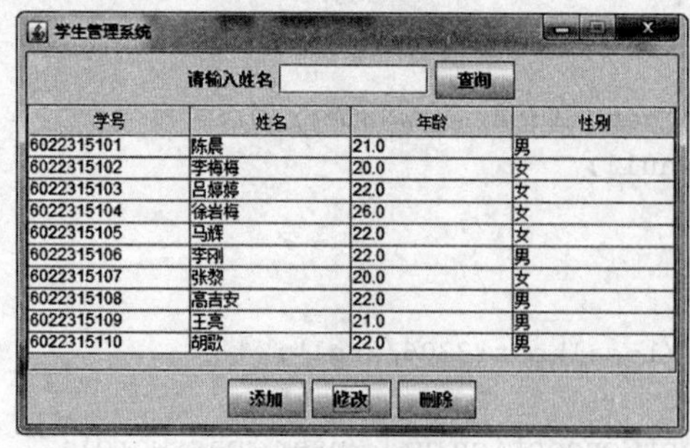

(a) 主窗体界面

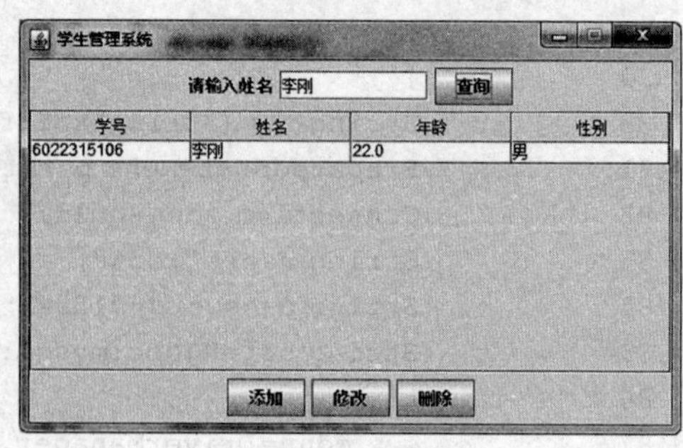

(b) 按姓名查询界面

图 9-29 主窗体

保存，第62行代码获得用户所选中行的行号，存入int型变量rowNumber，若rowNumber为-1，说明用户没有选中有效数据行，则显示提示消息框，否则在第68行代码中调用图9-28中的对话框，其中的5个参数中，前3个与前面一致，参数xsInfo和rowNumber分别表示执行“select * from S”SQL语句的Xsgl_information类的对象（即学生表中的所有记录），以及用户所选中行的行号；第74～105行代码实现删除用户所选中行的记录。

课后上机训练题目

（1）设计Java控制台程序，实现对xsgl数据库中的课程表C中课程的查询、添加、修改和删除功能。

（2）设计Java用户界面程序，实现对xsgl数据库中成绩表SC中学生成绩信息的查询、添加、修改和删除功能。

参 考 文 献

[1] 牛晓太. Java 程序设计教程[M]. 北京：清华大学出版社，2014.
[2] 杜波依斯. MySQL 技术内幕[M]. 第 4 版. 上海：人民邮电出版社，2011.
[3] Bruce Eckel. Java 编程思想[M]. 第 4 版. 北京：机械工业出版社，2007.
[4] 毕广吉. Java 程序设计实例教程[M]. 北京：冶金工业出版社，2007.
[5] 王保罗. Java 面向对象程序设计[M]. 北京：清华大学出版社，2003.
[6] 孙卫琴. Tomcat 与 Java Web 开发技术详解[M]. 第 2 版. 北京：电子工业出版社，2009.
[7] 李发致. Java 面向对象程序设计教程[M]. 北京：清华大学出版社，2009.
[8] 朱福喜. Java 语言基础教程[M]. 北京：清华大学出版社，2008.